평화구축과 법의 지배

국제평화활동의 이론적 · 기능적 분석

Peace-building and the Rule of Law
Theoretical and Functional Analyses of International Peace Operations

PEACE

평화구축과 법의 지배

국제평화활동의 이론적 · 기능적 분석

Peace-building and the Rule of Law
Theoretical and Functional Analyses of International Peace Operations

시노다 히데아키 지음　노석태 옮김

한국학술정보(주)

번역에 관한 일러두기

- 이 책은 篠田英朗, 『平和構築と法の支配』(東京: 創文社, 2003)를 번역한 것이다.
- 책의 형식은 원저에 따랐다. 다만, 원저와는 달리 역서에서는 편의상 세부목차에 대해서도 목차번호를 부여하였다.
- 조약(특히 다자조약)의 명칭은 가능한 한 대한민국 외교통상부 조약집을 따랐다.
- 원저에 나오는 고유명사(예: 인명, 지명 등)에 대해서는 외국어의 표기를 덧붙였다.
- 번역은 원저에 충실히 따른다는 의미에서 될 수 있는 한 원저에 사용한 용어와 표현을 살렸다. 다만, 원저에 문장의 구성상 생략된 부분이 있었는데, 이와 관련하여서는 문맥에 필요한 최소한의 범위에서 보충적 표현을 덧붙였다(이 부분은 괄호로 표시되어 있음).
- 일본인명은 편의상 발음대로 표기하였다.
- 유엔의 평화활동의 사례가 원저에는 국가별 알파벳순으로 표의 형식으로 소개되어 있으나, 번역서에서는 표의 형식을 취하지 않고 국가별 가나다순으로 정렬하였다.
- 색인 내용은 원저에 없는 것도 일부 추가하였다.

한국어판 서문

이번에 졸저인 『平和構築과 法의 支配』를 한국어판으로 출간하게 되어 저자로서는 더할 나위 없이 기쁘다. 어떤 언어로 번역되건 번역판의 출간은 저자에게는 크나큰 명예일 것이다. 그중에서도 한국어 번역출간은 어떤 특별한 의미가 있다고 생각한다.

한국과 일본 사이에는 복잡한 역사문제가 있다. 그것이 양국의 관계 발전에 그림자를 드리우고 있음은 부정할 수 없는 사실이다. 그러나 본래 두 국가는 서로 더 이상의 파트너(partner)가 없다고 할 정도로 많은 것을 공유하고 있다. 정치적 가치관, 경제수준, 문화적 지향, 지리적 근접성 등 그 어느 것에서도 한국과 일본은 긴밀한 관계를 강화할 수밖에 없는 관계에 있다. 물론 현시점에서 양국의 우호관계에 큰 결함이 있다는 것은 아니다. 다만, 자연스럽게 발전하면 개화할 것이라고 생각할 수 있는 강고한 제휴는 아직 양국 사이에 구축되어 있지 않다. 종종 양국 국민은 서로 관계강화에 큰 가능성이 남아 있다는 점을 잘 잊어버린다. 사견으로는, 아마 한국과 일본의 관계강화는 프랑스와 독일의 관계가 유럽에서 지닌 것과 같은 큰 의미를 동아시아에서 가질 가능성이 있다.

관계강화를 위해서는, 역사문제를 해결하는 것이 필요하다는 의견도 있을 것이다. 그것은 맞는 말이다. 다만, 과거를 정밀하게 살펴보아야 할 필요성이, 미래로 나아갈 중요성을 결코 소거하는 것은 아니다. 어떤 두 사람이 진정으로 서로를 알려면 당연히 과거의 엇갈림을 바로잡아 나가는 것이 필요하다. 그러나 두 사람이 진정한 친구가 되려 할 때에는, 어떤 하나의 목표를 향해 서로 도우며 나아가는 과정이 결정적인 역할을 한다. 목표의 공유와 협력의 경험이야말로 타인이 아니라는 느낌을 두 사람의 마음속에 심게 하는 것이다.

한국과 일본은 사실상 많은 목표를 공유하고 있다. 국제사회에서 양국의 이해관심이 상반하는 경우는 오히려 드물다. 그런데도 양국이 협력하여 행동한 사례는 결코 많지 않다. 이것은 오히려 이상하기까지 하다. 왜냐하면 많은 영역에서 양국의 협력 작업은 획기적인 성과를 낼 소지가 있기 때문이다.

평화구축은 그러한 영역의 전형적 예라고 할 수 있다. 한국과 일본은 모두 국제평화에 관심을 가지고 공헌해 가는 기개를 지니고 있다. 또 양국은 미국과의 관계에 큰 관심을 기울이고 있으며, 유엔시스템 속에서도 의욕적으로 활동하고 있다. 그렇다면 양국은 평화구축 현장에서 긴밀한 협력관계를 발전시켜 나갈 수 있는 것이 아닌가? 그렇게 함으로써, 양국 각각의 평화구축에 대한 공헌도는 상승적으로 높아지지 않을까?

일본의 평화구축 관련 조직은 지금까지 구미국가들과 비교 위에서 국제공헌을 말하는 데 익숙하였다. 일본의 자위대가 외국에 파견될 때에는 미국을 중심으로 한 구미국가들의 관심도와 관여도가 높은 지역이 파견지로 우선되는 경향이 많다. 또한, 평화구축에도 관여하는 개발원조기관은 늘 구미국가들의 원조기관의 동향과 견주어 자기평가를 하거나, 정책의 틀을 정한다. 그것은 일본의 외무성도 그렇다. 물론 이러한 경향에는 타당한 이유가 있다. 실제로 평화구축 현장에서 주도적 역할을 하는 것은, 구미국가들의 정부조직과 원조기관이기 때문이다. 그러나 정말로 그것만으로 충분한 것인가?

유럽국가들의 경우, 유럽지역 내의 국경횡단적인 인적·재정적 자원의 원활한 활용이 아주 자연스럽게 일상화하고 있다. 한편, 일본의 경우에는, 비교와 경쟁의 원리를 작동시킬 뿐, 횡의 제휴라는 시점(視點)이 모색되는 경우는 거의 없다. 아시아 권역 내의 제휴관계를 기반으로 한 평화구축활동의 충실은, 미개척의 중요한 테마이다. 특히 한국과 관계를 강화하는 일은 가장 우선적이고 중요한 과제로서 추구해야 한다. 군사요원의 제휴, 원조기관의 제휴, 외교정책의 제휴는 한국과 전반적인 관계강화를 기반으로 하는 것이라면 큰 발전의 가능성을 가져올 것이다.

한국과 일본의 관계 발전에, 『平和構築과 法의 支配』가 조금이라도 공헌할 수 있다면, 필자는 각별한 기쁨을 느끼게 될 것이다. 『平和構築과 法의 支配』는 세계에서 구미국가들이 주도하는 평화구축정책에 나타나는 하나의 큰 특징, 즉 '평화구축의 법의 지배 접근'에 초점을 맞추고 있다. 이 '平和構築의 法의 支配 接近'이라는 특징에 대해서는, 앞으로도 더 분석하고 평가해야 할 여지가 많다. 새로운 평화구축의 사례가 잇달아 등장함에 따라서, 일본어판이 출간된 2003년부터 변화가 나타난 문제영역도 있다. 그런데도 나 자신이 한국어판 출간에서 큰 의의를 찾는 것은 현대국제평화구축의 영역에서 한일 양국 간의 지적·정책적 노력의 제휴가 절실히 요청되고 있기 때문이다.

말할 것도 없이 한국어판 출간은 전적으로 노석태 선생을 비롯한 관계자분들의 큰 노력에 따른 것이다. 저자로서 이 자리를 빌려 진심으로 고마움을 전하고 싶다.

2008년 5월

시노다 히데아키(篠田英朗)

서 론

국제사회에는 최근 약 10년 동안 분쟁지역에 평화를 구축하기 위한 활동이 확충되고 있다. 분쟁지역에 영속적인 평화를 확립하기 위한 활동을 '평화구축(peace-building)'이라 하며, 다양한 국제기관, 각국 정부기관, NGO가 다각적으로 이 활동을 실시하고 있다. 현대 세계의 만성적 질병인 지역분쟁을 해결하고 영속적인 평화를 확립하는 일은 국제사회 전체가 진지하게 몰두해야 할 중요과제가 되었다.

평화구축활동은 정치, 법, 경제, 문화 등 많은 분야에 걸친 다양한 활동을 포함한다. 그것은 생각할 수 있는 모든 분야의 활동을 이용하여, 영속적인 평화를 구축하고자 하는 활동이다. 분쟁은 사회의 다양한 측면에 영향을 미친다. 따라서 분쟁의 진정한 해결을 위해서는 단지 정치지도자들이 정전에 합의하는 것만으로는 충분하지 않다. 분쟁의 요인을 제거하고, 분쟁에서 벗어날 수 있는 사회 제도를 정비하고, 사람들의 마음속에 평화의 기반을 닦아가야 한다. 평화구축은 하나의 방법으로 간단히 이룩할 수 있는 일이 아니다. 많은 사람의 많은 노력과 자원의 투입이 필요하다. 그것은 현지 사람들의 의사 없이는 달성할 수 없는 목표이다. 그러나 동시에 국제사회의 관여 없이 자연히 평화가 구축되는 것도 아니다. 평화구축이라는 야심적인 시도에서는 포괄적인 시점(視點)이 불가결한 것이다.

그러나 많은 조직의 많은 활동으로 평화가 구축된다고 하면, 통일적인 시점은 사라져 버리지 않을까? 평화를 구축하기 위한 보편적 방법은 존재하지 않는다. 어느 경우에 효과적이었던 방법이, 다른 경우에는 그다지 효과가 없을 수도 있다. 어떤 사람에게는 도움이 되지 않는 것으로 생각되는 활동이 다른 사람에게는 일정한 형태로 평화에 도움이 되는 경우도 있을 것이다. 빈곤대책도 평화구축이며, 문화교류도 평화구축이 된다. 그러나 그렇게 되면 평화구축은 너무나 많은 활동을 포괄하게 되어, 총체적인 모습이 확실하지 않은 모호한 것이 되어 버리지 않을까?

문제를 선명히 하기 위해 감히 말하면, 평화구축에도 '전략'이 필요한 것이다.[1] 평화구축은 포괄적인 접근을 채용하기 때문에, 필연적으로 다방면의 활동과 관계된다. 바로 그 때문에, 영속적인 평화의 구축이라는 목적에 어떠한 방법이 적절한지에 관한 논의가 필요하게 된다. 다시 말해, 어떻게 하면 최대한의 평화구축 효과를 거둘 수 있는지에 관한 고찰이 필요하게 된다. 개개의 조직의 단기적인 목표를 초월한 광범위하고 장기적인 목적과 관련하여 개별적인 활동을 자리매김할 필요가 있는 것이다.[2]

물론 평화구축에 유일한 절대 '전략'은 없다. 복수의 '전략'이 항상 존재할 수 있다.[3] 복수의 '전략'을 조정하고, 종합적으로 적용하기 위

---

1) 유엔사무총장 코피 아난(Kofi A. Annan)은 다음과 같이 언급한다. "유엔 관여 시의 평화구축의 전략은 용어의 보통의 의미에서 『전략적』이어야 한다. 요컨대, 수단을 목적에 맞춘다는 의미이다. 평화구축의 전략은 특정 분쟁을 겨냥하여 설정되어야 하지만, 대부분의 분쟁에 합치하는 넓은 매개변수를 찾아낼 수는 있다. (복수의) 전략이란, 변화를 향한 지역의 능력과, 어떠한 정도이든 국제사회가 제공하는 지원을 결부시켜, 적대행위의 지역적 근원을 겨냥해야 하는 것이다." "Report of the Secretary-General: No Exit without Strategy: Security Council Decision-Making and the Closure or Transition of United Nations Peacekeeping Operations", UN Document S / 2001 / 394, 20 April 2001, para.13.

2) See John Paul Lederach, *Building Peace*: *Sustainable Reconciliation in Divided Societies*(Washington, D.C.: United States Institute of Peace Press, 1997), p.109.

3) See, for instance, Elizabeth M. Cousens and Chetan Kumar(eds.), *Peace-*

한 초역사적(超歷史的)이고도 보편적인 방법이 있는 것도 아니다. 현지 상황이나, 국제사회가 투입할 수 있는 인적·재정적·물리적 자원에 따라서, 여러 가지 '전략'의 효과도 달라진다. 평화구축활동에서는 부단한 정책결정을 통해 '전략'을 취사선택하며 구체적인 실행방법을 정하게 된다. 그러나 바로 그 때문에, 평화구축에 관한 '전략'의 타당성을 계속 검토해야 하는 것이다.[4]

이 책에서 이러한 요청에 답하기 위해 초점을 맞추는 것은, '법의 지배'와 관련한 평화구축의 '전략적 시점(戰略的 視點)'이다. 어떤 사회가 분쟁상태에 빠져드는 원인 중 하나가 정치적·법적 제도의 불비에 있다고 한다면, 무엇인가의 원칙에 따라서 제도를 다시 만들어야 한다. 그때 지침이 되면서 평화를 확립하고 사회를 안정시키는 정치적·법적 제도의 원칙이 '법의 지배'이다. 그리고 이러한 법의 지배를 국제지원을 통해 분쟁 (후) 지역에서 확립하려는 '전략적 시점'이, 이 책에서 '평화구축의 법의 지배 접근(approach)'이라고 하는 것이다.

어쩌면 평화구축 분야에서 '전략'론을 말로 하는 것은 부적절할지도 모른다.[5] 과연 '법의 지배'와 같은 추상적인 개념이 '전략적 시

---

building as Politics: Cultivating Peace in Fragile Societies(Boulder: Lynne Rienner Publishers, 2001); Ho−Won Jeong(ed.), *Approaches to Peacebuilding*(London: Palgrave, 2002).

4) '전략적 시점'의 필요성은 전략론을 계속 정사(精査)하는 분야횡단적 전문가집단이 평화구축활동에 관해서도 필요함을 의미한다. Lederach, *op.cit.*, in note 2, pp.101−102.

5) 어쩌면 이러한 감상을 가지는 독자는 일본에도 많을지도 모른다. 그러나 평화구축을 '전략적 시점'에서 논하는 것은 구미에서는 일반적인 개념 틀이다. 예컨대 미국평화연구소(United States Institute of Peace: USIP), 국제전략연구소(International Institute for Strategic Studies: IISS), 스톡홀름 국제평화연구소(Stockholm International Peace Research Institute: SIPRI) 등의 평화활동 관련 간행물을 참조할 것.

점'으로서 유효한가라는 의문의 시각도 있을지 모른다. 이 책에서 전체적으로 시도하고자 하는 바는 바로 이러한 점들에 긍정적으로 답하는 것이다. 요컨대, 평화구축활동에도 '전략적 시점'이 필요하다는 것, 그리고 '법의 지배'가 유효한 '전략적 시점'을 제공하고 있거나 제공할 수 있다는 것이다.

물론 이 책은 '평화구축의 법의 지배 접근'이 항상 모든 분쟁 (후) 지역의 평화구축에서 가장 중요한 '전략적 시점'이라고 주장하려는 것은 아니다. 또한, 지금까지의 평화구축에서 실시된 '법의 지배' 관련 활동을 명확히 하는 작업에서 시작하기 때문에, 이 책이 상세하고 정치(精緻)한 '전략'론의 영역에까지 도달하지 않을 것임도 미리 밝혀 둔다. 이 책에서 말하는 '평화구축의 법의 지배 접근'이란, 지금까지의 평화구축활동을 어떤 특정한 관점에서 다시 파악한 것에 지나지 않고, 모든 실무가들이 충분히 체계적으로 의식하고 있는 것이 아님도 분명히 밝혀 둔다. 그런데도 이 책에서 이 평화구축 때의 '법의 지배' 관련 활동에 초점을 맞추는 것은, 평화구축을 '법의 지배'의 확립이라는 문제 관심에서 체계적으로 구성하려는 움직임이 실제로 있어서 이 움직임을 진지하게 검토하는 것이 필요하다고 생각하기 때문이다. 또한, '법의 지배'의 확립이라는 문제 관심에서 평화구축을 다시 파악함으로써 종래 반드시 충분한 주의를 기울여 오지는 않았던 평화활동의 여러 측면을 그려 낼 수 있으리라고 기대하기 때문이다.

평화구축에서 '법의 지배'의 확립은, 정치적·법적 측면에서 평화의 기반을 만들어 내는 하나의 '전략적 시점'으로서, 실제로 유엔 등에서 평화구축에 종사하는 실무가 또는 연구자들의 주목을 받고 있다. 예컨대 2000년에 유엔회원국 원수·정부수뇌가 모여 연 '밀레니엄 정상회담'(millennium summit)에서 채택된 '밀레니엄 선언'에서는,

'평화·안전보장·군축'이란 항목에서 '국제적·국내적 사항에서의 법의 지배의 존중'을 강화할 것을 주장하였다.[6] 저명한 정치가·실무가를 모아 조직하여 시선을 끈 '무력분쟁예방을 위한 카네기위원회'의 보고서에서는, 무력분쟁의 발생을 예방하기 위해 우선 필요한 것은 '법의 지배'에 의거하는 민주적 정부를 만드는 일이라고 하였다.[7] 2003년 이라크 전쟁 직전에 미국 평화연구소 전문가들이 강조한 것은, 전후 이라크에서 '법의 지배'를 확립하기 위한 준비 작업을 충실히 하는 일이었다.[8] 기타 다양한 장면에서, 유엔사무총장, 정부 수뇌, 국제지역조직이 '법의 지배'의 중요성을 강조하고 있다.[9] 그러나 이처럼 실무가나 일부 연구자가 주목하였는데도, '법의 지배'의 확립을 목표로 하는 평화구축에 관한 체계적인 연구는 아직 미흡한 실정이다.[10]

'법의 지배'는 단지 법적 제도에만 관계되는 개념이 아니다. 그것은 '법의 지배'에 기초를 두고, 요컨대, 자의적인 '人의 支配'를 배

---

6) "United Nations Millennium Declaration", UN Document A / RES / 55 / 2, 18 September 2000, para.8

7) See Carnegie Commission on Preventing Deadly Conflict, *Preventing Deadly Conflict: Executive Summary of the Final Report*(Washington, D.C.: Carnegie Commission on Preventing Deadly Conflict, 1997), p.5

8) "Establishing the Rule of Law in Iraq", United States Institute of Peace Special Report 104. 이것은 2003년 2월 19일에 개최된 워크숍(workshop)의 기록이다.

9) See, for instance, Kofi A. Annan, *Global Values: The United Nations and the Rule of Law in the 21st Century*(Pasir Panjang, Singapore: Institute of Southeast Asian Studies, 2000).

10) 실제의 평화구축에서도 법의 지배의 확립을 표방하는 다양한 기관이 법의 지배에 대한 다양한 이해에 근거를 두고 활동하고 있어서, 반드시 조정이 이루어지고 있는 것은 아니라고 논한 것에 대해서는, Rama Mani, "Conflict Resolution, Justice and the Law: Rebuilding the Rule of Law in the Aftermath of Complex Political Emergencies", *International Peacekeeping*, vol.5, no.3, 1998, pp.2－4 참조.

제하고 사회를 만들어 간다는 정치적 원칙을 표현하고 있다. 평화구축에 있어서 착안되는 '법의 지배'란, 단지 법률에 따라 사회를 움직이는 것만 의미하는 것은 아니다. 그것은 인권 등 인간의 존엄에 관련되는 근본규범의 토대 위에 사회제도를 구축해 간다는 사상적(思想的) 태도를 표현하고 있다. 그러므로 '법의 지배'는 분쟁 (후) 지역에 새로운 안정적인 사회의 여러 제도를 만들어 내려고 할 때에 깊이 관계되는 것이다. 말할 것도 없이, 분쟁 (후) 지역에 평화를 구축해 가려면 문화적 측면 또는 경제적 측면 등 다방면의 '전략적 시점'도 필요하다. 그러나 정치적·법적 영역에서 '전략적 시점'이 요구될 때, '법의 지배'는 참조하지 않을 수 없는 하나의 중요 원칙으로서 등장한다. 이 책을 집필한 것은, 이처럼 실무가가 관심을 두는 '법의 지배'에 관련된 평화구축활동을 분석하는 것이 학술적으로도 아주 긴요한 과제라는 생각 때문이었다.

'평화구축의 법의 지배 접근'은 어떻게 개념화되고 실시되어야 하는가? 그것은 정말로 유효한 '전략적 시점'인가? 이 책에서는 이러한 물음에 답하기 위해 평화구축 때의 '법의 지배' 관련 활동을 이론적 측면과 기능적 측면에서 분석하는 것을 목표로 하고 있다.

'평화구축'을 '법의 지배'의 확립이라는 '전략적 시점'에서 다시 파악한다고 하는 과제는 이 책에서 주로 두 가지 측면에서 수행된다. 첫째는 이론적 분석이다. '평화구축'과 '법의 지배'라는, 풍부한 의미·내용을 가지는 두 개념을 이론적인 관심에서 검토한다. 나아가 이 두 개념이 어떻게 합일점을 찾아가는지를 밝힌다. 둘째는 기능적 분석이다. 실제로 실시되고 있는 국제평화활동을 제재(題材)로 삼아, '법의 지배' 관련 여러 활동을 기능적인 관점에서 분류하여 검토한다. 이 기능적 분석을 통해서, 조직단위가 아니라 기능적 측면에서, '전략적 시점'에 따라서 '법의 지배' 관련 평화구축활동의 모습을 그려 낸다. 그리고 동시에 이 기능적 분석을 국제평화활동의 여러 문제를 검토하기 위한 단서로 삼는다.

이러한 문제관심에 따라서, 2부로 구성되어 있는 이 책은 먼저 제1부에서 기본적 개념을 설명하고 논의의 틀을 정한다. 평화구축활동 자체의 이해에 더하여, '법의 지배'란 개념의 전통적 의미와 그것이 현재의 국제사회에서 내포한 뜻도 검토한다. 그리고 평화구축활동에 '법의 지배'의 사고방식이 어떻게 적용되는지를 고찰한다.

제1부는 두 개의 장으로 구성된다. 제1장에서는 주로 유엔 공식문서를 제재(題材)로 삼으면서, 평화구축의 개념에 초점을 맞춘다. 어쩌면 이러한 태도에 대해서는, 풍부한 의미가 있을 수 있는 평화구축을 좁게 파악하는 결과로 되지 않을까 하는 우려도 있을 것이다. 그런데도 이 책에서 유엔 공식문서를 중심으로 하고 평화구축에 관한 다른 논의를 보조적으로 채택하는 것은, 현실적으로 전개되고 있는 국제평화활동 속에 있는 '법의 지배' 관련 평화구축활동을 찾아내려 하고 있기 때문이다. 요컨대, 이 책의 목적이, 독창적인 평화구축 개념을 고안하는 것이 아니라, 지금까지의 국제평화활동에 반영되고 있으면서도 체계적으로는 설명해 오지 못한 '전략적 시점'을 추출하여 검토하는 것이기 때문이다. 그래서 제1장에서는 다른 '전략적 시점'과 비교하면서 '법의 지배'의 확립을 목표하는 접근(approach)을 파악하는 작업도 시도한다.

제2장에서는 '법의 지배'의 개념을 논한다. '법의 지배'의 의미·내용을 이해하려면, 그 사상적·역사적 배경을 아는 것이 필수적이다. 다만, '법의 지배'의 개념에 관한 사상적·역사적 논의를 깊게 하는 것 자체는 제2장의 주요한 목적이 아니다. 사상적·역사적 검토가 필요한 것은 어디까지나 현대세계의 평화구축활동에 '법의 지배'의 시점을 적용하는 의미를 생각하기 위해서이다. 또한, 종래는 국제적 맥락에

서의 '법의 지배'가 국내사회의 '법의 지배'와는 전혀 다른 것으로서 분리되어, 상호 관련성이 무시되어 버리는 경향이 있었다. 그러나 이 장에서는 사상적·역사적 관점에서 인식함으로써, 국내사회·국제사회를 관통하는 개념인 '법의 지배'야말로 평화구축의 '전략적 시점'으로서 적합한 것임을 논한다.

제2부에서는 네 개의 장을 기능적으로 구분하여, 평화구축활동을 '법의 지배'의 시점에서 종합적으로 분석한다. 각 장에서는 평화구축활동의 여러 측면, 곧 평화협정의 작성, 선거지원활동, 법집행활동 그리고 사법활동을 다룬다. 이 모두는 '법의 지배'라는 통일적 견해에 따라서 자리매김하고 정리된다. 이를 통해 '법의 지배' 관련 평화구축활동의 개략을 제시하고, 그러한 활동의 '전략적' 의의를 종합적으로 검토할 준비를 하게 된다.

이 제2부는 평화협정에 관한 제3장에서 시작된다. 먼저 평화협정이 '법의 지배' 확립의 관점에서 어떻게 자리매김하는지를 이론적인 관점에서 고찰한다. 그 중심적 논점은, '법의 지배'의 확립에는 어떤 종류의 사회계약의 요소가 필요하며, 평화협정이 평화구축에서 그 요소를 제공하는 역할을 담당한다는 것이다. 다만, 이와 같이 논함으로써, 평화협정이 모든 평화구축에서 일률적으로 필요하게 됨을 암시하는 것은 아니다. 이 책에서 평화협정의 딜레마(dilemma)로서 지적하는 것은, 평화협정이 평화구축에 끼칠지도 모르는 부정적인 요인이다.

제4장은 선거지원에 관한 내용이다. 선거지원활동과 '법의 지배'의 관계는 종래의 평화구축을 둘러싼 논의 속에서 반드시 명확한 것은 아니었다. 제3장에서 평화협정을 의사사회계약행위(擬似社會契約行爲)로 자리매김한 것에 부응하여, 선거지원의 성격을 '법의 지배' 확립의 본질에 관계되는 정통성 부여 기능의 관점에서 설정한다. 그러

나 선거지원 자체에 대해서는 많은 논의가 진행되고 있어, 그것이 평화구축활동에서 지니는 의미는 긍정적인 면과 부정적인 면 쌍방에서 검토되어야 한다.

제5장에서는, 일반적으로 '법의 지배'를 확립하는 작업에는 법집행에 관한 활동이 중요한 내용으로 포함된다는 점을 호소한다. 내정불간섭을 엄밀히 해석하는 전통적 시각에서는, 분쟁 (후) 지역에서 군사·경찰 요원의 활동이나 국제적인 군사·경제 제재 또는 개입 등으로 수행되는, 법집행활동은 기피해야 하는 것이었다. 그러나 법집행활동은 모든 '법의 지배' 관련 평화구축활동의 근간에 자리매김하는 것이고, 이 책에서도 결정적으로 중요한 역할을 하는 것으로 취급된다. '법의 지배'의 확립이 진정으로 '전략적' 시점이 되는 것은 법집행활동이 '전략적'으로 파악될 때라고 해도 과언이 아닐 것이다.

제6장은 평화구축에서 사법활동이 불가결한 요소가 되고 있음을 보여준다. 냉전 후의 세계에서 평화구축활동은 확충되어 왔는데, 그것을 상징하는 것이 국제형사재판소 또는 진실화해위원회 등으로 대표되는 사법 관련 활동이다. 무릇 행정권력의 횡포를 억제한다는 뜻이 있는, '법의 지배' 사상(思想)에서는 권위적인 사법기능의 확립이 필수조건이었다. 그래서 국제사회는 이제껏 전혀 실시된 적이 없는 이 분야의 활동을 중요시하기 시작했다. 그러나 사법 분야의 평화구축에도 많은 문제점이 있다.

결론에서는, 이 책 전체의 논의를 정리함과 더불어, 이 책이 새로운 연구에 대해 지닐 수 있는 의미를 제시한다. 이 책은 '법의 지배' 관련 평화구축활동이 어떠한 모습을 하고 있는지를 설명하는 것이다. 그래서 결론에서는, 그 '전략적 시점'의 가능성과 한계를 냉정하게 인식한 뒤, 논의를 더욱 발전시키는 방향성을 모색한다.

또한, 실제의 평화구축활동의 사례를 국가별로 정리한 일람을 이 책 뒷부분에 제시하였다. 이 책의 목적은 '법의 지배' 관련 평화구축 활동을 종합적으로 검토하는 것이다. 따라서 개별적인 평화구축활동을 하나하나 설명하는 것은 피한다. 그러나 논의가 실천적인 관점에서도 의미가 있게끔, 구체적인 사례를 빈번히 참조하면서 설명해 간다. 아마 전문적 지식이 있는 독자 중에는, 구체적 사례의 검토가 평화구축의 이론적 검토와 마찬가지로 부족하다고 느끼는 사람도 있을 것이다. 필자 능력의 문제는 그만두고라도, '법의 지배' 관련 평화구축활동의 모습을 그려낸다는 이 책의 과제에서 본다면, 이것은 어쩔 수 없는 점이기도 하다. 그 이상의 개별적 사례의 검토는, 더 많은 이론적 검토와 더불어 이 책의 논의를 토대로 한 장래의 연구를 통해 더 깊이 추구해 나갈 것이다.

차 례

제 2 부 기능적 분석 / 81

약어표

ACRI(Africa Crisis Response Initiative): 아프리카 위기대응 이니셔티브

ANSP(Academia Nacional de Seguridad Publica): 공공 안전 국민학교(엘
　　살바도르)

ARF(ASEAN Regional Forum): 아세안지역포럼

ASEAN(Association of Southeast Asian Nations): 동남아시아국가연합(아
　　세안)

CIU(Criminal Intelligence Unit): 형사정보유닛(코소보)

CPA(Coalition Provisional Authority): 연합잠정당국(이라크)

DDR(Disarmament, Demobilization and Reintegration): 비무장화·동원해
　　제·재통합

ECOMOG(ECOWAS Military Observer Group): ECOWAS 정전감시단

ECOWAS(Economic Community of West African States): 서아프리카 국
　　가들의 경제공동체

ECPS(Executive Committee on Peace and Security Affairs): 평화와 안전
　　에 관한 집행위원회(유엔)

EISAS(ECPS Information and Strategic Analysis Secretariat): 정보·전략
　　분석사무국(유엔)

ETPS(East Timor Police Service): 동티모르 경찰기구

ETPTC(East Timor Training College): 동티모르 경찰훈련대학

EU(European Union): 유럽연합

EUPM(EU Police Mission in Bosnia and Herzegovina): EU경찰미션

ICC(International Criminal Court): 국제형사재판소

ICITAP(US Justice Department International Criminal Investigation and
　　Training Assistance Programme): 미국 법무부 국제형사수사·훈

련지원계획

ICJ(International Court of Justice): 국제사법재판소

ICTR(International Criminal Tribunal for Rwanda): 르완다 국제형사재판소

ICTY(Internatonal Criminal Tribunal for Former Yugoslavia): 구유고슬라
비아 국제형사재판소

IMTF(Integrated Mission Task Forces): 통일적 활동전문기구

IPTF(International Police Task Force): 국제경찰태스크포스

KFOR KFOR(Kosovo Force): 코소보치안경비대

KJI(Kosovo Judicial Institute): 코소보 사법연수원

KLA(Kosovo Liberation Army): 코소보 해방군

KPC(Kosovo Protection Corps): 코소보 방위대

KPS(Kosovo Police Service): 코소보 경찰기구

KPSS(Kosovo Police Service School): 코소보 경찰기구학교

MICAH(International Civilian Support Mission in Haiti): 아이티국제민간
지원단

MINUGUA(UN Mission in Guatemala): 유엔과테말라감시단

MINURSO(UN Mission for the Referendum in Western Sahara): 유엔서
사하라 주민투표감시단

MIPONUH(United Nations Civilian Police Mission in Haiti: MIPONUH):
유엔아이티민간경찰단

MISAB(Inter-African Force in the Central African Republic): 중앙아프
리카공화국 인터아프리카군

MPLA(Movimento Popular da Libertacão): 앙골라 해방인민운동

MSU(Multinational Specialized Unit): 다국적 특별부대

NATO(North Atlantic Treaty Organization): 북대서양조약기구

NGO(Non Governmental Organizations): 비정부조직

NPFL(National Patriotic Front of Liberia): 라이베리아 국민애국전선

OAS(Organization of American States): 미주기구

ODA(Official Development Assistance): 정부개발원조

ONUC(UN Operation in Congo): 콩고유엔군

ONUMOZ(UN Operation in Mozambique): 유엔모잠비크활동

ONUSAL(UN Observer Mission in El Salvador): 유엔엘살바도르감시단

ONUVEH(UN Observer Group for the Verification of the Elections in Haiti): 유엔아이티선거검증단

ONUVEN(UN Observation Mission for the Verification of Elections in Nicaragua): 유엔니카라과선거검증단

OSCE(Organization for Security and Cooperation in Europe): 유럽안전보장협력기구

PAG(Police Assitance Group): 경찰지원그룹

PCIJ(Permanent Court of International Justice): 상설국제사법재판소

PNC(Policia Nacional Civil): 국민민간경찰(엘살바도르)

POLISARIO Front(Frente Popular para la Liberacion de Saguia el Hamra y Rio de Oro): 서사하라 민족해방전선(폴리사리오 전선)

RPF(Rwandan Patriotic Front): 르완다애국전선

RUF(Revolutionary United Front): 혁명통일전선(시에라리온)

SFOR(Stabilization force): 안정화부대(보스니아헤르체고비나)

SPU(Special Police Unit): 특별경찰유닛

SRSG(Special Representative of the Secretary – General): 유엔사무총장특별대표

SWAPOL(South – West Africa Police): 남서아프리카 경찰

UNAMIR(UN Assistance Mission in Rwanda): 유엔르완다지원단

UNFICYP(UN Peacekeeping Force in Cyprus): 유엔키프로스평화유지군

UNHCHR(UN High Commissioner for Human Rights): 유엔인권고등판무관사무소

UNHCR(UN High Commissioner for Refugees): 유엔난민고등판무관

UNITA(União Nacional para an Independência Total de Angola): 앙골라전체독립국민연합

UNMIBH(UN Mission in Bosnia and Herzegovina): 유엔보스니아헤르체

고비나미션

UNMIH(UN Mission in Haiti): 유엔아이티미션

UNMIK(UN Interim Administration Mission): 유엔코소보잠정행정지원단

UNMISET(UN Mission of Support in East Timor): 유엔동티모르지원단

UNOSOM(UN Operations in Somalia) II: 제2차 유엔소말리아활동

UNPROFOR(UN Protection Force): 유엔방호대(구유고슬라비아)

UNSF(UN Security Force): 유엔보안대

UNSMIH(UN Support Mission in Haiti): 유엔아이티지원단

UNTAC(United Nations Transitional Authority in Cambodia): 유엔캄보디
    아잠정통치기구

UNTAES(UN Transitional Administation for Eastern Slavonia, Baranja
    and Western Sirmium): 유엔 동슬라보니아, 바라냐 및 서 시르미
    움 잠정기구

UNTAET(UN Transitional Administration in East Timor): 유엔동티모르
    잠정행정기구

UNTAG(UN Transitional Atuhority Group): 유엔나미비아독립지원그룹

UNTEA(UN Temporary Executive Authority): 유엔잠정행정기구(서이리안)

UNTMIH(UN Transition Mission in Haiti): 유엔아이티잠정미션

WFP(World Food Programme): 세계식량계획

WHO(World Health Organization): 세계보건기구

제1부 이론적 분석

이 책에서 다루는 '평화구축' 또는 '법의 지배'는 반드시 간단히 이해할 수 있는 개념은 아니다. 이 책이 목표하는 연구를 할 때는, 관건인 이 두 개념의 의미·내용을 명확히 할 필요가 있다. 그래서 제1부에서는 '평화구축' 또는 '법의 지배'의 개념과 역사적·사상적 배경을 정리한다. 제1장에서는 '평화구축'에 관해서, 제2장에서는 '법의 지배'에 관해서 논의를 정리한다. 그리고 양자의 현대적 의의를 역사적인 맥락을 고려하면서 이론적 관점에서 분석한다.

제 1 장
평화구축활동의 자리매김

　평화구축이란 무엇인가? 평화구축의 개념은 어떻게 나타나고, 논의되어 왔을까? 그리고 그것은 어떠한 실천적 가능성을 숨긴 개념이라고 말할 수 있을까? 제1장에서는 이러한 점들을 명확히 하기 위해, 먼저 제1절에서 유엔 공식 문서를 중심으로 1990년대 전반에 평화구축의 개념이 어떠한 것으로서 등장하였는지를 확인한다. 제2절에서는 1990년대 후반 이후의 평화구축을 둘러싼 논의의 동향을 정리하고, 평화구축 개념이 어떻게 수정되고 있는지를 검토한다. 제3절에서는 실제 현장에서 직면하는 문제를 고려하면서, 다양한 평화구축활동을 전략적 시점에서 분석하기로 한다.

1. 평화구축 개념의 등장

1) 초기의 평화구축 개념

　평화구축(peace-building)이란, 부트로스 갈리(Boutros Boutros-Ghali)의 『평화를 위한 과제』(1992) 이후 일반화된 개념이다.[11] 냉전 종결이라는 시대적 배경도 있어 『평화를 위한 과제』는 너무나 유명해졌는데, 제1장에서는 이론적 논의의 도입으로서 먼저 갈리의 개념 정리를 재검토하는 데에서 시작하기로 한다.

당시 유엔사무총장이었던 갈리는 유엔안전보장이사회(이하, 안보리)의 요청으로 예방외교(preventive diplomacy), 평화창조(peacemaking) 및 평화유지(peacekeeping)에 관해 유엔의 능력을 높이기 위한 분석과 권고를 하였다.[12] 그때 갈리는 이 세 가지 개념에 더하여 겨우 학자들만 사용하는 데 불과하였던 '평화구축'의 개념을 대대적으로 도입하고 보고서를 작성하였다.[13]

갈리의 정의에 따르면, '예방외교'란 '당사자 간에 발생하는 항쟁(disputes)을 방지하고, 현존하는 항쟁이 분쟁(conflict)으로 발전하는 것을 방지하고, 분쟁이 발생한 경우에는 그 확대를 제한하기 위한 행동'을 가리킨다. '평화창조'는 '주로 유엔헌장 제6장에서 예시되어 있는 것과 같은 평화적 수단을 통해서 적대당사자가 합의에 이르게 하기 위한 행동'이다. '평화유지'는 '관계된 모든 당사자의 동의를 기초로 하여, 보통은 유엔군사요원과(또는) 경찰요원을 포함하고, 종종 민간인도 포함하여, 현장에서 이루어지는 유엔의 전개'이며, '분쟁예방과 평화창

---

11) Boutros Boutros‐Ghali, *An Agenda for Peace*: *Preventive Diplomacy, Pe-cemaking and Peace‐keeping*(Report of the Secretary‐General Pursuant to the Statement Adopted by the Summit Meeting of the Security Council on 31 January 1992), UN Document A / 47 / 277‐S / 24111, 17 June 1992.

12) See "Statement by the President of the Security Council", UN Document S / 23500, 31 January 1992.

13) 요한 갈퉁은 국가 간 분쟁의 맥락에서, '평화구축'이라는 용어를 일찍부터 사용하고 있었다. See Johan Galtung, "Three Approaches to Peace: Peacekeeping, Peacemaking, and Peacebuilding", Johan Galtung, Peace, *War and Defense*: *Essays in Peace Research, Volume II*(Copenhagen: Charistian Ejlers, 1976).

조 양자의 가능성을 높이기 위한 기술이다.' 이에 반해, '평화구축'은 '분쟁의 재발을 피하기 위해 평화를 강화하고 견고히 하는 구조를 찾아내어 유지하기 위한 행동'이라고 정의되었다. 예방외교가 분쟁발생 전에 작용하는 것이라고 한다면, 평화창조와 평화유지는 분쟁 중 또는 분쟁 정지 후에, 평화구축은 분쟁 후에 주로 작용하는 것으로 시계열적(時系列的)으로 이해되었다.[14) 그래서 갈리는 평화구축이라는 개념에 한결같이 '분쟁 후(post-conflict)'라는 용어를 붙였던 것이다.

갈리에 따르면, '분쟁 후 평화구축' 활동에는 이전의 분쟁 당사자의 무장해제와 질서회복, 무기의 관리 및 가능한 범위의 파괴, 난민의 귀환, 치안유지 요원에 대한 조언·훈련 등의 지원, 선거 감시, 인권옹호노력의 유지, 정부기구의 개혁과 강화, 그리고 정치참가의 공식·비공식 과정의 촉진이 포함되었다. 그리고 갈리는 법의 지배나 의사결정의 투명성이라는 민주적 실천이 새로운 안정적인 정치질서에서의 진정한 평화와 안전보장의 달성에 기여함을 강조하였다.[15)

『평화를 위한 과제』는 큰 관심을 끌었으며 일반적으로 호의적 반응을 얻었다. 그리고 평화구축이라는 개념은 분쟁해결에 종사하는 사람들의 공통언어의 일부로 되었다. 안보리는 1993년 4월의 의장성명에서 평화의 강고한 기초를 만들기 위한 평화구축활동에 대한 지원을 표명하였다.[16) 정치와 안전보장 분야에서와 같이, 경제적 및 사회적 협력과 발전에서도 유엔이 책임을 지는 것을, 안보리는 강조하였다. 또한, 유엔총회는 1993년 9월 결의에서 '평화의 지속적인 기초를 촉진하기 위해 분쟁의 근본적인 경제적·사회적·문화적·인도적 원인과 결과를 다루는', '분쟁 후 평화구축'이라는 개념을 채택하였

---

14) Ghali, *op.cit.*, in note 11, paras. 20-22.
15) *Ibid.*, paras. 55-59.
16) See "Statement by the President of the Security Council", UN Document S / 25696, 30 April 1993.

는데, 이것은 '분쟁 재발을 방지하는 새로운 환경의 창조'를 목표로
하는 '발전적인 개념'이었다.[17) 총회는 주권평등 또는 내정불간섭 등
유엔헌장에 규정된 원칙들과 합치해야 한다고 지적하면서, 평화구축
활동에 대한 지원을 표명하였다.

1995년에 발표된 『평화를 위한 과제 부록』에서, 갈리는 평화를 위
한 활동을 둘러싼 개념 정리를 약간 수정하였다.[18) 국가 간 또는 국
가 내의 분쟁을 해결하기 위해 유엔이 이용하는 수단으로서 갈리가
제시한 것은 '예방외교와 평화창조', '평화유지', '군축(disa-
rmament)', '제재(sanction)', '평화집행(peace enforcement)'이었다. 이
들 중 앞의 세 가지는 분쟁당사자의 동의를 얻어서 하는 것으로, 유
엔헌장 제7장을 전제로 강제력을 행사하는 뒤의 두 가지와는 대비된
다. 갈리에 따르면, 군축은 중간적이다. 앞의 세 가지도 역시 분쟁해
결 시에 시간적 추이에 따라서 단계적으로 취해지는 조치라고 설명
하였다. 그리고 갈리는, 분쟁회피를 도모하기 위한 분쟁 전 예방외교
또는 분쟁당사자 간의 정전을 감시하는 평화유지활동과는 구별된 활
동으로서, 분쟁 후 사회에서 평화의 기반을 구축하기 위한 활동을
평화구축활동이라고 하였다.

여기서 평화구축활동의 내용으로서 갈리가 제시한 것은 비무장화,
소형무기의 관리, 제도의 개혁, 경찰과 사법기구의 개혁, 인권 감시,
선거 개혁, 그리고 사회와 경제의 개발이다. 이것들은 분쟁을 예방하
는 데에도, 분쟁으로 발생한 상처를 치유하는 데에도 가치가 있는
것이라고 하였다. 다기능적인 평화유지활동에 맡겨진 평화구축활동

---

17) Resolution of the General Assembly, "An Agenda for Peace", UN Do-
   cument A / RES / 47 / 120B, 20 September 1993.
18) Boutros Boutros-Ghali, *Supplement to An Agenda for Peace*(Position Paper
   of the Secretary-General on the Occasion of the Fiftieth Anniversary of
   the United Nations), UN Document A / 50 / 60-S / 1995 / 1, 3 January 1995.

이든, 평화유지활동이 존재하지 않는 상황의 평화구축활동이든, 중요한 것은 평화의 제도화를 위한 구조(structure for the institutionalization of peace)를 만들어 내는 일이라고 한다.

갈리에 따르면, 평화구축활동은 경제, 사회, 인도 및 인권 분야에 종사하는 유엔의 여러 조직이 수행하지만, 분쟁지역에서는 먼저 다기능적인 평화유지활동이 전반적인 책임을 지는 것이 적절하다. 통상의 상태가 회복되면 여러 기관에 권한이 이양되는데, 그때에는 유엔사무총장 특별대표(Special Representative of the Secretary – General: SRSG)가 중심적 역할을 맡는다고 한다. 안보리는 평화유지활동의 사명이나 전개에 관해 의사를 결정할 책임을 지지만, 시민적인 평화구축활동에 관한 책임은 총회 또는 다른 여러 조직이 지는 것이 적절하다고 갈리는 논하였다.

유엔이 평화창조 또는 평화유지의 활동을 하고 있지 않는 지역에서, 분쟁 후 또는 예방적 평화구축활동이 필요하게 된 경우, 상황은 더 어렵다. 이와 관련하여 갈리는 다음과 같이 구상하였다. 취해야 할 조치가 경제·사회·인도 분야에 관련된 경우, 지역의 조정관(調整官)이 책임을 지고 당해 국가의 정부와 협의를 맡는다. 안전보장이나 경찰 또는 인권 분야와 관련된 조치가 필요한 경우, 조기경계(早期警戒)의 책임은 유엔본부에 속한다. 그리고 필요에 따라서 당해 국가의 정부의 동의를 얻은 연후, 사무총장이 취할 수 있는 조치를 협의할 파견단을 보낸다.

2) 『평화를 위한 과제』의 특징과 문제점

그런데 갈리가 제시한 평화구축의 개념에 관한 논의에는 다음과 같은 특징이 있었다. 첫째, 평화구축활동은 흔히 정치 또는 안전보장 분야에 관한 평화창조·평화유지활동에 대비되며, 사회적·경제적 측면에서 평화 기반을 형성하는 것으로 인식되었다. 그 때문에 평화구축활동은 범위가 아주 넓으며, 다양한 조직이 운영하는 것으로 생각되었다. 이 점은, 다각적인 임무를 띠는 경우라도 통일적 조직으로서 기능할 예정의 평화유지활동과는 대조적이었다. 둘째, 평화구축활동의 범주는 시간 축에 의해 구분되는 것으로 상정되었다. 분쟁 전의 예방외교·평화창조, 분쟁 정지 직후의 평화유지에 반해서, 평화구축은 '분쟁 후'에 '분쟁의 재발'을 막기 위해 작용하는 것으로 설명되었다. 그 결과, 내용적으로는 예방외교와 겹치는 것이 분쟁 후라면 평화구축으로 분류되는가와 같은 기술(記述)을 다소 볼 수 있게 되었다. 셋째, 개념적으로 구분된 여러 평화활동은 여러 유엔조직을 양분하기 위한 범주로서 기능을 수행하고 있었다. 각국이 파견한 군사요원은 어디까지나 평화유지의 틀 속에서 활동하고, 경제, 사회, 인도 및 인권 분야에 종사하는 여러 조직은 평화구축의 틀 속에서 활동한다고 하게 된다. 그리고 양자가 경합하는 경우에는 전자가 지휘권을 가지는 것으로 되었다. 거의 모든 유엔 조직을, 평화를 위한 활동에 체계적으로 중복됨이 없이 관련시키기 위해서, 『평화를 위한 과제』에서 제시된 여러 개념은 유익하다고 생각되었던 것이다.

이 세 가지는 갈리의 개념 틀의 특징이 되고 있는 한편, 각각에 대응하는 문제도 안고 있다. 첫 번째 특징은 평화구축활동이 사회적 및 경제적 측면에 깊이 관계된다고 생각된 것이었다. 평화구축활동에 비정치적 측면이 중요한 것으로 포함된다는 것은 말할 필요도 없다. 그러나 단지 분쟁재발방지를 위해서 사회적 및 경제적 지원을 하는 것이 평화구축활동이라고 생각한다면, 그것은 일면적일 것이다. 평화를 구축한다고 하는 목적은 지극히 정치적이다. 사회적·경제적 분야의 지원을 평화구축이라는 목적에 이바지하는 형태로 입안하는 것은 중요하지만, 그로 인해 정치적 영역의 평화구축활동의 중요성이 떨어지는 것은 아니다. 정치적 영역의 평화유지활동에 견주어, 비정치적 영역의 활동을 평화구축이라고 하는 것은 단락적(短絡的) 도식화로 빠질 위험성이 있다.

두 번째 특징으로 든 것은 시간 축에 의해 구분된 평화구축활동이라는 사고방식이었다. 평화구축에 '분쟁 후'라는 용어가 붙어 설명된 것처럼, 분쟁 종결 후에 하는 평화를 위한 활동이 평화구축이라는 도식화가 『평화를 위한 과제』로부터 도출되었다. 그래서 예방외교가 분쟁 전의 활동으로, 평화유지활동이 정전 직후의 활동으로 자리매김하였다. 그러나 갈리의 설명에서도 암시하고 있듯이, 실제로는 예방외교와 평화구축을 시간 축으로써 구분하려면, 인공적인 조작이 필요하다. 왜냐하면, 분쟁 후 사회에서 분쟁 재발을 막는 활동은 항상 장래의 분쟁에 대한 예방외교로서의 성격도 띠기 때문이다. 평화를 위한 어떤 활동이 과연 '분쟁 전'의 예방외교인지, 아니면 '분쟁 후'의 평화구축인지를 묻는 것은 실제로는 그다지 실익이 없을 것이다. 또한, 정전합의 후에 하는 평화유지활동은 필연적으로 분쟁 후 평화구축활동과 시간상으로 중복될 가능성이 크다. 평화유지활동의 일환으로서 인권옹호활동 등이 실시되는 경우가 일반화되고 있는 오늘날, 평화유지와 평화구축의 경계선은 한층 모호해지고 있다.

세 번째 특징으로 지적한 것은 『평화를 위한 과제』에서 제시된 여러 개념이 유엔의 여러 관련 조직을 체계적으로 평화를 위한 활동과 결부시키는 역할을 하고 있었다는 점이다. 요컨대, 인도지원기관(人道支援機關)이나, 브레턴우즈(Bretton Woods) 기관 등 경제조직은 분쟁해결의 시점(視點)에서는 평화구축기관으로서 자리매김하는 것이었다. 따라서 이들 기관이 평화구축활동을 하고 있더라도, 사태가 정치적인 것이 되면 유엔본부사무국이 대응해야 한다고, 갈리는 생각하였다. 이러한 발상은, 종래 분쟁해결과는 관계가 없던 것으로 간주되고 있던 사회·경제 기관을 체계적으로 평화를 위한 활동의 틀 속에서 자리매김하는 이점이 있는 한편, 각 조직을 개념적으로 구분된 범주 안으로 넣어 버리는 결과를 초래한다. 따라서 평화유지를 위한 조직과 평화구축을 위한 조직이 제도적인 상호 제휴를 결여해 버리는 온상이 된다. 갈리 사무총장 시대에 유엔이 비판을 받았던 것은, 사무총장의 지시로 하부기관이 움직였을 뿐이고, 복수의 조직의 횡적 제휴가 없다는 점이었다.[19] 코피 아난(Kofi A. Annan)이 1997년에 사무총장이 되었을 때, 유엔기구개혁을 위해 맨 먼저 각 조직의 연락·조정을 원활히 하기 위한 네 개의 집행위원회(Executive Committees)를 만드는 데 몰두한 것은 바로 그 때문이었다고 할 수 있다.

그런데 여기서 제시된 세 가지 갈리의 약도에 대한 비판적 시점이 요청하는 것은, 평화구축 때의 정치적인 시점의 필요성, 시간적 틀을 넘은 평화구축활동의 입안의 필요성, 그리고 유엔의 여러 관계 조직의 문어단지화를 막는 포괄적인 전략의 필요성이다. 물론 이러한 점들은 갈리가 『평화를 위한 과제』에서 논한 내용을 전면적으로 부정하는 것은 아니다. 그러나 평화구축을 더 포괄적이고 동태적으로 이해하고, 분쟁해결로의 실제적인 전략구축을 위한 개념으로서 정치화(精緻化)할 것을 요구하는 것이다.

---

19) 필자가 2001년에 한 인터뷰에서도 유엔사무국직원은 그 점을 지적하였다.

2. 평화구축 개념의 정치화(精緻化)

1) Brahimi Report

평화구축 개념은 당초 냉전 후 세계의 새로운 포괄적인 분쟁해결로의 수순을 보여주는 것으로서 기대되었다. 그러나 곧 미국 주도의 평화집행부대가 소말리아에서 좌절된 후 평화활동 전반에 대한 관심이 쇠퇴하는 속에서, 이 개념을 더욱 정치화(精緻化)하려는 작업이 반드시 활발하였던 것은 아니다. 또한, 1995년 이후 공화당이 미국 의회의 다수파로 되자, 최대의 거출국인 미국의 유엔 분담금 지불의 지연이 현저하였다. 제한된 예산 규모와 조직 효율화를 향한 개혁 압력이 동시에 유엔을 덮쳐 온 셈이다. 그러한 와중에 갈리에 이어 1997년에 사무총장에 취임한 아난은 미국도 실무능력을 평가하는 인물이었다. 유엔평화유지국장으로 있다가 발탁된 아난하에서, 과거의 평화유지활동에 대한 반성에도 동기를 둔 기구개혁이 실시되었다.

이러한 새로운 움직임을 상징하는 중요 문서들 중 하나가 2000년 유엔 밀레니엄 정상회담 직전에 발표된 『유엔평화활동에 관한 위원회 보고』(일반적으로 위원장의 이름을 따서 『Brahimi Report』라고 부름)이다. 『Brahimi Report』의 주된 목적은 평화유지활동의 충실이지만, 그 제명이 '평화활동(peace operations)'으로 되어 있는 점에서 알 수 있듯이, 평화유지활동만을 검토대상으로 한 것은 아니다. '평화활동'은, 갈리의 개념 구분이 일반화한 것에 입각하여, 이번에는 역으로 통합적 관점을 강조하기 위해 여러 가지 평화 관련 활동을 총칭하는 표현으로 사용되었다. 그 점에서도 『평화를 위한 과제』의 시대와는 달리, 『Brahimi Report』에서는 개념적으로 구분된 여러 가지 활동을 종합·조정하는 것이 중요해지고 있음을 짐작할 수 있을 것이다.

『Brahimi Report』에서는 '평화활동'의 총칭하에서, 갈리가 확립한 활동들이 체계적으로 세 가지 범주로 재구성되어 자리매김하였다. 첫째는 분쟁예방과 평화창조, 둘째는 평화유지, 셋째가 평화구축이다. 먼저 장기적인 분쟁예방은, 평화를 위한 강고한 기반을 만들어 내기 위해서 분쟁의 구조적 원인을 명확히 한다. 평화를 위한 기반이 흔들리고 있을 때 보강하는 것이 주로 외교노력을 통한 분쟁예방 활동이다. 평화창조는, 외교나 조정을 통해 진행 중인 분쟁을 정지시키는 것과 관련이 있다. 정부대표자들, 국가 집단, 지역조직이나 유엔 또는 비공식·비정부 조직 등이 그 담당자가 된다. 평화창조는 또 독립하여 활동하는 개인도 담당할지도 모른다.

50년 역사를 가지는 평화유지활동은, 지난 10년 동안 내용 면에서 볼 때, 국가 간 분쟁 후의 정전감시 등에 해당하는 전통적인 것에서 내전 후의 위험한 상황에서 실시하는 여러 군사적·시민적 활동으로 구성되는 복합적인 것으로 확대되었다.

평화구축은 단순한 전쟁의 결여 이상의 평화 기반을 재확립하기 위한 도구를 제공하는 활동을 가리킨다. 그 예로 들 수 있는 것은, (지원경찰의 훈련·재구성이나 사법·형사제도개혁 등을 통해) 법의 지배를 강화하는 일, 구(舊)전투원을 시민사회에 재통합하는 일, 과거·현재의 인권유린을 감시·교육·조사하여 인권존중의 태도를 개선하는 일, (선거지원 또는 자유로운 미디어 지원을 통해) 민주적 발전을 향한 기술적 지원을 하는 일, 그리고 분쟁해결이나 화해의 기능을 촉진하는 일, 나아가서는 부패 척결을 지원하는 일, 인도적 관점에서 지뢰를 제거하는 일, HIV / AIDS를 필두로 하는 감염증에 대해 교육하고 제어하는 일 등이다.[20]

---

20) "Report of the Panel on United Nations Peace Operations", UN Docu-

이와 같이 『Brahimi Report』는 『평화를 위한 과제』의 개념 구분을 기본적으로 답습하면서도, 세 가지 영역을 단순히 시간 축으로 구분하는 것을 신중하게 피하고 있다. 또한, 유엔조직들을 구분하기 위해 여러 개념을 사용하는 것이 아니라, 오히려 평화활동의 여러 영역에서 다양한 행위자가 주체적으로 참가해 가는 점을 지적한다. 나아가 특징적인 것은 평화구축활동을 단순한 사회적·경제적 영역의 활동이라고 하지 않고, 더욱 정치적인 문제를 다루는 활동으로서 자리매김하고 있는 점이다.

예컨대 『Brahimi Report』는 국내분쟁에 관해 전개한 복합적 평화유지활동이 평화구축과 결합하는 점을 강조한다. '평화유지자의 지원 없이 평화구축자는 기능할 수 없겠지만, 평화구축자의 일 없이 평화유지자는 출구가 없는' 것이다.[21] 더욱더 중요한 것으로, 『Brahimi Report』는 유엔의 평화활동은 분쟁이 완전히 끝나지 않은 지대에서도 전개되어야 하는 경우가 있다는 점, 그리고 유엔이 분쟁 종결을 목표하는 상황이 아닌 경우라도 평화구축이 실시될지도 모른다는 점을 지적한다. 그러한 경우에 『Brahimi Report』가 평화구축의 방향성으로서 묘사하는 것은, 종결되지 않고 있는 분쟁을 군사적인 영역에서 정치적 영역으로 이행시키고, 그 이행을 영속적이게 하는 것이다.[22] 요컨대, 『Brahimi Report』에 따르면, 평화구축은 분쟁 중이라도 분쟁을 군사적인 것에서 정치적인 것으로 이행시키는 작업으로서 실시되는 것이다.

그 때문에 평화구축에는 현지 사람들을 다각적인 형태로 관여시키는 것이 필요하다. 그래서 『Brahimi Report』는 다음과 같은 점들을

---

ment A / 55 / 305 − S / 2000 / 809, 21 August 2000, paras. 10 − 14.
21) *Ibid.*, para. 28.
22) *Ibid.*, paras. 18 − 20.

지적한다. 첫째, 평화활동의 초기단계에서, 현지 사람들의 생활에 무엇인가 변화를 가져오는 것이 중요하다. '즉효성이 있는 프로젝트'를 책정할 때에는, 이미 현지에 들어가 있는 유엔기관의 조정관어 주요한 조언자로서 활동해야 한다고 한다. 둘째, '자유롭고 공정한' 선거는 통치기구를 강화하기 위한 광범위한 노력의 일부로서 인식되어야 한다. 요컨대, 선거에는 더 넓은 맥락에서 민주화나 시민사회 구축의 지원이 필요하다고 한다. 셋째, 민간경찰관이 평화구축자로서 활동하려면 그 존재를 통해 현지 경찰의 폭정을 단념시키려고 하는 전통적인 역할을 다하는 것만으로는 부족하다. 민간경찰관은 민주적 경찰행동과 인권의 국제기준에 따라서 현지 경찰을 개혁·훈련·재구성하고, 국내 소란에 대한 대응능력 또는 자위능력을 갖추고 있어야 한다고 한다. 정치적으로 중립이며, 어떠한 협박으로부터도 자유로운 재판소도 필요하다. 평화구축에서는 충분한 수의 국제법률가, 형법전문가, 인권전문가, 민간경찰관이 법의 지배의 제도를 강화하기 위해서 존재해야 한다. 그리고 필요하다면 안보리는 전쟁범죄인을 처벌하기 위한 행동에 나서야 한다. 『Brahimi Report』는 민간경찰의 사용에 관한 '교의상의 전환(doctrinal shift)'이 이루어져야 한다고 하였다. 넷째, 인권부문이 평화활동에서 중요하며, 지도적 역할을 해야 한다. 이를 위해서는 군사·경찰 또는 기타 민간 부문의 요원을 인권문제나 국제인도법의 관련 법규에 대해 훈련하는 것이 중요하다고 한다. 다섯째, 구전투원의 비무장화·동원해제·재통합(Disarmament, Demobilization and Reintegration: DDR)이 분쟁 후의 안정에 열쇠가 된다. 그리고 그것은 평화구축이 직접적으로 공공의 안전과 법과 질서에 공헌하는 분야이기 때문이라고 한다. 주의해야 할 것은 비무장화, 동원해제 및 재통합이라는 DDR의 세 가지 요소가 동시에 추구되어야 한다는 점이다. 이 분야에서는 과거 평화활동에서 10개 이상의 유엔조직 또는

NGO가 관여하여, 유엔시스템 내의 중심이 결여되어 있었다.[23)]

『Brahimi Report』는 유엔이 평화구축활동의 중심(focal point)이 되어야 한다고 하였다. 특히 '평화와 안전에 관한 집행위원회'(Executive Committee on Peace and Security Affairs: ECPS)를 주최하는 정무국(政務局)이 평화구축의 중심이 되어야 한다고 하였다. 실제로, 평화구축지원유닛(Peace-building Support Unit)이 개설된 곳은 정무국이었다.[24)] 정무국(Department of Political Affairs: DPA), 평화유지국(Department of Peacekeeping Operations: DPKO), 인도문제조정부(Office for the Coordination of Humanitarian Affairs: OCHA), 군축국(Department for Disarmament Affairs: DDA), 법무부(Office of Legal Affairs: OLA), 유엔개발계획(UN Development Programme: UNDP), 유엔아동기금(UN Childrens' Fund: UNICEF), 유엔인권고등판무관사무소(UN High Commissioner for Human Rights: UNHCHR), 아동과 무력분쟁에 관한 유엔사무총장 특별대표(Special Representative for Children and Armed Conflict), 유엔안전보장조정관(UN Security Coordinator: UNSECOORD)이 ECPS의 구성원으로 되어 있으므로, ECPS는 평화구축의 전략을 작성하는 데 이상적인 장소라고 한다. 그러나 『Brahimi Report』는 실제의 평화구축활동의 실시 시에 UNDP가 해야 할 지도적 역할도 강조한다.[25)]

『Brahimi Report』는 이들 논의를 정리하고, 평화구축에 관해서는 네 가지 권고를 한다.[26)] 첫째, 즉효성이 높은 프로젝트를 위해서, 최초 연도의 예산 중 소액이 당해국의 유엔 현지 조직들의 조정관의 조언을 참고로 하면서 평화활동을 지도하는 유엔(사무총장특별)대표에게

---

23) *Ibid.*, paras. 37-43.
24) *Ibid.*, paras. 239-243.
25) *Ibid.*, paras. 44-46.
26) *Ibid.*, para. 47.

제공되어야 한다. 둘째, 민간경찰, 기타 법의 지배의 요소, 인권전문가
의 활동내용에 관한 교의상의 전환이 복합적 평화활동에서 법의 지배
제도를 강화하고, 분쟁 후의 환경에서 인권존중의식을 개선하기 위해
권장되어야 한다. 셋째, 전투 집단을 조기에 해산하여 분쟁이 재발하
지 않도록 하기 위해서, 활동의 제1단계에서 비군사화와 재통합의 계
획을 복합적 평화활동의 예산에 포함시켜야 한다. 그리고 넷째, ECPS
는 평화구축의 전략을 발전시키고 실시하기 위해, 유엔의 항상적 능
력을 강화하는 방법을 의논하고 사무총장에게 권고해야 한다.

이처럼 『Brahimi Report』는 사무국 내부의 원활한 조정기능을 ECPS
가 확보할 것을 제언하였다. 왜 ECPS가 중요한 역할을 해야 하는
가 하면, 무엇보다도 여기에 여러 관계조직이 모여 있기 때문이지만,
『Brahimi Report』가 평화구축에 분쟁의 '정치화(政治化)' 작업의 성
격을 부여하고 있는 점도 관련되어 있을 것이다. 그러나 『Brahimi
Report』는 ECPS의 현상(現狀)에 만족하고 있는 것은 아니다. 1997년
발족 이후로, ECPS가 각 조직과 연락·조정을 원활히 해온 것을 평
가하면서, 당초 아난이 상정한 것과 같은 의사결정기관의 기능을 다
하지 못하고 있다고 지적하였다. 『Brahimi Report』에 따르면, 그것은
ECPS가 독자적인 전문직원이 없어, 정확한 정세분석을 하지 못하고
있기 때문이라고 한다. 그래서 ECPS 내부에 정보·전략 분석사무국
(ECPS Information and Strategic Analysis Secretariat: EISAS)을 만들
것을 제안하는 것이다. EISAS는 ECPS에서 논의할 과제 자체를 제
안하고, ECPS가 의사결정기관으로서 기능하는 것을 도와주게 된다
고 한다.[27]

분쟁의 '정치화(政治化)' 작업으로서의 평화구축 시에 관건이 되는
것은 법제도의 확립이다. 현지의 법제도와 법집행능력이 신뢰를 받

---

27) *Ibid.*, paras. 68 – 74.

지 못할 경우, 평화활동이 정체된다는 것은 과거의 사례에서 볼 때
분명하다. 『Brahimi Report』는 특히 '잠정민간행정기구(transitional civil
administration)'를 유엔이 맡을 경우, 평화활동요원이 적용할 수 있는
통일적인 법규칙을 유엔이 제공해야 한다고 주장하였다. 나아가 평
화활동에서 활용할 수 있는 국제인권법과 국제인도법의 가이드라인
(guideline)을 작성해서 경찰·검찰·사법기구의 지침으로 삼아야 한
다고 하였다.28) 그리고 현지의 법의 지배가 재확립되기까지 유엔이
의거할 수 있는 잠정적 형사법을 발전시킬 가능성에 대해 토의해야
한다고 제안하였다.29)

　『Brahimi Report』의 아주 야심적인 제언을 실현하려면, ECPS에 모
인 정치·법·평화유지·군축·인도원조에 종사하는 각 조직이 평화
구축의 목적하에 통일적인 활동을 하는 것을 전제로 해야 할 것이다..
예컨대, 종래의 개념 틀에서는 평화유지활동 분야로 생각되고 있던
기능을, 평화구축의 요청에 따라서 변화시키고 충실하게 하는 것이
요청되는 것이다. 그 현저한 예가 '교의상의 전환'을 요청받은 민간경
찰이다. 경찰기구는 현지 경찰의 능력 향상을 도와줄 뿐만 아니라, 자신
이 법집행자로서 활동하기 위한 준비를 해야 한다. 또한, 사법·검찰·
인권분야의 전문가들이 경찰요원과 일체가 되어 '법의 지배 팀'을 형
성해야 한다고, 『Brahimi Report』는 제안하였다.30) 평화유지국(平和維
持局)은 형사법 전문가를 준비하고 법의 지배에 관한 문제에 적절한
조언을 할 수 있는 체제를 갖추어야 한다고도 주장하였다.31)

　또한, 『Brahimi Report』가 문제시한 것은, 평화유지국 내부에 효과
적인 경찰활동을 실시하기 위한 법의 지배 관련 활동을 계획하고 지

---

28) *Ibid*., para. 81.
29) *Ibid*., para. 83.
30) *Ibid*., para. 126.
31) *Ibid*., para. 225.

원하는 부문이 없는 점이었다.[32) 그러한 기구상의 결함을 보완하기 위해 『Brahimi Report』는 통일적 활동전문기구(Integrated Mission Task Forces: IMTF)를 평화유지국에 창설할 것을 제안하였다. IMTF는 각 평화활동에 관해서, 정치분석, 군사활동, 민간경찰, 선거지원, 인권, 개발, 인도원조, 난민·피난민, 정보공개, 수송, 자금조달, 인원확보 등에 책임을 지는 자들이 모이는 기구이다. 종래는 통일적인 기구가 없었으므로, 현지 평화활동 직원은 분야에 따라서 다른 본부직원과 협의할 필요가 있었다. IMTF가 창설되면 현지 직원은 어떠한 분야에 관한 문제이든 일원적으로 IMTF와 협의하면 된다고 한다.[33)

2) 각국의 반응

그런데 이러한 의욕적인 『Brahimi Report』를 연구자나 국제기관의 실무자뿐만 아니라, 미국을 필두로 하는 구미국가도 호의적으로 받아들였다.[34) 때로는 유엔에 대한 불신감을 숨기려 하지 않는 미국이 『Brahimi Report』를 환영하였다는 사실은, 『Brahimi Report』가 미국이 바라는 유엔개혁의 방향성을 담고 있었음을 보여준다. 기타 국가도 『Brahimi Report』가 제창하는 포괄적인 접근의 방향성, 특히 평

---

32) *Ibid.*, para. 179.
33) *Ibid.*, paras. 198-214.
34) See Albrecht Schnabel and Ramesh Thakur, "From An Agenda for Peace to the Brahimi Report: Towards a New Era of UN Peace Operation?", in Ramesh Thakur and Albrecht Schnabel(eds.), *United Nations Peacekeeping Operations: Ad Hoc Missions, Permanent Engagement*(Tokyo: United Nations University Press, 2001); and Nassrine Azimi and Chang Li Lin(eds.), *The Reform Process of United Nations Peace Operations: Debriefing and Lessons: Report of the 2001 Singapore Conference*(The Hague: Kluwer Law International, 2001).

화유지와 평화구축의 제휴 필요성 등에 찬동하였다.35) 그러나 그 한
편에서, 중국 또는 인도와 같이 국가주권의 불가침성을 강조하는 회
원국은 경계심을 감추지 않았다. 2000년 말 이 『Brahimi Report』에
따라서, 주로 평화유지국에서 100명 가까운 직원 수의 증원이 결정
되었지만, EISAS 또는 IMTF의 설치와 같은 기구개혁의 중요 부분
의 실시는 사실상 보류되었다. 유엔사무국에 회원국의 정치정세분석
에 관한 상설기구를 제공하는 데에는 신중한 시각이 강하였음을 지
적할 수 있을 것이다. 그러나 IMTF는 나중에 아프가니스탄에서 도
입되며, 다른 지역의 평화활동에서도 평화유지국 주도로 유사한 시
도가 이루어지고 있다.36)

각국의 반응을 확인하기 위해서, 예컨대 2001년 2월 5일에 안보리
에서 있었던 '평화구축: 포괄적 접근을 목표로 하여'라는 제목의 논
의를 보기로 하자. 의장국이었던 튀니지의 유엔대표는 평화구축의
내용으로서, DDR, 난민·피난민지원, 빈곤퇴치와 지속 가능한 개발
의 촉진, 그리고 법의 지배와 민주주의에 따른 제도의 강화를 들었
다. 아난 사무총장은 이에 더하여 인권교육, 분쟁해결촉진, 화해기능
등을 들었다. 발언을 한 각국 대표들 중, 이러한 내용에 이의를 제기

35) 안보리의 총의로서 이론이 없는 것은, 평화구축은 평화유지의 '출구전략'
    으로서, 통합적으로 인식되어야 한다는 것이다. See "Note by the President
    of the Security Council", UN Document S / 2001 / 905, 25 September
    2001. See also "Report of the Secretary-General: No Exit without Strategy"
    아난 사무총장이 '전략이 없으면 출구도 없다'고 하는 표현으로, 평화
    구축의 전략적 시점에서 평화유지의 철수 문제를 생각해야 한다고 보
    고한 것에 대해서, 안보리 의장이 '평화유지의 출구전략'으로서의 '분쟁
    후 평화구축'이라는 표현방식으로 대응하고 있는 것은 미묘하지만 매우
    흥미 있는 점이다.
36) "Report of the Secretary-General: Implementation of the Recommenda-
    tions of the Special Committee on Peacekeeping Operations and the Panel
    on United Nations Peace Operations", UN Document A / 56 / 732, 21
    December 2001, paras. 17, 19.

한 국가(대표)는 없었다. 그러나 동시에 더 상세히 보게 되면, 각각의 뉘앙스(nuance)가 다르다는 것도 알 수 있다.

예컨대 미국 대표는 평화구축이 법의 지배를 강화하고 민주적 제도를 촉진하는 다각적인 활동이라는 점을 강조하였다. 미국 대표는, 식량·의료 원조, DDR, 난민 귀환, 경제 부흥 등은 중요하며, 분쟁에는 구조적인 원인이 있다는 점을 인정하면서도, 분쟁은 최빈국에서만 발생하는 것이 아니라 직접적으로는 개인적 탐욕에서 발생한다고 강조하였다. 그리고 안보리가 DDR 또는 현지 경찰의 재건 등을 자신의 권한에 속하는 사항으로 인정해 온 것을 평가하고, 『Brahimi Report』의 제언의 실현에 기대감을 표명하였다.

영국 대표도 개발과 안전보장의 잘못된 구별을 배제한 포괄적·통합적 정책의 중요성을 언급하면서, 『Brahimi Report』의 EISAS에 관한 제언을 평가하였다. 통합적 정책은 분쟁 (후) 지역에서 법의 지배를 재건하는 과제에 대해서도, 예컨대 경찰·사법기구를 조기에 기능하도록 하여 범죄자를 재판하는 데에도 적용되어야 한다고 하고, 영국 대표는 『Brahimi Report』가 제안하는 IMTF에 대한 지지도 표명하였다.

법의 지배 접근에 대한 미국과 영국의 관심은, 분쟁지역에서 공적 권위를 민주적으로 확립하는 일이나 경찰·사법제도의 충실을 가하는 일이 중요함을 강조한 프랑스 대표도 공유하고 있었던 것이라 할 수 있을 것이다. 그러나 그 뉘앙스는 러시아 대표의 경우에는 약해진다. 분쟁의 최대 원인은 극도의 빈곤이라고 하고 개발이 평화구축에 불가결하다는 점을 강조한 중국 대표의 경우에는, 법의 지배의 요소는 거의 고려되지 않았다. 중국 대표는 또 현지 주민의 자발적 노력의 중요성을 호소하고, 나아가 러시아 대표와 더불어 주권의 존중을 주장하였다. 이처럼 상임이사국 간에도, 미국을 법의 지배 접근 중시의 필두라고 한다면, 법의 지배에 회의적이고 개발을 중시하는 경향이 있는 중국을 대극(對極)으로 하여, 분쟁의 최대 원인을 제도적 측면에서 찾을 것인지 아니면 빈곤에서 찾을 것인지에 따른, 평화구축의 파악방식의 차이가 있었다.

안보리 논의에서는, 그 밖에 26개국이 발언하였다. 이들 국가가 지적한 내용은, 평화구축과 평화유지의 관련성, 평화구축과 개발의 관련성, DDR, 난민·피난민 지원, 법의 지배와 민주제도의 충실, 인권옹호, 소형무기규제 등이었다. 대부분의 국가가 중복하는 문제에 대해 발언하였고, 전반적으로는 『Brahimi Report』를 평가하였다고는 할 수 있으나, 평화구축이 취해야 할 방향성에 관한 견해에는 차이가 있었다. 주권존중·개발중시의 급선봉은 인도였다. 인도 대표는 오히려 안보리가 전통적으로 다른 기관의 활동영역을 배려하여 평화구축의 문제에 거리를 두어 온 점을 평가하였다. 그리고 현재에도 대다수 평화유지활동이 정전감시에 관련되어 있다고 지적하고 나서, 『Brahimi Report』는 코소보 또는 동티모르의 예외적 사례에서 일반적 결론을 도출하고 있다고 비판하였다. 또한, 분쟁 관련 예산이 개발을 위한 예산에서 할당될 위험성이 있으며, 그것은 안정을 유지하면서 빈곤과 싸우고 있는 국가에 불공평한 것이라고 주장하였다. 나아가 인도 대표는 무기수출국은 분쟁당사자에게 무기를 인도하여 분쟁을 조장하는 일이 없도록 노력해야 한다고 하고 상임이사국을 견제하였다.

인도만큼 『Brahimi Report』가 상징하는 평화구축을 향한 새로운 대처에 회의를 명확히 표명하는 국가는 없었으며, 평화구축의 내용 자체에 대해서 심각한 대립이 있었던 것도 아니다. 왜냐하면, 평화구축이 정치적·사회적·경제적 분야 모두에 관련되어, 포괄적이고 통합적 접근이 요구된다는 것이 공통인식이었기 때문이다. 그러나 미국과 영국처럼 평화구축에서 정치적 측면을 특별히 강조하는 국가와, 분쟁의 근본원인이 빈곤에 있다고 지적함으로써 경제문제에 역점을 두는 개발도상국 사이에는 평화구축에 대한 태도의 차이가 있었던 것도 사실일 것이다.37) 또한, 군사·경찰 활동을 필두로 하는, 법의 지배에 관련된 평화구축노력에서 실적이 없고, 인권옹호를 강조하는 것과 같은 문화적·역사적 배경이 강하지 않은 일본 역시 선진공업국인데도 평화구축을 빈곤퇴치의 문제와 동일시하는 듯한 태도를 보였다.38)

3) 아난 사무총장의 견해

아난 사무총장은 『Brahimi Report』의 후원자(sponsor)라고 해도 좋은 존재이다. 간접적으로이든 거기에는 그의 견해가 대강의 틀로서 반영되어 있다고 할 수 있다. 이미 아난은 1998년에 작성한 아프리카 분쟁문제에 관한 보고서에서 '분쟁 후 평화구축'에 대해 언급하고, 화해촉진, 인권존중, 정치적 포괄성, 국민적 일체성, 난민·피난민 귀환, 구전투원의 사회복귀, 소형무기관리, 부흥·경제회복 등을 우선사항으로 들고 있었다. 아난은 거기서 '영속적 평화의 구축과 경제발전'이란 제목의 장(章)에서, '지속적 발전'과 함께 '좋은 가버넌스(Good Governance)'를 채택하고, '인권과 법의 지배의 존중의 확

---

37) 2001년 9월 11일 이후, 유엔총회는 테러대책의 일환으로서 빈곤문제에 몰두하게 되었다. 이러한 자세에 대해서 미국은 반드시 동조적이지는 않고, 안보리는 구체적인 테러리스트 관계조직에 대한 대책을 주된 목표로 삼고 있다. 그 배경에는, 9월 11일 테러의 주모자는 결코 최빈곤층 출신이 아니고, 테러문제는 빈곤대책과는 구별되어야 한다는 평화구축의 인식에 따른 사고방식이 있다.

38) See Hideaki Shinoda, "Japan's Role in Peace Operations: It Is Time to Be More Than a 'Free Rider' or 'Cash Dispenser'", Institute Report, Weatherhead East Asian Institute, Columbia University, February 2003, p.11.

보', '행정의 투명성과 책임성의 추진', '행정능력의 향상', '민주적
통치의 강화'를 논하였다. '인권과 법의 지배'에 관해 아난이 지적한
것은, 인권법규의 비준·관련국내제도의 정비, 그리고 인권존중의 의
식이 있는 법집행기관과 사법기관의 육성의 중요성이었다.[39]

아난은 2001년 2월 5일 안보리의 논의에 이어서 6, 7일에 열린
유엔과 지역조직 간의 회합 후, 평화구축활동의 지침을 열거한 성명
을 발표하였다. 이 성명에 따르면, '평화구축은 본질적으로 내발적(內發
的) 과정'이며, '효과적인 평화구축의 전략은 분쟁의 근본원인에 몰
두하는 것이어야 하며', '평화구축은 근본적으로 정치적인 성격을 띤
다.' 또한, '평화구축은 포괄적 전략'이며, '좋은 가버넌스(*역자주:
'good governance'에 해당하는 것으로 '좋은 통치', '선정', '협치', '굿가버넌스' 등
다양하게 번역되고 있으나 일의적으로 확정하기가 곤란하여 본문과 같이 표현하였
음. 원저에는 '좋은 통치'로 되어 있음), 법의 지배, 민주화, 인권을 지속적
인 평화의 열쇠로 되는 요소로서 촉진하는 수단을 포함해야 한다
.'[40] 아난에 따르면, 평화구축의 '역설'은, 국제공동체의 장기적인 관
여가 필요함에도 불구하고, 어떤 사회를 개발원조에 영속적으로 의
존시켜 버릴 위험성이 있다는 점이다. 따라서 어디까지나 평화구축
이 내발적 과정인 것에 유의하면서, 국제공동체는 지원해 가야 한다.
이와 같이 아난은 내정불간섭의 원칙에서 일탈하는 것을 경계하는
일부 국가를 배려하면서, 평화구축분야에서 국제사회가 적극적인 행
동을 할 것을 기대하였다. 그리고 '평화협정의 교섭과 실시, 치안유
지, 좋은 가버넌스·민주화·인권, 정의와 화해, 인도적 구원과 지속

---

39) "Report of the Secretary-General: The Causes of Conflict and the Promotion
   of Durable Peace and Sustainable Development in Africa", UN Document
   A / 52 / 871-S / 1998 / 318, 13 April 1998.
40) "Secretary-General Lists Main Points of United Nations Discussions with
   Regional Orgaizations on Peace-building", UN Document SG / SM / 7708,
   7 February 2001.

적 개발'을 '평화구축의 5가지 열쇠가 되는 영역'으로 제시하였다.[41]

이와 같이 아난은 일관하여 평화구축은 '포괄적'인 것이라 하고, 인도적 구원이나 개발을 평화구축의 요소로 하는 한편, 평화구축이 '정치적 성격'을 가짐을 지적하고 있다. 그리고 국제법규에 따른 형태의 공권력의 정비를 평화구축의 중요한 지주로서 계속 강조하고 있다. 이러한 아난의 태도에 대해서는, 사하라 이남의 아프리카 출신의 첫 사무총장으로서, 역으로 구미 주도의 국제사회의 가치기준을 거리낌이 없이 강요하려고 하고 있다는 시각이 있다.[42] 아난의 태도가 정치적으로 올바른 것인지는 별도로 하고, 그가 국제사회의 주류가 표방하는 가치규범을 신봉하고, 그것을 평화구축의 지침으로 삼으려고 하고 있음은 분명할 것이다.[43] 일부의 회의적인 국가의 존재에도 불구하고,

---

41) "Letter Dated 12 Fbruary 2001 from the Secretary – General Addressed to the President of the Security Council", UN Document S / 2001 / 138, 14 February 2001.

42) 예컨대 原口武彦, 『国連事務総長報告: アフリカにおける紛争の諸原因と永続的平和および持続的発展の推進』－文献解題－', 武内進一 (編), 『現代アフリカの紛争－歴史と主体－』(アジア経済研究所, 2000) 참조.

43) 로랜드 패리스가 강조하듯이, 많은 국제기관이나 정부기관이 추구하고 있는 평화구축이 자유주의・시장주의・민주주의에 의거하는 주권국가를 구축하는 시도인 것은 사실이라고 생각되고, 이 점은 이 책에서도 거듭 확인하고 있다. 그런 의미에서 평화구축은 확실히 현대적 '문명화' 작업이라고까지 묘사할 수 있을지도 모른다. See Roland Paris, "International Peacebuilding and the 'Mission Civilisatrice'", *Review of International Studies*, vol.28, no.4, 2002. 그러나 자유민주주의에 의거하는 평화구축은 다른 평화구축과 병행하는 하나의 평화구축 전략에 불과하고, 결코 모든 평화구축활동 뒤에 감추어진 이데올로기와 같은 것은 아니다. 문제는 그 특정의 평화구축 전략이 얼마만큼 유효한가 하는 것이다. 패리스 자신이 암시하고 있듯이, 종래의 전략은 상대적 유효성을 가지고 있어, 필요한 것은 더욱 사려있는 적용이라고 할 수 있다. See Roland Paris, "Peacebuilding and the Limits of Liberal Internationalism", *International Security*, vol.22, no.2, 1997. See also Charles – Philippe David, "Does Peacebuilding Build Peace? – Liberal (Mis)steps in the Peace

미국을 중심으로 한 국제사회의 다수 또는 영향력 있는 집단을 구성
하는 국가44) 또는 유엔사무총장이나 『Brahimi Report』에 관련된 사람
들은 분쟁지역에서 정치제도와 법제도를 확립하는 것을 평화구축의
중심적 과제로서 인식하고 있으며, 게다가 인권, 법의 지배 등의 가치
규범이 그것을 위한 지침이 된다고 생각하고 있는 것이다.

3. 평화구축의 전략론

1) 평화구축의 체계화

지금까지 평화구축 개념이 『평화를 위한 과제』에서 등장하고 나서

Process", *Security Dialogue*, vol.30, no.1, 1999.

44) 그러나 이것이 주로 적합하게 되는 것은 클린턴(William J. Clinton) 정
권시대의 미국 정부이다. 조지 W. 부시 정권은 평화활동 일반에 적극
적이지 않다. 그러나 그것은 단지 관심이 낮은 데서 비롯된 것이고, 평
화활동의 방향성에 대해서 근본적 견해의 차이가 있는지 그 여부는 즉
단할 수 없다. 예컨대 클린턴 정권은 미군이 친히 개입하지 않더라도
아프리카 국가들이 인도적 위기에 대응할 수 있도록, '아프리카 위기대
응 이니셔티브(Africa Crisis Response Initiative: ACRI)'를 시작하였다.
부시 정권은 그 예산액 1,500만 달러를 첫해에 1,000만 달러까지 감축
하였다(현재의 명칭은 Africa Contingency Operations Training Assistance:
ACOTA). See Michael E. O'Hanlon, "Saving Lives with Force: An
Agenda for Expanding the ACRI", *Journal of International Affairs*, vol.55,
no.2, 2002, p.300. 자국의 군사비를 대폭 증액한 부시 정권이 아프가니
스탄이나 이라크에서 대규모 군사행동을 일으키고, 알 카에다(Al-Qaeda)
세력이 잠복하고 있을 것으로 짐작되는 아프리카 국가들에 대한 개입
도 검토하고 있다는 것은 날카로운 비난이다.

다양한 논의의 대상이 되어 왔음을 보았다. 여기서 정리를 한다면, 평화구축활동이란, 분쟁의 발생(재발)을 막고 영속적인 평화를 만들어 내기 위한 활동이라고 일단 정의할 수 있을 것이다.45) 평화구축은 다른 평화활동과 중복되면서도 구별된다. 이는 평화구축이 분쟁의 정지 상태를 창조·유지하는 것이 아니라 '평화의 제도화를 위한 구조'를 만들어 내는 것을 목표로 하고 있기 때문이다. 요컨대, 평화구축은 분쟁의 표층적 현상이 아니라 '근본 원인'에 초점을 두는 것을 그 본질로 한다.

따라서 평화구축의 활동분야는 여러 갈래에 걸쳐 있다. 정치, 사회, 경제, 문화 등 다양한 분야에서 활동하는 여러 조직이 평화구축에 공헌할 수 있다. 또한, 평화구축활동은 주로 분쟁 후에 이루어지겠지만, 분쟁 중인 때부터 계속하여 이루어지는 경우도 있을 것이고, 아직 분쟁이 발생하고 있지 않지만 발생 우려가 있는 지역에서 예방적으로 이루어지는 경우도 있을 것이다. 이와 같이 넓게 설정된 평화구축의 개념은 다루는 범위가 아주 넓다는 특질이 있다. 그러나 그 자체로는 산만한 인상을 주는 이 특질은 평화구축이 목표하는 영속적 평화라는 목적에서 의도적으로 설정된 것이라고 생각할 수 있다. 평화구축활동은 어떤 사회의 평화를 영속화시키기 위한 '포괄적이고 통합적인 전략'을 작성하기 위한 개념 틀이다.

그래서 문제가 되는 것은, 그처럼 대상을 넓게 설정하고 나서 지

---

45) 이 책도 공유하는 정치적·법적 분야의 문제 관심에서 다시 평화구축을 엄밀히 정의하면, '폭력 없이 내적 분쟁을 해결하는 권위적이고 최종적으로는 정당한 메커니즘의 구축 또는 강화'라 하게 될 것이다. Elizabeth M. Cousens, "Introduction" in Cousens and Kumar(eds.), op.cit., in note 3, p.4. 또는 평화구축이란 '폭력적 분쟁을 막기 위해, 항쟁을 지속적으로 관리하기 위한 자기 유지적 메커니즘 또는 절차(process)를 하나의 국가 속에 만들어 내는 것'이다. Chetan Kumar, Building Peace in Haiti (Boulder: Lynne Rienner Publishers, 1998), pp.30－31.

역의 실정과 국제사회가 투입할 수 있는 자원을 고려하여, 어떻게 종합적인 전략을 짤 것인가이다. 요컨대, 평화구축은 예방외교나 평화유지 등의 개념과 마찬가지로 그 자체로는 활동의 지침이 되는 것이 아니다. 단지 평화를 구축하는 것에 관련되어 있는 활동들을 범주화하는 것에 지나지 않는다. 더욱 중요한 것은 그 범주화된 활동들을 효과적으로 운영하기 위한 전략이다. 그러나 아난 사무총장이 지적하듯이, 전략이란 결코 기발한 발상을 요구하는 것이 아니다. 그것은 적절한 목적을 설정하고 그 목적을 달성하는 가장 효과적인 수단을 실행하기 위한 사고이다.[46] 그래서 이 절(節)에서는 지금까지의 평화구축을 둘러싼 논의를 염두에 두면서, 평화구축의 전략론의 틀을 고찰하고, 다음 장의 논의의 발판으로 삼고 싶다.

이미 이 책 첫머리에서 언급하였듯이, 평화구축의 전략에는 무수한 방법이 있을 수 있다. 효과적인 빈곤해소책도 평화구축의 전략일 것이고, 난민의 안전한 귀환과 정주도 중요하다. 그러나 망라하여 나열한 전략을 동시에 병행하여 추구하는 것이 항상 바람직한 것은 아니다. 전략을 작성하고 실시할 때는, 대상이 되는 지역의 분쟁원인을 정확히 인정하는 작업이 불가결하다. 평화구축이 평화를 구축하기 위한 활동이 되게 하려면, 목적에 따라서 필요한 작업을 확인한 후, 다시금 그러한 작업의 우선순위를 확정해야 한다.

평화구축의 체계화 작업 시에는, 군사부대가 하는 평화구축, 개발기관이 하는 평화구축이라는 형태로, 실시기관에 따라서 정리하는 방법을 자주 볼 수 있다. 그러나 그러한 시도가 그려내는 평화구축의 개념은 아주 산만한 것이다. 정전감시도 식량원조도 평화구축이며, 또 세계은행과 UNDP도 평화구축에 종사하고 있다[47]는 표현방

---

46) See "Report of the Secretary‒General", *op.cit.* in note 1.
47) See the World Bank Group website, "The Conflict Prevention and Reco-

식으로 평화구축활동의 전체상(全體像)을 설명하려는 것은, 기존 조직의 종래의 활동이 평화구축과 관계되어 있다고 지적하는 것 이상의 의미는 없다. 그러한 산만한 체계화란 실제의 경우 평화구축이라는 공통의 제명하에서 단지 복수의 기존 조직의 활동을 나란히 열거하는 데 지나지 않고, 전략적 발상에 기초를 둔 것이라고는 할 수 없다. '포괄적이고 통합적 접근'을 취하기 위해서는, 기존의 행위주체 측의 기구분화(機構分化)에 부응한 개념 틀이 아니라, 더 전략적인 관심에서 역으로 종래의 기구분화를 다시 편성하는 것과 같은 체계화를 하는 것이 필요하다.[48]

이를 위해서는 개별 상황을 정확히 파악하고 분석하면서, 분쟁원인을 인정하는 작업이 우선 중요시된다. 원인에 대한 분석 없이, 그 원인을 제거하기 위한 전략을 작성할 수 없기 때문이다. 평화구축이라는 추상적 목적하에, 복수의 활동을 열거하는 것만으로는 부족하다. 개별적 분쟁의 개별적 원인을 밝혀내어 그것에 대응한 개별의 전략적 목적을 설정하고, 그에 더하여 그 전략적 목적의 달성을 위해서 필요한 활동을 계속 좁혀, 활용할 수 있는 기존 조직을 효과적으로 동원한다는 사고방법이 요구되는 것이다.

따라서 평화구축의 전략은 개별적 상황의 면밀한 검토를 바탕으로 비로소 작성할 수 있다. 『Brahimi Report』가 유엔본부의 정보분석 기능

---

nstruction Unit",
<http://lnweb18.worldbank.org/essd/essd.nsf/CPR/AboutCPRUnit>; and the United Nations Development Programme website <http://www.undp.org/>, "Democratic Governance" and "Crisis Prevention and Recovery" UNDP 는 '법의 지배' 관련 평화구축에 의식적으로 몰두하고 있다. 長谷川祐弘, '地域紛争の再発予防に向けた行政能力の構築', 不破吉太郎・吉田秀美・房前理恵(編), 『進展する平和構築−紛争予防と環境−』(財団法人国際開発高等教育機構, 2001) 참조.

48) See Cousens, op.cit., in note 45, p.13.

의 강화를 주창한 것은 그 때문이었다. 그러나 평화구축이 개별적 상황에 따라서만 구체적인 형태를 드러낸다고 해도, 사전에 몇 가지 전략을 세워서 준비할 수 없는 것은 아니다.[49] 오히려 과거 경험을 바탕으로 평화구축활동의 중심으로 되는 전략의 모형(pattern)을 만들어 내는 것은, 개별적 상황에서 적절한 판단을 내리기 위해 필요할 것이다.

2) 분쟁의 근본원인

이러한 수순으로 평화구축의 전략을 세운다고 한다면, 우선 물어야 할 것은 분쟁의 '근본원인'이다. 현대 지역분쟁의 원인이 되고 있는 것은 도대체 무엇인가? 이 점에 대한 인식 없이는 어떠한 전략도 세울 수 없다. 이 책에서 주제로 삼는 '법의 지배' 접근은 분쟁의 원인을 공공질서의 붕괴에서 찾고, 공공질서의 (재)확립을 위한 평화구축활동을 전략적으로 실시하기 위한 것이다. 물론 이 밖에도 분쟁원인은 많이 존재할 것이고, 역점을 어디에 둘지도 각 지역 실정에 따라서 달라진다.

예컨대 현대 지역분쟁은 흔히 정체성(identity) 집단 간의 다툼으로서의 특징이 있다. '문명의 충돌'이라는 표현이 냉전 이후 시대의 경향을 표현하는 것으로서 확산되었지만, 국가와는 별개로 존재하는 가지각색의 정체성에 관련된 차이가 냉전구조에 의한 이데올로기 대립이 후퇴한 후 심각한 대립을 낳는 요소로서 남았다고 한다. 많은 지역분쟁의 경우, 민족이나 종교의 차이 등이 복합적으로 관련되는 대립구조가 있다.

또한, 개발도상국이 중시하는, 빈곤이 분쟁을 낳는다는 인식이 있

---

49) "Report of the Secretary-General", *op.cit.*, in note 1.

다. 빈곤이 사회구조를 일그러뜨리고, 사람들을 절망적으로 만들고, 폭력적 행동으로 몰아간다는 의미이다. 어쩌면 빈곤은 무력을 사용하여 경제적 자원을 획득하려는 동기를 강화할지도 모른다. 경제적으로 파탄에 이른 지역에서는 일상적 직업이 없는 층이 대량으로 발생한다. 그들이 매일 식량을 획득하는 수단은 전투에 참가하는 것 이외에는 거의 없을지도 모른다. 콩고민주공화국 또는 시에라리온의 내전이 전형적으로 보여주듯이, 다이아몬드 등의 자원이 무장세력의 자금원이 되어 분쟁을 장기화시키는 경우도 있다.

이에 반해서, 구미국가가 중요시하는 것은 평화구축에는 제도적 보장이 필요하다는 인식이다. 평화를 구축하는 지역에는 책임을 지고 정치적·법적 기반을 정비할 국가권력이 불가결하다는 인식이 법의 지배 관련 평화구축활동을 지탱하고 있다. 말할 것도 없이, 분쟁지역에서는 국가기구는 단순한 하나의 분쟁당사자로 되어 있는 경우가 많다. 많은 평화협정은 수도를 실효적으로 지배하는 중앙정부를 분쟁당사자의 하나로 다루어 왔다. 애당초 중앙정부라 부를 수 있는 것이 전혀 존재하지 않는 1990년대의 소말리아와 같은 지역도 있었다. 실효적 지배를 확립하고 있더라도, 정부가 신뢰할 수 있는 제도적 보장을 할 의도가 없고 억압기구로서 작용하고 있는 경우도 많다. 이들 경우에서는, 신뢰할 수 있는 공권력의 결여, 무능 또는 남용이 분쟁원인으로 될 수 있다는 인식이 정치적·법적 제도를 중시하는 평화구축으로 이어진다.

3) 전략적 목적

여기서 예시적으로 든 세 가지 분쟁원인에 대응하여, 전략적 목적을 설정해 보자. 정체성 문제에 대응하는 것은, 상이한 정체성 집단 간의 상호신뢰구축을 촉진하고 '화해'를 달성한다는 데 목적이 있다. 그러므로 평화교섭의 장 등에서, 분쟁당사자가 서로 이익과 주장을 인정하면서 타협의 가능성을 찾는 것이 필요하다. 풀뿌리 수준의 문화교류나 대화집회의 시도를 통해서, 일반인들 간의 상호이해를 깊게 하는 시도도 이루어진다.[50] 유엔문서나 안보리에서 이루어지는 국가들의 논의가 이 전략적 목적을 거의 언급하지 않는 것은, 정치적·경제적 측면을 넘어 문화적·민족적·종교적·역사적·심리적 문제를 해결하는 일이 국제사회 능력 밖의 작업이 될 가능성이 크기 때문일 것이다. 물론 그렇다고 하여 이 분야의 평화구축의 중요성이 낮은 것은 아니며, 의욕과 능력이 있는 평화구축 종사자가 추구해야 할 전략적 시점이다.

경제원인론(經濟原因論)에서는, 경제 '개발' 원조를 통해서 빈곤을 제거하고, 왜곡된 사회구조를 시정한다고 하는 목적이 도출된다. 먼저 사회구조에 불만이 있는 계층을 무력을 사용한 항의행동이나 불만의 폭발로 몰아넣지 않기 위한 경제적 방책을 세워야 한다. 분쟁의 발생·장기화를 막기 위해, 자원관리를 할 필요도 있다. 그것을 위해서는 지역 상황에 따라서, 평화구축의 관점에서 적절한 경제지원을 해나갈 필요가 있다.[51] 사회 안정의 유지라는 관점을 넓게 취

---

50) See, for instance, David R. Smock(ed.), *Interfaith Dialogue and Peace-building*(Washington, D.C.: United States Institute of Peace Press, 2002); and Stephen Ryan, "Peacebuilding Strategies and Intercommunal Conflict: Approaches to the Transformation of Divided Societies", *Nationalism & Ethnic Politics*, vol.2, no.2, 1996.

51) 개발원조에 즈음하여 '평화배려'를 하는 것, 요컨대, 개발원조가 분쟁의 발생 또는 촉진의 요인이 되지 않도록 배려해야 하는 것이 지적되고 있다. 国際協力事業団·国際協力総合研修所, 『事業戦略調査研究: 平和構築-人間の安全保障の確保に向けて-報告書』(2001), 10-11면; 国際協力事業団·国際協力総合研修所, 『日本·カナダ合同シンポジウム·

하면, HIV / AIDS 대책도 당연히 평화구축의 수단이 된다. 또한, 긴급 인도지원도 평화구축의 전략으로서 자리매김할 수 있다.[52] 왜냐하면, 인도적 위기는 필연적으로 통상의 사회기반을 붕괴시키고, 무력분쟁이 만연하는 구조에서 자력으로 벗어날 의욕과 능력을 사람들에게서 빼앗을 것으로 우려되기 때문이다. 원조의 부족은 적대하는 무장집단에 대한 증오를 강하게 할 뿐만 아니라, 흔히 국제사회의 무관심에 대한 원한도 낳아, 다른 평화구축활동에 악영향을 주는 점도 우려된다.[53] 『Brahimi Report』가 권고하였듯이, 즉효성이 더 높은 사회기반 안정책을 우선적으로 실시하는 것이 분명 바람직할 것이다.

이러한 전략적 목적들과 병렬적으로 다루어야 하는 것 중 하나가, 신뢰할 수 있는 공권력의 결여를 문제로 삼고, 정당하고 실효적 공권력의 확립을 지원하고, 법의 지배의 확립을 목표로 하는 전략적 시점이다. 문화적 또는 경제적 측면을 중시하는 다른 시점과 비교할 때, 법의 지배 접근은 분쟁을 군사적인 문제에서 정치적·법적 제도의

開発と平和構築・報告書』(2000) 참조. See, for instance, James K. Boyce and Mannuel Pastor, Jr., "Can International Financial Institutions Help Prevent Conflict?", *World Policy Journal*, vol.15, no.2, 1998.

52) 그러나 인도지원을 평화구축의 전략적 시점에서도 인식해야 한다고 하는 것은, 인도지원에 정치적 문제를 해결하는 역할을 맡도록 해야 함을 의미하지 않는다. 평화구축의 전략적 시점은 오히려 인도원조만큼 과대한 부담을 지지 않게 하기 위한 포괄적·통합적 이니셔티브로서 이해해야 할 것이다. See Michael Pugh, "Peacebuilding as Developmentalism: Concepts from Disaster Research", *Contemporary Security Policy*, vol.16, no.3, 1995, p.335.

53) 그러나 인도지원이 분쟁을 장기화하는 요인이 되지 않는지에 대해서는 많은 논의가 있다. See Mary B. Anderson, *Do No Harm: How Aid Can Support Peace or War*(Boulder: Lynne Rienner Publishers, 1999); Fiona Terry, *Condemned to Repeat? The Paradox of Humanitarian Action* (Ithaca: Cornell Univerrsity Press, 2002); and Jonathan Goodhand, "Aiding Violence or Building Peace? The Role of International Aid in Afghanistan", *Third World Quarterly*, vol.23, no.5, 2002.

문제로 이행시키는 과정으로서[54] 특징이 있다고 할 수 있을 것이다. 화해는 인간사회에서 대립구조를 없애는 것을 궁극적인 목적으로 한다. 그러나 법의 지배는 대립의 해소가 아니라 대립구조의 제도화를 목표로 한다. 물론 그것은 대립의 비폭력화도 의미하고 있다. 그러나 근본적인 차이는 대립을 없애는 것이 아니라 제도적으로 관리한다는 전략적 자세에 있다.[55] 이른바 법의 지배는 궁극적인 분쟁해결보다도 분쟁관리(conflict management)를 목표로 삼아 나가는 것이다.

이러한 태도는 구미류(歐美流)의 자유민주주의에 깊게 뿌리를 둔 발상에서 나온다고 할 수 있을 것이다. 예컨대 미국 입헌주의의 기본원칙인 권력분립 또는 견제·균형(check·balance)의 발상은, 사회집단 간의 대립은 불가피하다고 보고 그 폐해를 제도적으로 관리하려는 것이었다. 정당정치를 낳는 의회제민주주의는 이른바 정치적 대립을 항상 내포하는 시스템이다. 또한, 권리옹호를 중시하는 자유주의는 일상적으로 개인 간의 대립을 표면화시킨다. 미국이 흔히 소송사회라고 야유를 받는 것도 권리옹호규범이 사람들 간에 침투해 있기 때문일 것이다.

자유주의나 민주주의의 주입은 사람들이 자유로이 자신들의 의견을 표명하고 정치에 반영시키는 사회를 구축하고, 대립을 완화하는 효과가 있으리라고 기대된다. 평화구축의 관점에서 말하면, 자유민주주의는 대립구조를 군사적인 것에서 정치적인 것으로 바꾸기 위한 수단으로서 기능을 하도록 기대되는 것이다. 자유민주주의는 사회에서의 대립을 제도화하기 위한 정치사상이다. 다른 전략적 목적과 병렬적으로 취급되는 법의 지배 관련 평화구축활동은 표1과 같이 자리매김할 것이다.

---

54) Cousens, *op.cit.*, in note 45, p.12.
55) *Ibid.*

표1 평화구축의 전략적 목적 · 수단(예시)

분쟁의 요인	전략적 목적	전략적 수단
정체성의 충돌	집단 간의 화해의 달성	대화집회, 문화교류, 평화교육, 심리요법 등
불안정한 경제 · 사회 구조	생활 · 사회 불안의 해소	사회기반정비, 빈곤층원조, 고용대책, 공공의료정비 등
공권력의 정당성 · 실효성의 상실	법의 지배에 기초를 둔 질서유지제도의 확립	법제도 · 치안유지 · 사법 부문의 충실, 인권규범의 보급 등

4. 맺음말

제1장에서는 유엔 공식문서를 중심으로 하면서, 지금까지 평화구축 개념이 어떻게 설명되어 왔는지를 확인하였다. 당초의 평화구축은 주로 사회적 · 경제적 영역에서 분쟁 후 직접적으로 평화유지활동 등에 참가하지 않는 조직이 하는 활동으로 개념화되었다. 그러나 곧 이 개념은 포괄적인 시점에서 전략적으로 파악할 수 있게 되었다. 정치적 · 법적 분야를 중시하는 방향성은 구미국가가 가지는 '분쟁관리'로서의 평화구축의 방향성에 합치하는 것이었다.

평화구축에는, 분쟁의 '근본원인'을 집단 정체성에서 찾아내어 화해를 모색하거나, 경제구조의 왜곡을 심각히 여겨 생활 안정을 도모하는 개발정책을 추구하는 전략적 시점도 당연히 있을 수 있다. 이에 반해서, 법의 지배의 확립을 표방하는 평화구축활동은 신뢰할 수 있는 공권력의 결여가 분쟁의 온상이 되는 점을 중요시하는 입장에서 도출되고 있다.

이 장에서는 이처럼 평화구축개념의 함의를 역사적이고 정치적인 맥락에서 파악하였고, 나아가 법의 지배의 확립이 정치적·법적 분야의 전략적 시점의 하나임을 보여주었다. 이어서 제2장에서는 초점을 법의 지배 개념에 맞추어, '평화구축의 법의 지배 접근'의 이론적 검토 작업을 계속해 가기로 한다.

제 2 장

법의 지배 개념의 내용

　이 장에서는 법의 지배의 개념에 초점을 맞추어 평화구축과 법의 지배의 관련성을 탐구한다. 법의 지배는 반드시 역사적·사상적으로 단조로운 개념이 아니어서, 그 의미·내용을 파악하려면 신중한 검토가 필요하다. 법의 지배의 전통적 의미를 파악하고 나서, 그것이 국제적인 맥락에서 가지는 뜻도 고찰해야 한다. 원래 법의 지배는 국내사회에 관한 논의에서 생겨난 개념이어서, 국제사회에는 익숙하지 않다는 입장도 있을 수 있다. 그러나 현실에서는 이미 제1장에서 보았듯이, 흔히 국제적인 맥락에서도 법의 지배는 언급되며, 평화구축에서도 열쇠가 되는 개념으로서 인식되고 있다. 이 사실을 받아들인다면, 국제사회의 법의 지배의 의미·내용을 냉정히 해석해야 한다. 나아가 평화구축활동에서의 법의 지배 접근이라고 불러야 하는 것을 고찰해야 한다.

　법의 지배란 무엇을 의미하는가? 국제사회에서 법의 지배는 어떠한 것인가? 법의 지배는 어떻게 평화구축과 결부되는가? 이러한 물음에 답하기 위해서, 이 장에서는 우선 제1절에서 법의 지배 개념의 전통적인 의미·내용을 정리한다. 제2절에서는 국제사회의 맥락에서 표현되는 법의 지배를 고찰한다. 제3절에서는 평화구축활동에서의 법의 지배 개념의 적용을 분석한다.

1. 사상(思想)으로서의 법의 지배

1) 협의의 법의 지배와 광의의 법의 지배

법의 지배란 서양정치사상의 전통 속에서 배양되어 온 다양하고 풍부한 역사를 지닌 개념이다. 그 때문에 단일의 정의를 제공하는 것은 간단하지 않다. 그러나 어떠한 경우라도 중요한 것은 법의 지배라는 개념의 기본적인 방향성이다. 법의 지배는 '人의 支配'에 대비되는 개념으로서 의미가 있다.56) 단적으로 말하면 법의 지배는 人의 支配를 배제하는 정치사상의 원리이다. 법의 지배는 권력을 가지는 인간이 통치하는 것이 아니라 법이 통치한다는 정치·법 제도를 가리킨다.57)

_____

56) '최선(最善)의 사람이 지배하는 것이 더 유익한가, 최선(最善)의 법이 지배하는 것이 더 유익한가? …… 법이 지배하는 것이 국민 중 누군가 한 사람이 지배하는 것보다 오히려 더욱 바람직하다……. 비록 여러 사람이 지배하는 것이 한 사람이 지배하는 것보다 좋다고 해도, 그들을 법의 수호자나 봉사자로 만들어야 한다. ……법이 규정할 수 없다고 생각되는 것이 분명히 있다. 그러나 그러한 것은 인간이라 해도 역시 알 수 없을 것이다. 아니, 그 목적을 위해서 법은 특히 공무원들을 교육시켜 자신이 못 다한 것에 대해서는 "최선의 판단으로" 재판하고 통치하는 일을 맡기는 것이다. 게다가, 제정된 법을 시험해 보고, 그보다 더 좋아 보이는 것이 있으면 그것으로 수정하는 것을 허용하고 있는 것이다. 그래서 법이 지배할 것을 명령하는 자는 오로지 신과 이성만이 지배할 것을 명령하는 것이라고 생각된다. 그러나 인간이 지배할 것을 명령하는 자는 그것에 또 **짐승**을 부가하는 것이다. ……성문법보다도 관습법 쪽이 한층 더 권위가 있고, 또 한층 더 권위가 있는 사항에 관한 것이다. 따라서 인간은 지배자로서 성문법에 견주면 더욱 잘못이 없는 존재라고 하더라도, 관습법에 견주면 그렇지 않을 것이다.' アリストテレス(山本光雄 譯), 『政治學』(岩波文庫, 1961), 165－171면

57) '법의 지배'는 '힘의 지배'에 대비되는 개념이라고 할 경우가 있다. 그

말할 것도 없이 이러한 법의 지배 사상은 극도로 추상적이다. 법이란 인간이 만든 제도일 뿐이어서 결국 통치하는 것은 인간밖에 없지 않은가 하는 의문도 있을 것이다. 법의 지배는 기껏해야 통치자가 일시적인 기분으로 통치하는 것이 아니라 법을 정하여 통치한다는 '법치국가'의 경우를 의미하는 데 지나지 않는다고 지적할지도 모른다. 그러나 '人의 支配'와 엄밀히 구별되는 '법의 지배'는 이러한 좁은 해석에 제한되지 않는다. 무릇 서양정치사상의 역사에서, '법'이 특정 인간이 정하는 것에 한정된 것은 근대국민국가가 확립되고 나서라고 할 수 있다. 그때까지는 '자연법', '신법(神法)' 또는 '관습법'의 권위가 인정되고 있었다. 근대의 '실정법주의'는 '주권'이라는 형이상적(形而上的) 원칙이 도입되고서야 비로소 널리 퍼진 것이었다.

오늘날의 세계에서 일반화되어 있는 국내법제도에서는, '국민주권' 등의 원칙을 기초로 하여 국민이 '헌법제정권력'의 보유자가 되고, 국민이 정한 헌법에 따라서 법제도가 정비된다.[58] 그리고 주권자인 국민으로부터 위임을 받은 입법권자가 헌법에 따라서 일반 법률의 정비를 도모한다. 이러한 국민 의사의 결정(結晶)인 헌법에 따라서,

---

러나 더 정확히는 자의적인 힘을 행사하는 人의 支配를 거부하는 것이 법의 지배의 이념이라고 할 수 있을 것이다. 힘의 요소 자체는 법의 지배와 모순되지 않는다. 오히려 법의 지배를 유지하기 위한 제도들은 권위적인 힘의 기반이 있어야 한다. 힘의 요소가 소멸한 진공상태가 법의 지배가 달성되는 상태인 것은 아니다. 일반적으로 법이든 무엇이든, '지배'를 확립하려면 일정한 힘의 개재가 필요하다. 아리스토텔레스의 『정치학』에는 다음과 같은 문장도 있다. '가령 그(왕)가 법률에 의한 주권자여서, 법률에 반하여 자신의 의지에 따라서는 아무것도 이룰 수 없다고 해도, 법률을 지키려면 시비는 있더라도 병력이 있어야 한다.'(같은 책, 169면)

58) '헌법제정권력'에 대해서는, 芦部信喜, 『憲法制定勸力』(東京大学出版会, 1983) 참조.

국민으로부터 위임을 받은 위정자가 통치행위를 하는 것을 일반적으로 입헌주의(constitutionalism)라고 부른다. 입헌주의는 주권자인 국민의 독재체제에 관한 것이 아니다. 민주주의적 원리를 철저히 한다면, 국민 위에는 아무것도 없으며, 국민의 의사 표명이 지고의 법창조행위가 된다. 그러나 민주주의에 대립하는 것으로서 자유주의의 원리는 이것에 제한을 가한다. 주권자인 국민이라 해도 침해해서는 안 되는 가치규범이 있고, 그것은 각 개인이 자연권으로서 가지는 자유이며, 법적으로는 기본적 인권으로 표현된다. 일반적으로는 입헌주의의 실질적 내용으로서, 주권자의 행동을 제한하는 자유주의적 규범이 필수불가결하게 된다. 따라서 실제로는 입헌주의에는 단순한 국민주권설을 넘어서는 계기가 포함된다.[59]

시민혁명기의 자유주의자들은 주권자라 해도 침해해서는 안 되는 규범이 존재한다는 것을 논증하기 위해서, 자연권사상에 의거한 사회계약론 등을 이론화하였다. 19세기 이후의 내셔널리즘(nationalism)의 물결은 사회계약론적 발상을 허구라고 하여 배격하고 있지만,[60] 나치즘의 폭정을 사상적으로 막지 못했다는 반성에서 서방 측 국가에서는 제2차 세계대전 후에 자연법적 발상이 부활하게 된다.[61] 그러

---

59) See, for instance, T.R.S. Allan, *Constitutional Justice: A Liberal Theory of the Rule of Law*(Oxford: Oxford University Press, 2001).

60) See Hideaki Shinoda, *Re-examining Sovereignty: From Classical Theory to the Global Age*(London: Macmillan, 2000), Chap.3.

61) 제2차 세계대전 후의 뉘른베르크 재판과 동경재판은 '인도에 대한 죄'의 정식화 등에 관해서, 실정법주의만으로는 정당화할 수 없는 자연법적 발상이 있었다. 그런 의미에서는 냉전 종결에 따라 가능하게 된 몇몇 국제재판소에서 자연법주의의 부활이라고 해야 할 성격을 발견할 수 있을 것이다. 또 정치사상 영역에서 존 롤스의 『정의론』으로 시작된 1970년대 이후의 사회계약론의 복권은 주로 구미국가에서 입헌주의적 자유주의 사조를 다시 파악하는 움직임에 대응하고 있었다고 할 수 있을 것이다. See John Rawls, A Theory of Justice(Cambridge, MA: Harvard University Press, 1971). ジョン・ロールズ, 『正義論』(紀伊国屋

나 그것은 보편적인 현상이 아니었다. 예컨대 공산권에서는 프롤레타리아 독재의 이념이 나치즘의 폭정을 막는 것으로서 정당화되었다. 이처럼 역사적으로 다양한 국가에서 다양한 형태로 갈등을 거듭해 온 두 가지 입헌주의, 요컨대, 민주주의적 경향의 입헌주의와 자유주의적 경향의 입헌주의는 법의 지배에 관한 두 가지 이해의 형식을 보여주고 있다. 이 장에서는 이들 두 가지 이해를 일단 협의의 법의 지배와 광의의 법의 지배라고 하고, 이론적 고찰의 수단으로 삼는다.62)

협의의 법의 지배 개념은 실정법주의에 따른 것이다. 이는 국가의 통치기구가 법적 절차에 따라서 운영되고 권력자의 자의적 의향에 따라서는 움직이지 않는 것을 법치국가의 원리로서의 법의 지배의 의미·내용으로 하는 입장에서 나온다. 이 입장에서 문제로 되는 것은, 법적 절차를 적정하게 거쳤는지 그 여부이다. 요컨대, 국가기관이 정한 법률에 따르고 있는지가 문제이며, 그 법률의 내용 자체는 이차적인 것이 된다. 이 가치중립적인 법의 지배 개념은 특정 정치사상체계의 강요로부터 법의 지배 개념을 지킬 수 있는 한편, 도의적으로는 잘못되어 있다고 생각되는 법률에 따르는 것도 법의 지배에 따른 것으로 만들어 버린다. 실제로는 인권규범을 채택한 헌법에 따라서 일반 법률의 규칙을 정하고 있는 많은 국가에서는 나치(Nazi)가 실시한 것과 같은 인종차별적인 법률 등은 실정법주의에 따르더라도 성립할 수 없다. 그러나 누가 무엇을 위해 헌법을 제정하는가라는 문

書店, 1979).

62) 옥스팸(Oxfam)의 로마 마니는 'minimalist'와 'maximalist'라는 표현으로, 이 장에서 '협의'와 '광의'라는 표현으로 구별한 것에 가까운 두 가지 법의 지배의 개념을 언급하고 있다. Roma Mani, "Contextualizing Police Reform: Security, the Rule of Law and Post-Conflict Peacebuilding", in Tor Tanke Holm and Espen Barth Eide(eds.), *Peacebuilding and Police Reform*(London: Frank Cass, 2000), p.17. See also Mani, *op.cit.*, in note 10, p.8.

제가 실정법주의에서는 해결될 수 없음을 생각한다면, 광의의 법의
지배가 등장할 여지를 인정할 수 있게 된다.

　광의의 법의 지배 개념은 자연적인 사고(思考) 틀에 의거한다. 단
순한 실정법주의에서는 불가능한 정도로까지 권력자의 행동을 제한하
려면, 적정한 법적 절차를 거치더라도 여전히 결코 일탈해서는 안 되
는 근본규범이 있다고 주장해야 한다. 그것은 통상의 경우는 국가제
도의 근본원칙으로서, 헌법에 규정되어 있을 것이다. 그러나 헌법마
저도 항상 권력자의 자의적 제정이나 해석의 위험에 노출되어 있다
고 한다면, 성문법을 초월한 자연법적인 상위규범의 존재를 상정해야
된다. 예컨대 '인간의 존엄'이라는 일탈할 수 없는 중요원칙으로 구
성되고, 헌법 그 자체의 정당성을 지탱하는 규범이 그것이다. 국내사
회의 실정법을 넘어 개입주의적 성격을 수반하고 실시되는 평화구축
을 지탱하는 것은 이러한 광의의 법의 지배이다.

　예컨대 법의 지배의 확립을 목적으로 하는 평화구축활동을 얼마간 실
시해 온 유럽안전보장협력기구(Organization for Security and Cooperation
in Europe: OSCE)는 냉전 종결에 즈음하여, 광의의 법의 지배의 개
념에 따라서 활동해 나갈 것임을 선언하고 있었다. OSCE에 따르면,
"법의 지배는 민주적 질서의 달성과 수행에 즈음하여 규칙성과 일관
성을 유지하는 형식적인 합법성만을 의미하고 있는 것이 아니다. 법
의 지배는 인간 인격이 지고의 가치라는 인식과 그러한 가치의 수용
을 기초로 하고, 그 점을 최대한 표현하기 위한 틀을 제공하는 제도
를 통해 보장되는, 정의(正義)를 의미한다."63)

　두 가지 법의 지배의 개념 중 협의의 법의 지배는 그 실정법주의적

---

63) Conference for Security and Cooperation in Europe, "Document of the
　　Copenhagen Meeting of the Conference on the Human Dimension of the
　　CSCE", 5-29 June, 1990, (2). OSCE는 당시 유럽안전보장회의(Conference
　　for Security and Cooperation in Europe: CSCE)였다.

성격으로 인하여 사실상의 독재정권과도 융화될 수 있다. 인민주의
적 정체(政體)이든 무엇이든, 협의의 법의 지배에서 중요한 것은 법
제정자가 적정한 절차를 거쳐 표현한 의사는 무엇인가 하는 점이다.
그러나 협의의 법의 지배에 따른 경우일지라도, 사법권에 의한 통제
의 중요성을 강조하고, 독재적 체제를 막는 제도를 만들 수 있을 것
이다. 행정권력의 독단적인 법해석과 법집행을 제어하려면, 법해석
시 사법권의 우위가 확정되어야 한다. 이러한 사상에 따르면, 사법권
의 독립이야말로 법을 제도적으로 보장하는 원칙이 된다.64) 그러나
사법권의 독립은 어디까지나 제도적인 보장에 지나지 않아, 사법권
이 다른 권력보유자에 추종하고 있는 경우에는 실질적인 의미가 없
다. 협의의 법의 지배의 장점은 제도적인 명확성이지만, 약점은 법의
지배의 실질적 내용에 깊이 파고들 수 없다는 것이다.

이에 반해서, 광의의 법의 지배는 역사적으로 자유주의와 결부되
며, 그 정치사상적 배경은 더욱 넓다. 자유주의 정치사상은 국가권력
의 자의적 행사를 제한하고, 개인 권리의 옹호를 목표로 삼아 왔다.
그 때문에 개인의 권리 또는 인권법의 중요규범 등은 어떠한 권력자
도 파기해서는 안 되는 근본규범이라고 주장해 왔다. 그러한 중요규
범을 명시한 것이 헌법이지만, 자유주의에 입각하는 헌법의 틀을 정
하는 것은, 애당초 사회는 개인들의 권리를 보장하기 위해 설립되었
고 그 설립목적에서 일탈할 수 없다는 자연법적 발상에 의거한 사회
계약론이다. 광의의 법의 지배는, 헌법을 존중하고 권력의 자의적 행

---

64) 伊藤正巳는 19세기 영국에서 '법의 지배'의 내용으로서 '정식의 법의 절
    대적 우위', '법 앞의 평등', '재판관이 만든 헌법'을 든 다이시(Albert
    Venn Dicey)를 평가하면서, 20세기의 '법의 지배'의 내용으로서 '법의 정
    신의 존중', '재판소에 대한 신뢰', '개인의 권리의 중시'를 들었다. 伊藤
    正巳, 『英美法における 「法の支配」』(日本評論社, 1950), 9–18, 80–83면
    참조.

사를 제한한다는 입헌주의 정치사상에 따라서, 자유주의가 요청하는 법의 지배의 개념을 창안해 왔다. 따라서 그 장점은 어떠한 상황에 있더라도 결코 일탈해서는 안 되는 근본적 가치규범의 존재를 주장할 수 있다는 점이다.

광의의 법의 지배의 약점은 근본적 가치규범의 준수를 어떠한 제도로써 보장해 가야 하는지가 모호하게 되는 경향이 많다는 데 있다. 최상위의 규범과 그것을 적용하는 제도가 명확하지 않아, 결국은 자의적인 규범의 적용을 허용해 버릴지도 모르는 것이다. 그리고 근본규범의 적용에 관한 해결되지 않는 논의와 대립을 야기할지도 모른다. 광의의 법의 지배의 관점에서는 위정자의 폭정을 이유로 하는 저항권·혁명권은 인정된다.65) 그러나 명문으로 규정된 제도적인 심판자가 없는 권리의 행사는 단순한 무정부상태를 초래하는 것만으로 끝날지도 모른다. 그러한 혼란은 실정법주의가 가장 경계하는 상태이다.

2) 법의 지배의 사상사

광의의 법의 지배의 전통은 영국이나 미국이라는 역사적으로 입헌주의를 표방해 온 국가의 정치사상사 속에서 현저히 볼 수 있다.66) 입헌주의의 세계적 확대의 원류(源流)가 되면서도 아직 성문헌법이 없는 영국에서는, 17세기의 혁명기 이전부터 '코먼 로(common law)'의 전통이 존재하였고, '고래의 헌법(ancient constitution)'론이 하나의

---

65) 입헌주의에서 저항권·혁명권의 자리매김에 대해서는, 篠田英朗, "主権, 人権, そして立憲主義の限界点-抵抗権および介入権の歴史的·理論的考察-", 日本政治学会 (編), 『年報政治学 2001』(岩破書店) 참조.

66) 伊藤正已, 『法の支配』復刻版(有斐閣, 1985), 제1장 참조.

정치·법사상을 형성하고 있었다. 혁명·내란의 혼란으로, 17세기 중반에는, 홉스(Thomas Hobbes) 등에 의해 절대주권의 확립을 목표하는 움직임도 높아졌다. 그러나 '混合政體'論을 신봉하고 권력자에게 규칙을 부여하는 일정한 헌법규범의 존재를 모색하는 움직임이 사라지는 일은 없었다.[67] 명예혁명과 그 이념을 상징한 정치이론을 전개한 존 로크(John Loke)는 영국의 자유주의와 입헌주의에 고전적인 표현을 부여하였고, 후세에 큰 영향을 끼쳤다. 사회계약론을 기초로 하여 정치사회설립의 목적이 개인들의 권리 옹호임을 주장한 로크는 '통상권력(ordinary power)'과 '제헌권력(constitutive power)' 두 가지 '최고권력(supreme power)'을 구분하고, 입헌주의적인 틀 속에서 정치권력이 행사되어야 한다고 하였다.[68] 명예혁명의 정치지도자들이 로크와 마찬가지로 저항권을 긍정한 것은 아니지만, 왕권 위에 있는 규범은 필요하다고 하고 있었다. 혁명가들이 단순한 권력투쟁으로 환원되지 않는 혁명의 이론적 정당화를 도모한 것은 그 후의 입헌주의의 진전에 큰 의미가 있었다.[69] 이전과 마찬가지로 자연법적 색채가 강한 18세기 법학의 거장 윌리엄 블랙스톤(William Blackstone)은 의회주권을 절대적인 것이라 하면서 개인들의 권리도 절대적인 것이라고 하고, 양자가 조화되는 영국의 입헌주의적 원리를 설명하였다.[70]

  '법의 지배'라는 용어를 사용하여 자랑스럽게 영국 법질서를 묘사

---

67) See Shinoda, op.cit., in note 60, Chap.1.
68) See Julian H. Franklin, *John Locke and the Theory of Sovereignty*: *Mixed Monarchy and the Right of Resistance in the Political Thought of the English Revolution*(Cambridge: Cambridge University Press, 1978), p.124.
69) See Shinoda, op.cit., in note 60, Chap.2.
70) William Blackstone, *The Sovereignty of the Law*: *Selections from Blackstone's Commentaries of the Laws of England*, edited by Gareth Jones(London and Basingstoke: The Macmillan Press, 1973), originally published 1765−1769.

한 사람은 19세기의 다이시(Albert Venn Dicey)였다. 제국주의 최성기의 시대에 있어서 영국의 정치·법사상의 역사에서는 다이시의 논의는 실정법주의의 방향으로 크게 흐른 것이었다고 할 수 있다. 그러나 여전히 다이시는, 행정권에 의한 통치가 확대되고 있는 대륙국가들에 견주어서, 의회주권을 도입할 수 있었던 영국 법제에서 개인들의 권리가 잘 보장되고 있다고 하였다.[71] 실은 다이시의 대륙법 인식은 동시대의 법학자들로부터 엄중한 비판을 받았다. 그러나 아무튼 실정법주의가 전성하였던 제국주의 시대에 있어서조차, 권리옹호를 중핵으로 하는 법의 지배의 제도를 자랑하는 영국의 법·정치사상의 전통은 강조되고 있었다.

미국의 '독립선언'의 사상적 기반이 된 것은 로크의 자연권론이었다. 영국왕에 대한 저항권을 정당화한 것이 자연권사상이며, 이것은 바로 실정법 위에 있고 혁명을 옹호하는 규범으로서 신봉된 것이었다. 국제법적인 분야에서도 바텔(Emerde Vattel)의 영향을 받은 혁명 지도자들은 제국(nations)의 독립을 자연법규범의 일부로 보고, 독립의 정당화에 이용하였다.[72] 독립전쟁 후 북미 13개 주에서는 인민주의적 경향이 강해졌으나, 그 폐해를 우려하여 연방헌법 성립에 분주하였던 자들이 '연방주의자(federalist)'들이었다.[73] 연방헌법은 우선 11개 주가 비준하여 성립하였고, 인민주권을 그 정당화 원리로 삼았다. 그러나 '분할주권' 또는 '권력분립' 등의 이념으로써 권력자를 제한한다는 사상도 연방헌법의 기초가 되었다.[74] 주권자인 인민조차도 근

---

71) A. V. Dicey, *Lectures Introductory to the Study of the Law of the Constitution*(London: Macmillan and Co., 1885).

72) See Shinoda, *op.cit.*, in note 60, pp.36−37.

73) Issac Kramnick, "Editor's Introduction", James Madison, Alexander Hamilton and John Jay, *The Federalist Papers*(London: Penguin Books, 1987), originally published in 1788. A. ハミルトン·J. ジェイ·J. マディソン(斎藤眞·中野藤郎 訳), 『ザ·フェデラリスト』(岩波文庫, 1999).

원적 규칙을 상징하는 연방헌법에 복종해야 한다는 것이, 성문헌법
에 도입된 자유주의적 입헌주의의 원칙이었다.[75]

　그러나 이러한 자유주의 사상과 일체가 되어 발전한 법의 지배의
개념에는 실은 보수적인 일면도 있음을 지적해야 할 것이다. 성문헌
법 제정이라는 절차를 거치지 않은 상태로 입헌주의가 발전한 영국
에서는, 법의 지배가 사회의 지배계층이 역사적으로 표방해 온 가치
규범을 지키는 보수적인 효과가 있음은 부정할 수 없다. 미국에서도
헌법제정에 진력한 연방주의자들은 연방국가 설립으로 이익을 얻는
계층이었다.[76] 광의의 법의 지배는, 입법권자도 완전히 자유롭지 않
고 근본적인 법규범에 복종해야 한다는 것을 의미한다. 그 근본적
법규범이란 자연법 또는 사회계약론 등의 이론으로 정당화되는 것이
었다. 그러나 그것은 그러한 논리 구성을 인정하지 않는 사람들에게
는 어떤 특정한 사람들의 가치규범의 강요일 수밖에 없고, 경우에
따라서는 숨겨진 이데올로기의 표명일 수밖에 없을지도 모른다. 법
의 지배는 자유주의적 이념을 추진한다는 점에서 반자유주의적 사회
세력에 대해서 진보적인 역할을 할지도 모른다. 그러나 기존의 법규
범과 관련하여 논할 때 또는 이미 자유주의적 규범이 확립되어 있는

---

74) '연방주의자'들의 사상에 대해서는, *The Federalist Papers* 외에, James
　　Madison, *Notes of Debates in the Federal Convention of 1787 Reported by*
　　James Madison(New York: W.W. Norton & Company, 1987); and Jonathan
　　Elliot(ed.), *The Debates in the Several State Conventions on the Adoption*
　　of the Federal Constitution, second edition(Philadelphia: J.B. Lippincott
　　Company, 1901), originally published in 1830 등을 참조.
75) 이 점을 강조한 19세기 법학자의 예로는 Frederick Grimke, *The Nature*
　　and Tendency of Free Institutions, edited by John W. Ward(Cambridge,
　　MA: The Belknap Press of Harvard University Press, 1968), originally
　　published in 1848.
76) 篠田英朗, "国家主権概念の変容－立憲主義的思考の国際関係理論にお
　　ける意味－", 日本国際政治学会(編), 『国際政治』第124号, 国際政治理
　　論の再構築, 2000, 99－100면.

국가에서 언급할 경우, 법의 지배는 기존의 정치·법질서의 유지라는 보수적 기능을 발휘하는 이념이다.

2. 국제사회의 법의 지배

1) 국제적인 법의 지배의 개념

법의 지배는 국제사회를 둘러싼 논의에서도 자주 언급된 개념이다. 그러나 법의 지배는 국제사회와는 무관하거나 또는 아주 이상주의적인 것이라고 보는 경향이 있었다. 이런 경향은 이른바 '현실주의'적 견해가 기조인 국제정치학(국제관계학)에서 특히 현저하였다.

오늘날 국제인도법의 초석이 되고 있는 여러 조약이 체결된 1899년과 1907년의 헤이그 세계평화회의는 법의 지배가 국제사회에 도입되는 계기가 될 것으로 기대되었다. 그 기대는 제1차 세계대전으로 산산조각이 났지만, 전후처리를 맡은 전승국인 미국, 영국, 프랑스는 주권국가를 제한하는 국제사회의 법적 규제를 강화함으로써 안정적인 국제질서를 형성하려고 하였다. 그리하여 양 대전 사이의 시기에 미국과 영국 중심의 지식인들 사이에서, '국제적인 법의 지배'는 평화로 가는 열쇠가 되는 개념으로서 중요시되었다. 그 즈음에 자주 참조된 것은 영국 또는 미국의 고전적 입헌주의의 역사였다.[77] 국제연맹규

---

77) Shinoda, *op, cit.*, in note 60, Chap.4; 篠田英朗, "国際関係における国家主権概念の再検討－両大戦間期の法の支配の思潮と政治的現実主義の登場－", 『思想』(特集 「帝国・戦争・平和」), No.945, 2003年 1月号,

약 또는 1928년의 부전조약(不戰條約)은 법을 통하여 국제평화를 달성하려는 움직임을 상징하는 것이었다.

그런데 세계공황과 파시즘의 대두로, '국제적인 법의 지배'를 목표로 하는 움직임은 현실에서도 학문적 논의의 장에서도 큰 타격을 받았다. 제2차 세계대전 후에도 국제법의 강화를 통해 국제질서를 확립하려는 움직임은 있었지만, 냉전이 시작되자 그러한 시도는 지정학적 관심에 기초를 둔 전략론에 압도될 수밖에 없었다. 학문적으로도 정치적 현실주의라고 하는 학파가 대두하여 양 대전 사이의 사조를 이상주의 또는 유토피아니즘(utopianism)이라고 하고 규탄하였다. '국제적인 법의 지배'가 뜻하는 주권제한론은, 공산주의 국가뿐만 아니라 신흥독립국가로부터도 대국의 이데올로기에 지나지 않는다는 비판을 받았다.[78] 서방 측 국가의 지식인들이 자유주의적 경향을 상실한 것은 아니지만, 양 대전 사이와 같이 단순히 자국의 국내법질서를 모델로 하여 국제사회에서의 법의 지배를 구상하는 움직임은 냉전기에는 볼 수 없게 되었다.

20세기 전반(前半)의 '국제적인 법의 지배'의 움직임의 특징은 '국내적 유추(domestic analogy)'라고 하는 사상적 경향에서 찾을 수 있다.[79] 국내사회의 입헌주의사상에서, 개인들은 자연권을 가지면서 정치사회 설립에 즈음하여 정부를 수립하고 일정한 법의 지배에 복종한다. 이 발상을 유추하여 국제사회에 적용하면, 국가는 자연권을 가지지만 국제사회에 참가하면 일정한 공통권력과 법의 지배에 복종해

86-103면.

78) Shinoda, op.cit., in note 60, Chap.6.

79) '국내적 유추'에 대해서는, Hidemi Suganami, The Domestic Analogy and World Order Proposals(Cambridge: Cambridge University Press, 1989); 大沼保昭, "国際法学の国内モデル思考-その起源, 根拠そして問題性-", 広部和也・田中忠(編集代表), 『国際法と国内法-国際公益の展開-』 (勁草書房, 1991) 참조.

야 한다고 하게 된다. 이러한 발상은 근대 내셔널리즘(nationalism)의 발흥으로 의인화(擬人化)가 진행된 국가관을 배경으로 한 것이었다. 내셔널리즘의 폐해인 국가 간 분쟁의 제어를 목적으로 하고 있었지만, 시대의 사상적 상황을 반영하고도 있었던 것이다.

게다가 19세기 이후의 '전통적 국제법'의 틀에서는, 자연법적 발상은 근거를 상실하고 있고, 국가주권에 기초를 두는 의사주의, 그리고 실정법주의가 확립되어 있었다.[80] 따라서 '국내적 유추'에서 유래하는 20세기 전반의 '국제적인 법의 지배'의 모색은, 국제사회의 실정법 체계의 기반으로 되는 국제적 주권자를 창설하는 방법을 주된 목표로 삼게 되었다. 요컨대, 국내사회에서 주권자인 국민이 정부에 통치권력을 맡기고 입법부가 법제정권을 행사하는 것과 동일한 상황을 국제사회에서도 만들어 내려고 하였다. 그래서 국가주권의 양도의 정도와, 양도처인 국제기관(국제연맹 또는 그것을 능가하는 신설 국제기관)의 권한의 정도가 문제 되었던 것이다.

이러한 국가의 의인화를 매개로 한 '국내적 유추'의 발상은 20세기 후반에는 그다지 볼 수 없게 되었다. 그것은 '국내적 유추'가 국가 간 질서의 원천으로서 세계정부나 세계헌법과 같은 공통의 권력·권위를 요구하는 경향이 있기 때문이었다고 할 수 있을 것이다. 물론 국가의인설(國家擬人說)은, 현재도 여전히 국가주권에 기반을 두고 존립하는 국제사회의 이념적 기반으로 되어 있다. 그러나 그 발상이 요청하는 국제사회의 중앙집권화는 국제법체계의 발전 방향성으로서는 비현실적이거나, 이상주의적인 것일 수밖에 없었다.

---

80) '국제법' 또는 '국제(international)'라는 용어는 18세기 말에 그때까지의 '제국민의 법(law of nations)'이라는 개념에 불만을 품은 제러미 벤담이 만든 것에 지나지 않는다. Jeremy Bentham, *An Introduction to the Principles of Morals and Legislation*(1780), edited by J. H. Burns and H. L. Hart(London: The Athlone Press, 1970), p.296.

그러나 주의해야 할 것은, '국내적 유추'의 쇠퇴가 국제사회에 법의 지배를 찾는 움직임 그 자체의 소멸을 의미한 것은 아니었다는 점이다. 부질없이 주권제한을 강조하는 국제사상은 냉전기에 시대에 뒤처졌다. 그러나 그 한편으로, 미국과 영국을 중심으로 하는 구미국가에서는 여전히 주권 개념을 형식적으로 파악하고 나서 자유주의의 원칙에 따른 국제질서를 형성하려는 움직임이 계속되고 있었다. '국내적 유추'에 의거하지 않고 국제적인 법의 지배를 진행시키는 방향성이란, 자유주의 사상의 기본원칙인 개인 권리의 옹호를 직접적으로 목표하는 것이다. 그것은 우선 국제인권법과 국제인도법의 확대를 통해 강화된다. 나아가 국가의 시장 개입을 제한하고 사적 영역의 경제활동을 보장하는 움직임도, 국가와 시민사회의 구분이라는 입헌주의의 기본적 틀을 준비한다. 필자는 주권 개념을 논한 논고에서 1980년대 이후 현저해진 이러한 움직임에 '새로운 국제입헌주의'로서의 특징을 부여하였다.[81]

협의의 법의 지배의 관점에서 보면, 국제법체계의 충실은 평가할 수 있으나, 여전히 세계적인 법창조기관, 법집행기관 및 법해석기관이 결여되어 있다는 것이 법의 지배 제도의 진전에 족쇄가 되고 있음을 관찰할 수 있다. 그러나 광의의 법의 지배의 관점에서 보면, 기관의 확충만 중요한 것은 아니다. 더 본질적인 것은, 입헌주의가 최대의 목적인 개인 권리의 옹호를 보장하는 일이다.[82] '국내적 유추'에 따

---

81) Shinoda, *op.cit.*, in note 60, Chap.8.
82) 옥스퍼드 대학(집필당시)의 국제법학자인 브라운리는, 국내법체계와 국제법체계를 단순히 비교할 수 없다고 해서, 국내법에서 볼 수 있는 중요개념(예컨대 법의 지배)이 국제법과 무연(無緣)한 것은 아니라고 지적한다. 그리고 법의 지배의 내용으로서 다음 5가지를 든다. 첫째 공권력의 행사가 법이 부여한 권위에 기초를 두고 있는 것, 둘째 법 자체가 실질적·절차적 정의의 기준에 따르고 있는 것, 셋째 행정·입법·사법권력 간에 실질적 권력분립이 있는 것, 넷째 사법권력이 행정권력의 제

르면, 세계정부·세계국가가 존재하지 않으므로, 개인의 권리는 국제 사회에서는 보장되지 않게 된다. 그러나 현대 국제사회의 입헌주의 적 경향은 세계정부를 매개로 하지 않는 국제적인 입헌적 질서의 구 축을 목표하는 것이다.[83)]

'국내적 유추'가 중시하는 국가를 규제하는 세계정부의 유무라는 통치관계의 구조가 아니라, 국제사회에서 국가와 시민사회의 영역을 구분하는 원리의 확립의 정도가, 국제적인 법의 지배를 관찰할 때 결정적으로 중요하다. 요컨대, 국가이면 자국민의 시민적 자유를 침 해해도 된다고 생각되는 사회에서는, 얼마만큼 실정법규정이 지켜지 고 있더라도, 입헌주의적인 (광의의) 법의 지배가 존재한다고는 할 수 없다. 왜냐하면, 법의 지배의 준수는 국가가 위에 있는 조직의 지고성(至高性)이 아니라, 국가를 제한하는 규칙·원칙의 지고성을 통해 확보되기 때문이다. 광의의 법의 지배의 틀은 상이한 제도적 배경을 가지는 여러 국내사회와 국제사회 모두에 똑같이 적용된다. 광의의 법의 지배에 의거하는 한, 오늘날 국제사회의 법의 지배의 진 전을 관찰할 때, 세계정부나 세계헌법의 유무 또는 국제조직·통합의 충실도 등을 기준으로 삼을 필요는 없다. 문제는 광의의 법의 지배 의 핵심을 이루는 입헌주의적 가치규범에 대한 의식과 그 준수의 정

어에 복종하지 않는 것, 다섯째, 모든 법적 인격은 평등원칙에 따라서 법의 지배에 복종하는 것이다. 이러한 점들은 순수한 실정법주의를 넘 는 계기가 된다고 생각되지만, 실은 브라운리는 다시금 다음과 같이 부 가하고 있다. "이러한 요소들에 더하여, 법의 지배가 개인적 자유, 재산 권 또는 계약의 자유를 침해할지도 모르는 정부의 넓은 자유재량권의 결여를 의미한다는 것이 부가되어야 한다." Ian Brownlie, *The Rule of Law in International Affairs: International Law at the Fiftieth Annive- rsary of the United Nations*(The Hague: Kluwer Law International, 1998), pp.213−214.

83) 篠田英朗, "国際社会における『法の支配』−新しい紛争解決の方向性に おいてー", 『創文』, No.434, 2001年 8月号 참조.

도이다.

이와 같이 이해할 때, 초월적 권력이 존재하지 않는다는 조건이 전혀 바뀌지 않았는데도, 냉전 후 세계에서 자유주의적 가치관이 진전함에 따라, 광의의 법의 지배의 기반도 역시 진전하였음을 관찰할 수 있을 것이다. 오늘날 국제법질서는 국가에 의한 자국민의 기본적 인권의 유린을 원리적으로 인정하려고 하지 않는다. 물론 이처럼 말하는 것은 심각한 인권침해가 되풀이하여 자행되고 있는 국제사회의 현황을 무시하는 것은 아니다. 이 점은 국제사회 전체의 원리와 지역 실정의 괴리의 문제로서 다시 고찰해야 한다. 그러나 적어도 원리적으로는, 노골적인 인권법·인도법 위반을 국가주권 등에 호소해서 은폐하려는 것은 오늘날 불가능해지고 있다. 시민사회에 대한 국가의 부당한 개입은 현대국제사회에서는 원칙적으로 금지되어 있는 것이다.

법규범으로서의 국가와 시민사회의 구분은 단순한 도덕이 아니다. 인권법·인도법의 현저한 위반의 경우, 국제사회는 일정한 수단으로 그 위반을 실제로 규제하려 하고, 경우에 따라서 강제적 수단으로 그 위반을 시정하는 것까지 인정하고 있다. 물론 국제사회에서의 법의 지배는 아주 불완전한 발전밖에 이루지 못하고 있다. 1994년에 르완다에서 대학살이 발생한 후, 대국을 비롯한 국제사회의 무관심이 격렬하게 비난받았다. 그러나 적어도 그 무관심이 계속 긍정되어서는 안 된다는 기운은 국제사회에 존재한다. 그것은 불충분하나마 예컨대 안보리가 학살범죄자를 재판할 특별재판소를 설립한 것 등으로 나타났다고 할 수 있을 것이다. 이와 같이 볼 때, 국제적인 법의 지배의 실질적 내용이 되는 인권법·인도법 관련의 가치규범의 권위는 적어도 과거와 비교한 상대적인 의미에서 냉전 후의 국제사회에서 높아졌다고 할 수 있다.

2) 국제법규범의 틀

법의 지배의 실질적 내용을 명문화한 것으로는 유엔헌장, 그리고 국제인권법 또는 국제인도법의 중핵규정이 중요하다. 헌장의 경우, 제2조에서 정하고 있는 원칙들이 국제사회의 근원적 규범의 지위를 얻고 있다. '주권평등', '(영토보전 또는 정치적 독립에 대한) 무력사용의 금지', '내정불간섭' 등이 여기에 해당하는데, 이것들은 유엔이 중심이 되는 국제사회가 주권국가의 존재를 기초적인 규범 틀로서 생각하고 있음을 보여준다. 주권국가의 존재를 위협하는 행위는 원칙적으로 금지되는 것이다. 또한 헌장 제1조에서 정하고 있는 목적들도 마찬가지로 중요하다. 그러한 목적들로는, '평화와 안전의 유지', '인민의 동권(同權) 및 자결의 원칙의 존중에 기초를 둔 국가 간 우호관계의 발전', '인권과 기본적 자유의 존중'이 있다. 이것들은, 주권국가의 존재를 존중하는 이유가 평화와 안전의 유지에 있고, 평등한 주권국가의 존재가 인민의 평등한 자결권에서 유래하고, 그리고 주권국가의 사회가 인권을 무시하고 존립하는 것이 아니라 오히려 인권을 보장하기 위해 존립하고 있음을 보여준다. 즉 전제로 되어 있는 사고의 틀은, 인민의 자결권을 구현하는 주권국가가 국제사회를 형성하고, 이 주권국가는 평화와 안전의 기초임과 동시에 인권옹호의 기초이며, 따라서 위협을 받아서는 안 된다는 것이다. 이러한 사고의 틀은 현대의 평화구축 시에도 답습되고 있다. 분쟁 (후) 지역에 평화를 가져오는 열쇠는 주권국가의 확립이며, 이 주권국가는 인민의 자결권과 인권규범을 통해 규제되고 보호된다. 이러한 발상은 평화구축의 법의 지배 접근을 형성하며, 유엔으로 상징되는 국제사회의 사고의 틀의 대전제로 되어 있다.

따라서 평화구축에 관한 법의 지배의 내용으로는 민족자결권, 인권 그리고 무력사용의 제한에 관한 규범이 중요하게 된다. 민족자결권에 관해서는, 1960년에 '식민지국들, 인민들에 대한 독립부여에 관한 선언'(식민지독립부여선언)(Declaration on the Granting of Independence to colonial Countries and Peoples)이 유엔총회에서 채택되었다. 나아가 1970년에는 '유엔헌장에 따른 국가 간의 우호관계와 협력에 관한 국제법의 제원칙에 관한 선언'(우호관계선언)(Declaration on Principles of International Law concerning Friendly Relations and Cooperation among States in Accordance with the Charter of the United Nations)이 채택되었다. 오늘날, 이것들은 관습법으로서 보편적으로 적용되는 것이 인정되고 있다. 평화구축에서 중요한 것은, 민족자결권이 단지 국가 간 관계에서만 적용되는 것이 아니라, 국내법규범의 창조와 정비에 즈음하여서도 참조되는 점이다. 자결권의 부정은 소수자집단의 정치공동체의 존재의 부정으로 이어지고, 사람들의 주체적인 정치 참가의 길을 막는다는 의미에서 인간의 존엄에 관계된 문제로 된다.

국제인권법규 중에서는 1948년의 '세계인권선언', 1966년의 '시민적 및 정치적 권리에 관한 국제규약'(자유권규약)이 중요하다. 특히 자유권규약 제4조에 따라서 '국민의 생존을 위협하는 공공의 긴급사태(public emergency which threatens the life of the nation)'의 경우에도 일탈할 수 없는 중요 규정은 사실상 국제법규범의 계층성을 보여주고 있으며, 그 구속력은 강하다고 생각해야 할 것이다.[84] 구체적으로는 '생명에 대한 권리', '고문 또는 잔혹한 형의 금지', '노예(예속)상태·제도·거래의 금지', '계약의무불이행에 따른 구금의 금지', '소급처벌의 금지', '사람으로서 인정되는 권리', '사상, 양심 및

---

84) 寺谷広司, 『国際人権の逸脱不可能性－緊急事態が照らす法·国家·個 人－』(有斐閣, 2003) 참조.

종교의 자유'이다. 이들 중, '생명에 대한 권리', '고문의 금지', '노예
의 금지' 및 '소급처벌의 금지'는 1950년의 '유럽인권협약'(European
Convention for the Protection of Human Rights and Fundamental
Freedoms)에서도 어떠한 경우에도 일탈할 수 없는 것으로 되어 있다
(제15조 2항). 또한, 1969년 '미주인권협약'(American Convention on
Human Rights)은 더욱더 많은 조항을 일탈할 수 없는 것으로 하고
있다(제27조). 또한, 이들 중 '노예의 금지' 등은 관습법화되어 있을
뿐만 아니라, 강행규범(*jus cogens*)으로 되어 있다는 점이 널리 인정
되고 있다.[85] 일탈할 수 없는 인권은 국가의사보다 상위에 자리매김
되는 것으로 생각되며, 국제사회의 입헌적 규범으로서 법의 지배의
기반으로 될 것이다.

  또한, 무력사용의 제한에 관해서는, 유엔헌장 제2조 4항의 예외규
정인 제51조의 자위권과 제7장의 강제조치가 우선 '무력사용에 관한
법(*jus ad bellum*)'으로서 문제가 된다. 그리고 자위권 행사의 경우,
'필요성'과 '균형성'의 원칙이 중요한 내용으로서 관련된다. 제7장을
발동하는 것이면, 제39조의 '평화에 대한 위협, 평화의 파괴 또는 침
략행위'의 인정이 문제가 된다. 무력사용의 일반적 금지와, 그 조정
책(調整策)을 특정화하는 예외규정은 오늘날의 국제법의 중요 지주
로서, 보편적으로 인정되고 있다. 이것은 평화구축에서도 중요한 뜻
을 가진다. 일반적으로 무력 제한에 관한 규범이 없는 경우, 법의
지배를 통한 평화를 구축할 수 없다. 무력분쟁을 극복해야 할 대상
으로서 자리매김하는 규범이 없다면, 평화를 모색하는 작업에서도
규범적인 의미가 상실되어 버린다. 전쟁은 인간의 존엄을 현저하게

---

85) 篠田英朗, "国際社会における強行規範(ユス・コーゲンス)の持つ意味 -
    国家主権原則と人道的価値の倫理的統一性 -", 『第13集研究造成報告論
    文集』, 上広倫理財団, 2003 참조.

손상시키는 행위여서, 법의 지배의 관점에서도 그 규제에는 구체적인 규범이 요구된다.

그런데 2003년 미국과 영국을 중심으로 한 국가들의 이라크 공격은 지금까지의 '무력사용에 관한 법'의 틀에서 일탈하는 것이었다. 그러나 국제법 경시의 태도를 보이는 부시 정권조차 이라크에 무장해제를 요구하는 일련의 안보리 결의를 합법성의 원천으로 언급하였다는 점에서, (그 공격이) 국제법을 완전히 부정한 것은 아니라고 할 수 있을지도 모른다.86) 또한, 후세인(Saddam Hussein) 정권의 인권억압정책을 공격의 정당화에 이용한 것은 광의의 법의 지배의 논리에 호소하는 정치사상의 발상을 보여주었다고도 할 수 있다. 안보리가 책임을 다하지 못하고 있다고 주장한 부시 정권은 오히려 미국이야말로 국제사회의 법의 지배를 강화하고 있다고 자랑한다. 따라서 문제인 것은 법의 지배의 가치규범 자체가 아니라 미국이 종래의 국제법의 틀에서 일탈하여 대규모의 침략전쟁을 하였다고 하는 사실이다.

이 책의 탈고 시점(時點)에서, 미영 점령군은 대량파괴무기를 아직 '발견'하지 못하고 있다. 앞으로 '수색'의 행방이 어떻게 되든, 전쟁 전에 미국 정부가 대량파괴무기개발의 확정적 증거를 확보하고 있지 않았던 점, 그리고 이라크가 미국에 대한 직접적인 위협은 아니었던 점은 부정할 수 없는 사실이라고 생각된다. 따라서 실은 이라크 전쟁에 관한 한, 선제공격론은 실질적 근거가 없었다. 그러나 거기서 주의해야 할 것은, 미국 국민의 과반수가 대량파괴무기가 발견되지 않더라도 전쟁은 정당화된다고 생각하고 있는 점이다.87) 대량파괴무기 문제에 구애되는 자를 냉소하는 신보수주의자들이 지적

---

86) See Adam Roberts, "Law and the Use of Force after Iraq", *Survival*, vol.45, no.2, 2003, pp.39－45.

87) "Republicans Rejects Criticism of War Inquiry", *International Herald Tribune*, 12 June 2003.

하듯이, 후세인 정권이 과거에 수많은 비인도적 행위를 저질러 온 정권이었다는 점이 이라크 전쟁을 일종의 인도적 개입으로 보는 감각을 낳고 있다.[88] 잔학한 독재정권을 타도하는 것은 도의적으로는 정당화될 수 있다는 감각이 2003년 이라크 전쟁을 처음부터 지탱하고 있었던 것이다.[89]

냉전 종결 후의 세계에서는 개입주의의 경향이 강해졌다.[90] 2003년 이라크 전쟁은, 기존의 국제법 틀을 극복하는 데에 집단안전보장과 인도적 개입의 논리가 유례가 없을 정도로 이용되어 버리는 것을 보여주었다.[91] 이라크 전쟁은 인도적 개입의 폭을 그때까지의 대부분의 인도적 개입의 제창자가 곤혹스러워할 정도까지 크게 확대시킨 전쟁이었다고 할 수 있다.

초대국 미국의 일찍이 없던 적극적인 대외군사행동으로 기존의 국제법 틀에서 일탈한 이라크 전쟁은, '광의의' 법의 지배의 넓은 범주와 위험성을 극적으로 보여준 것이라고도 할 수 있다. 이러한 미국의 자세가 장기적으로 계속될지는 즉단할 수 없다. 또한, 인도적 개입을 둘러싼 논의는 개입 후에 져야 할 책임에 관해서 성숙하지 않아서, 전쟁 전부터 전쟁 반대자의 최대의 논거였던 이라크의 '평화구축'의 곤란에,[92] 미국이 계속 책임질 수 있을지도 불분명하다. 결

---

88) See, for instance, Nicholas Kristof, "Mission in Action: The Truth about Iraqi Arms", *International Herald Tribune*, 7 May 2003.

89) 일본에서는 거의 소개되지 않았지만, 이라크 전쟁을 '인도적 개입'으로 자리매김하여 지지하려는 입장은 미국에서는 일찍부터 있었다. 篠田英朗, "対イラク戦争の諸問題", 『創文』, No.450, 2003年 1-2月号 참조.

90) 篠田英朗, "『新介入主義』の正統性-NATOによるユーゴスラビア空爆を中心に-", 広島市立大学広島平和研究所(編), 『人道危機と国際介入-平和回復の処方箋-』(有信堂, 2003), 25-26면 참조.

91) 현재 개입의 정당화 이유로서 이용되는 것은 국제사회 전체에 관련된 안전보장상의 요청과 심각한 인도주의의 요청 두 가지이다. 같은 논문, 26-30면 참조.

국 초대국 미국이 이라크 전쟁에서 보여준 문제는 평화구축에서의 법의 지배의 기반을 생각할 때 큰 물음을 계속 던지게 될 것이다.

또한, 무력분쟁에 관계된 법의 지배의 내용으로서는, '무력분쟁에 적용되는 법(*jus in bello*)', 일반적으로는 '국제인도법(international humanitarian law)'이라고 하는 것도 아주 중요하다. 특히 비국가 간 분쟁에 관련된 평화구축의 경우, 개인의 죄악을 명확히 하는 형사법적 내용을 담은 국제법규가 큰 의미가 있다. 국제인도법은 1868년 '세인트피터즈버그 선언(St. Petersburg Declaration)', 1907년 '육전의 법규 및 관습에 관한 헤이그 협약(헤이그 육전규칙)', 1949년 4개 제네바 협약, 즉 '육전에 있어서의 군대의 부상자 및 병자의 상태 개선에 관한 협약(제1협약)', '해상에서의 군대의 병자, 부상자 및 조난자의 상태 개선에 관한 협약(제2협약)', '포로의 대우에 관한 협약(제3협약)', '전시에 있어서의 민간인의 보호에 관한 협약(제4협약)', 1977년 '국제적 무력분쟁의 희생자의 보호에 관해 1949년 8월 12일의 4개 제네바 협약에 추가되는 의정서(제1추가의정서)', '비국제적 무력분쟁의 희생자의 보호에 관해 1949년 8월 12일의 4개 제네바 협약에 추가되는 의정서(제2추가의정서)' 등을 중요 관련법규로 하여 성립하고 있는 법체계이다. 또한, 제2차 세계대전 후에 설립된 뉘른베르크 재판소와 동경 재판소에서 이용된 '인도에 대한 죄(crimes against humanity)'는 오늘날의 국제법에서는 관습법의 지위를 얻고 있다. 나아가 1948년 '집단살해범죄의 방지 및 처벌에 관한 협약(제노사이드 협약)'은 '평시 또는 전시를 불문하고' 제노사이드(genocide)를 국제법상의 범죄로 규정하여 제노사이드 죄를 관습법화하는 데 공헌하고, 중요한 국제인도법 관련법규의 하나로 되어 있다.

이들 국제인도법규는 무력분쟁에서는 전투원과 비전투원을 구별해

---

92) 篠田英朗, 앞의 논문, 앞의 주 89, 49면 참조.

야 한다는 '차별원칙'이나 '불필요한 고통의 회피' 등의 원칙을 확립
해 왔다. 또한, '헤이그 육전규칙'에 규정된 '마르텐스 조항(Martens
clause)'은 조문 규정의 유무에 관계없이 항상 '문명국 간에 존립하
는 관습, 인도의 법칙 및 공공양심의 요구에서 나오는 국제법 규칙'
이 무력사용에 적용되어야 한다는 것을 선언하고, 실정법주의를 넘
은 인도법규범의 구속력을 보여주었다. 국제인도법위반은 '전쟁범죄'
로서 국제범죄로 취급되고, 그 중대한 위반은 '주권면제'라는 다른
국제법원칙을 극복한다. 실제로, 르완다 국제형사재판소(International
Criminal Tribunal for Rwanda: ICTR)는 범죄 당시 수상이었던 자
(Jean Kambanda)를 1998년에 제노사이드 죄로 종신형을 선고하였으
며, 구 유고슬라비아 국제형사재판소(Internatonal Criminal Tribunal for
Former Yugoslavia: ICTY)는 대통령(국가원수)이었던 자(Slobodan
Milosevic)를 1999년에 소추하고 2001년 이후 계속 구속하고 있다(*
역자주: 2006년 3월 11일에 사망하였음).

　　1993년에 설립된 ICTY는 '1949년 4개 제네바협약에 대한 중대한
위반행위', '전쟁의 법규 또는 관례에 대한 위반', '제노사이드', '인
도에 대한 죄'를 저지른 자를 소추·처벌하는 권한이 있다.[93] 1994
년에 설립된 ICTR은 '제노사이드', '인도에 대한 죄'에 더하여 '1949
년 4개 제네바협약 공통 제3조와 제2추가의정서 위반'이라는 내전에
적용되는 전쟁범죄에 관여한 자를 소추·처벌하는 권한이 있다.[94]
또한, 1998년 로마에서 열린 조약회의에서 채택된 '국제형사재판소
로마規程(Rome Statute of International Criminal Court)(이하, ICC 로
마규정)'은 2002년 4월에 60개국 이상의 비준을 얻어 같은 해 7월에

---

93) See UN Secruity Council Resolution 827, UN Document S / RES / 827,
　　26 May 1993.
94) See UN Secruity Council Resolution 955, UN Document S / RES / 955,
　　8 November 1994.

정식으로 발효하였다. ICC는 '제노사이드 죄', '인도에 대한 죄', '전쟁범죄(1949년 4개 제네바협약의 중대한 위반, 전쟁 법규 및 관례의 위반)', '침략의 죄'에 대해 관할권을 가진다. 로마규정은 이들 죄를 저지를 경우 국가원수라 해도 면책되지 않음을 규정하고 있다.[95] 요컨대, 전쟁범죄에 관한 법규범은 국가주권원칙에 호소함으로써 일탈할 수 없다. 실제로 재판소에서 적용되고 있는 국제인도법의 중핵 규정은 보편적이고 강제적으로 적용되는 국제법규범의 존재를 보여주고 있다고 할 수 있을 것이다.

지금까지 확인한 국제법규범은 국가의 의사로는 간단히 무시할 수 없는 것이며, 주권국가조차도 복종해야 하는 국제적인 법의 지배의 내용을 구체적으로 보여주는 것이었다. 더구나 국제인권법·국제인도법의 중핵 규정은, 개인들의 근원적인 자유에 관련되고 자연권으로서 인정되어야 하는 것에 대한 보호를 요청하고 있다. 요컨대, 이들 국제법규범은, 국가주권으로써도 개인들의 기본적인 자유를 침해해서는 안 된다는 입헌주의적 사상에 의해 지탱되고 있으며, 이는 이 책에서 광의의 법의 지배라고 했던 것을 국제사회에서 표현하는 사고의 틀이 된다.

그러나 이 관찰은 국가주권도 역시 국제사회의 중요 원칙이라는 점을 부정하는 것은 아니다. 오히려 국가주권존중은 무력사용금지, 영토보전, 내정불간섭 등의 원칙과 아울러, 국제사회의 입헌적 규범의 일부로 되어 있다. 그러나 하나의 원칙에 지나지 않는 국가주권을 절대시하고 전체의 기초를 국가주권에 두려는 것은 법의 지배와는 무연한 태도이다. 그러한 순수한 실정법주의는 현실의 국제사회에서도 엄밀히 추구되고 있는 것은 아니다. 일찍이 블랙스톤이 영국 법체계를 설명할 때 언급하였듯이, 가령 국가주권이 절대적인 것이

---

95) 로마규정 제27조 1항.

라고 해도, 개인들의 자연권적 권리도 절대적인 것이며, 양자는 본래 조화되어야 하는 것이다. 만약 양자의 충돌을 계기로 쌍방이 절대적인 것은 불가능하다고 가정한다면, 정말로 절대적인 것은 양자를 헌법적 규범으로서 성립시키는 입헌주의적 질서 그 자체라고 하는 것이 더 적절하다. 단순한 주권절대론을 넘은 국제질서상(國際秩序像)은 국제적인 법의 지배의 사고를 도입하지 않을 수 없다.

지금까지 살펴본 국제적인 법의 지배를 구성하는 규범들은 평화구축활동에서 중요하다. 평화구축에는 항상 어떤 종류의 개입 요소가 있다. 물론 내발적 노력을 촉구하는 평화구축활동은, 공연(空然)히 분쟁당사자에게 강제력을 행사하는 것이 아니다. 그러나 분쟁당사자 간의 동의는, 분쟁의 피해자이며 평화구축의 담당자인 현지 주민을 실제로는 전혀 대표하고 있지 않을지도 모른다. 또한, 형식적인 국가주권의 존중은 비정부 무력집단을 포함하는 분쟁당사자에게도 그다지 의미가 없다. 평화구축은 단순한 형식적 동의주의(同意主義)만을 기반으로 해서는 실시할 수 없다. 무언가 다른 정당화원리가 필요하다. 그래서 평화구축은 국제적인 법의 지배의 규범적 틀을 필요로 하는 것이다.

3) 국제적인 법의 지배의 역설(逆說)

지금까지 국제적인 법의 지배의 의미와 구체적 내용을 보여주는 관련 법규를 검토하였다. 이 검토를 통해 국제적인 법의 지배를 단순한 가상(假象)으로 일축해서는 안 된다고 주장하였다. 그러나 동시에 그것이 아주 한정적이며 일그러진 성질을 지니고 있음도 인정하지 않을 수는 없을 것이다.

일반적으로 현대세계에서 국제적인 법의 지배의 확대는 빈발하는 지역분쟁이라는 또 한편의 현실과 동시에 진행되고 있다. 국제적인 법의 지배는 법의 지배와 동떨어진 세계의 분쟁지역의 현실에 대응하여 정비된다. 이 가치규범의 보편화와 지역분쟁의 만연의 동시 진행은 국제적인 법의 지배에 관련된 하나의 역설이다. 국제적인 법의 지배가 진정으로 세계에 확대되면, 분쟁은 없어질 것이다. 그러나 실제로는 분쟁이 빈발하고 있으므로, 법의 지배가 계속 모색되고 있는 데 지나지 않는 것이다.

이 현상(現狀)은 다시금 이론적인 역설을 도출한다. 국제적인 법의 지배는 단지 국가 간 관계에만 적합한 법의 지배가 아니라, 국제사회에서 국내사회로 작용하는 방향성이 있는 법의 지배였다. 국제적인 법의 지배는 국내적인 법의 지배와 무관하지 않다. 분쟁문제에 대해 말하면, 더욱더 그 사정이 들어맞는다. 왜냐하면, 분쟁해결에 관한 국제적인 법의 지배는 국제적으로 인정되고 있는 법의 지배의 기준을 분쟁으로 허덕이는 국내사회에 적용하는 것을 목적으로 하기 때문이다. 그래서 국제적인 법의 지배가 국내사회의 다른 법체계와 충돌·마찰을 일으킨다고 하는 역설적인 사태가 발생한다. 바꾸어 말하면, 국제적인 법의 지배는 국내적인 법의 지배의 불비·결함을 전제로 하여, 비로소 역설적인 형태로 정당화될 수 있는 것이다.

역설적인 사태를 결정적으로 볼 수 있는 것은 인도적 개입의 경우이다. 인도적 개입에 관한 국제사회의 인식의 변화는 세계적 기관이 결여된 채 진전하는 광의의 법의 지배의 하나의 부산물이다. 왜냐하면, 그것은 인권·인도에 관련된 근본규범의 침해를 강제적인 수단을 가지고 시정하는 것을 목표로 하고 있기 때문이다. 냉전시대를 통하여, 인도적 개입은 완전히 국제법질서 밖에 놓여 있었다. 인도성(人道性)을 이유로 개입하는 국가는 사실상 전혀 없어, 인도적 개입을 옹호하는 논의는 공상적인 것으로 여겨졌다. 그러나 냉전 종결과 더불어 사정은 바뀌었다. 차츰 유엔헌장 제7장에 호소하는 안보리의 움직임을 이어받아, 안전보장상의 이유에 더하여 인도상의 이유로 국제사회가 국가의 내정사항에 개입하는 사례가 증가하였다. 그리고 그 움직임을 정당화하는 논의도 구미국가의 학자들을 중심으로 높아졌던 것이다.96)

또한, 국제사회에서 권위적 가치규범의 일원화라는 현상은 1990년 이라크의 쿠웨이트 침공 후 활발히 움직인 유엔안보리를 통해 나타났다. 안보리 결의 678이 유엔헌장 제7장에 호소하여 '모든 필요한 수단'을 취하는 것을 미국 중심의 다국적군에 인정하였지만, 1991년 걸프전쟁 종결 후의 결의 688은 이라크 북부에서 실시되는 인도적 활동을 보장하였다. 1993년에는 소말리아에서 강제조치로서의 군사력을 행사할 권한이 유엔군에 부여되었다. 소말리아에서 평화집행이 실패한 후에도, 아이티나 보스니아에서 강제조치가 취해졌다. 1999년의 유고슬라비아에 대한 북대서양조약기구(North Atlantic Treaty Organization: NATO)군의 공습은 때로는 안보리 결의에 의한 수권 없이 인도적 개입이 이루어지는 경우를 보여주었다. 2001년에는 테러공격을 받은 미국은 아프가니스탄에서 일찍이 없던 형태의 자위권의 발동으로서 군사행동을 취하였다. 이것은 인도적 개입이라고는 할 수 없지만, 인도적 참상을 막는다는 명목으로 취해진 무력사용을 국제사회가 지지하고 수용하는 사례가 되었다.

평화구축은 보통 분쟁당사자 또는 적어도 실효정부의 합의를 전제로 이루어진다. 그 때문에 국제법에서 말하는 '간섭'에는 해당하지

---

96) 인도적 개입을 둘러싼 논의의 역사에 대해서는, Francis Kofi Abiew, *The Evolution of the Doctrine and Practice of Humanitarian Intervention* (The Hague: Kluwer Law International, 1999) 등을 참조.

않는다고 생각된다. 그러나 정치적인 의미에서의 광의의 '개입'을 국제사회가 어떤 국가의 내정사항에 관여하여 국가 내부에서 활동하는 것이라고 한다면, 평화구축은 많은 경우 개입의 성격을 띠게 된다.97) 왜냐하면, 평화구축은 필연적으로 국제사회가 새로운 국가기구 확립에 깊이 관여하는 상황을 초래하기 때문이다.98) 게다가, 자유민주주의적 가치규범을 사실상의 원칙으로 하는 평화구축은, 인도적 개입과 마찬가지로, 그 가치규범에 도전하는 적대세력에 대한 대항력을 갖춰야 한다는 요청이 있을지도 모른다.

헌장 제7장에 기초를 둔 조치 또는 그것에 준하는 인도적 개입은, 갈리의 『평화를 위한 과제 부록』의 개념 정리에 따른다면, '평화집행'으로서 자리매김하는 것이다. 그러나 실제로는 평화유지부대에 헌장 제7장에 기초를 둔 권위가 부여되는 경우도 있다. 평화구축활동에 있어서도 헌장 제7장은 전혀 관계가 없는 것은 아니다. 이 책 제6장과 결론에서 보듯이, 평화구축활동의 틀에서도 이미 일정한 강제력이 있는 법집행활동 또는 사법활동이 실시되고 있다. 평화구축의 전략으로서 법의 지배의 확립을 목표로 한다면, 법집행을 담보하는 강제력의 문제를 완전히 회피할 수는 없다.

---

97) 일본어상의 '개입'과 '간섭'의 차이에 대해서는, 大沼保昭, "『人道的干渉』의 法理－文際的視点からみた 『人道的干渉』－", 『国際問題』, No.493, 2001年 4月号, 3－6면 참조.

98) 따라서 평화구축 자체에, 현지 사회의 평화의 장해를 부정하면서도 현지 사회의 제도를 확립한다는 역설적인 태도가 숨어있다. 평화구축에는 주권의 딜레마(주권국가의 정부를 분쟁당사자로서 취급하면서 주권국가 제도를 정비한다), 중립성의 딜레마(중립성을 표방하면서 중립일 수 없는 권력재분배에 관여한다), 안전보장과 민주주의의 딜레마(안전보장책이 민주주의 촉진책과 조화한다고는 할 수 없다)가 있다고 지적되는 것도, 같은 문제를 포착하는 경우일 것이다. See Eva Bertram, "Reinventing Governments: The Promise and Perils of United Nations Peace Building", The Journal of Conflict Resolution, vol.39, no.3, 1995, pp.390－400.

세계정부가 없는 상태에서 인권보장을 국제적으로 실시하려면, 제 3국 또는 국제기관 등이 인권침해가 발생하고 있는 국가에 개입하여 시정책을 취해야 한다. 이러한 의미에서, 인도적 개입은 국제사회의 입헌적 질서를 유지하는 역할을 할 수 있다. 예컨대 1999년의 NATO 국가들의 유고슬라비아 공습은, 유고슬라비아 정부가 코소보에서 자행하고 있는 심대한 인권침해를 종식시킨다는 인도적 이유를 기초로 하여 이루어졌다. 실정법주의적 입장에서 그 개입의 합법성은 의심스러울 수밖에 없었지만, 광의의 법의 지배의 관점에서 본다면, 생명에 관한 근본적 인권을 옹호하기 위한 조치를 취하는 것 자체는 정당성이 있다고 생각되었다.[99] 실제로 많은 사람이 협의의 법의 지배에서는 인정할 수 없는 NATO 국가들의 국제법규칙으로부터의 일탈행위를 (설령 실정법의 관점에서는 위법일지라도) 정당한 것으로 보았다.[100] 실정법으로부터는 일탈하는 행위가 국제적인 법의 지배의 문화를 진전시키는 것이 되어 정당화되었던 것이다.[101] 'NATO는 법을 지탱하는 법 내부에서 행동하고 있다'고 하는 당시의 미국 국무장관 올브라이트의 표현[102]은 협의의 법의 지배에서는 합법화되지 않는 행동

---

99) Hideaki Shinoda, "The Politics of Legitimacy in International Relations: A Critical Examination of NATO's Intervention in Kosovo", *Alternatives*, vol.25, no.4, 2000.

100) 예컨대 Select Committee on Foreign Affairs, House of Commons (of Britain), *Fourth Report*, 7 June 2000 <http://publications.parliament.uk/pa/cm199900/cmselect/cmfaff/28/2802.htm>; and Independent International Commission on Kosovo, *The Kosovo Report* (Oxford: Oxford University Press, 2000) 참조.

101) '어떤 법에 도전하는 것은 법의 지배에 도전하는 것과 같은 의미가 아니다. 완전히 반대이다. (NATO가 헌장에 관해 하였듯이) 부정한 법에 도전하는 것은 법의 제도(regime)를 실제로 보강한다. ……만약 힘이 정의를 실시하기 위해 사용되면, 법은 따라올 것이다.' Michael J. Glennon, "The New Interventionism: The Search for a Just International Law", *Foreign Affairs*, vol.78, no.3, 1999, pp.4, 7.

이 광의의 법의 지배의 논리에 호소하여 정당화될 수 있다는 사고방식을 보여주고 있다. 법의 지배의 논리가 법을 일탈하는 행위를 정당화할지도 모른다는 역설이 여기에서 생기는 것이다.

국제적인 법의 지배의 역설은 미국의 개개의 무력사용을 어떻게 평가할 것인가라는 논점을 넘어 원리적이다. 왜냐하면, 국제적인 법의 지배는 항상 국내법체계와 긴장하는 관계 속에서 존재하기 때문이다. 양자의 조화를 원칙으로 삼는 실정법주의조차도 실제로는 사소한 技術論的 問題를 포함하여 많은 모순과 마찰을 안고 있다. 예컨대 안보리 결의의 구속력은 실정법주의도 인정하겠지만, 국내법이 결의의 요청에 부응할 수 있게 정비되어 있지 않은 경우도 자주 있다. 예컨대 ICTY 또는 ICTR이 피의자의 체포·인도를 요청해 왔을 때, 근거법률이 없는 국가는 거절할 수도 원활히 대응할 수도 없는 상태에 빠질 것이다. 2001년에 밀로셰비치(Slobodan Milosevic) 전 유고슬라비아연방공화국 대통령을 ICTY에 이송한 세르비아공화국 정부[2003년에 암살된 진지치(Zoran Djindjic) 수상]의 결정은, 안보리 결의에 따른다고 하는 유엔헌장에 규정된 회원국 의무를 다한 한편, 준거해야 할 국내법의 정비를 기다리지 않고서 이루어졌다. 그것은 찬동자 측에서 보아도 비판자 측에서 보아도 법적 판단보다는 정치적 판단(또는 미국을 중심으로 한 원조국의 압력)으로 가능하게 된 것이었다.

광의의 법의 지배의 발상을 정당화에 이용하는 국제사회의 행동은 군사력을 수반하지 않는 온건한 것인 경우에도 국내법체계와 마찰을 일으킬 가능성이 있다. 예컨대 2002년 5월에 유엔코소보잠정행정지

---

102) "Secretary of State Madeleine K. Albright Remarks at a Dinner Hosted by the American Bar Association—Central and East European Law Initiative, in Honor of Gabrielle Kirk McDonald, President of the International Criminal Tribunal for the Former Yugoslavia, Washington, DC, April 5, 1999" <http://secretary.state.gov/www/statements/1999/99045a.html>.

원단(UN Interim Administration Mission: UNMIK) 대표를 맡은 유엔 사무총장 특별대표 미하엘 슈타이너(Michael Steiner)는 코소보 자치주 의회가 국경에 관해 채택한 결의를 무효라고 선언하였다. 유고슬라비아와 마케도니아 사이의 국경에 관한 합의를 무시한 코소보주 의회의 결의의 무효에 대해서는 안보리도 지지를 표명하였다.103) 그 근거는 NATO 공습 후에 채택된 안보리 결의 1244와, '민주적 정부와 법의 지배의 존중을 높이는' 것을 목적으로 유엔과 코소보 측 대표자들 사이에서 맺어진 2001년 '헌법적 틀(Constitutional Framework)'이었다.104) 그러나 자치주 의회의 의사를 왜 연방 정부가 아니라 유엔 직원이 법적으로 무효라고 선언할 수 있는 것일까? '헌법적 틀'의 구속성은 개입하는 국제기관의 정당성이 국내법을 넘은 법적 기반을 가질 수 있음을 보여주고 있다고 할 수 있을 것이다.

국내법과 국제법은 완전히 독립하여 존재하는 것이 아니다. 복잡하게 중복되는 양자의 관계는 더 깊은 수준에서의 가치규범의 내용과 관계된다. 때로는 국제적인 법의 지배 논리는 국제법규를 적용할 때에 국내법의 성질 그 자체를 문제로 삼는다. 분쟁으로 국내법체계가 파괴되고 약화되어 있는 때에는, 국제적 기준에 맞는 국내법체계를 구축하는 시도가 이루어진다. 국제법규범은 독자적 논리구성을 가지고, 직접적·간접적으로 국내법체계와 관계를 맺는다. 그때 국가주권원칙은 원리적으로는 존중되지만, 절대적으로 보장되는 것은 아니다. 경우에 따라서는 법의 지배의 이름하에서 법이 부정되는 경우도 있을 수 있다.

---

103) "Press Statement on Kosovo by President of Security Council", UN Document SC / 7412, 23 May 2002.

104) See UN Security Council Resolution 1244, UN Document S / RES / 1244, 10 June 1999; and "Constitutional Framework for Provisional Self-Government", UN Document UNMIK / REG / 2001 / 9, 15 May 2001.

 지역분쟁이 발생한 사회에서 하는 평화구축활동에서는 국제적인 법의 지배의 역설이 필연적으로 생긴다. 중국, 인도 그리고 일본 등이 평화구축을 개발원조와 동일시하였다고 느끼는 배경에는 국가주권에 대한 배려가 있는데, 요컨대, 이러한 역설에 대한 우려가 있다. 그러나 그러한 입장에 대해, 미국과 영국이 주도하는 입장에서는, 과연 그러한 역설을 지나치게 우려해서는 평화구축활동을 할 수 있을 것인가 하는 물음이 제기될 것이다.

 국제적인 법의 지배의 역설은, 단지 현지의 사정을 무시하거나, 불필요하게 평화구축활동의 저해요인이 되는 경우에는, 최대한 회피되어야 할 것이다. 요컨대, 현지 사회의 동의의 존재가 최대한 증명되어야 한다. 그러나 역설적 상황을 철저히 소멸시키려고 하는 것은 대부분 국제적인 법의 지배의 틀 자체의 붕괴를 의미한다. 그 균형(balance)은 개별적인 사정에 따른 전략적·정책적 판단의 타당성에 맡기지 않을 수 없다.

3. 평화구축과 법의 지배의 관련

1) 시대의 요청

 앞 절에서 보았듯이, 풍부한 사상 전통 위에서 발전해 온 법의 지배의 개념은 현대세계에서 새로운 의미·내용을 지니기 시작하고 있다. 유엔사무총장을 필두로 하는 실무가들이 평화구축활동에서 법의 지배의 중요성을 눈여겨보는 것은 그러한 흐름에 따른 것이다. 그러나 법의 지배 개념을 평화구축과 관련하여 착안하게 된 배경에는, 국제사회 전체의 동향을 반영한 몇 가지 역사적 요인이 있다. 첫째는 큰 역사적 상황으로서 냉전 후의 국제사회의 사상적 상황이다. 둘째는 국제조직의 태도의 변화이다. 셋째는 다발하는 분쟁의 성격에 응하여 분쟁해결의 초점이 이행(移行)하였다는 점이다.

첫째, 국제사회 전체의 상황이 법의 지배 개념에 대한 관심을 높였다. 냉전 체제의 종결에 따라서, 동서 양 진영이 다투고 있던 이데올로기 대립이 사실상 끝났으며, 서방 진영이 표방하는 자유민주주의가 세계에 널리 확대되었다. 물론 냉전 후 세계에서도 '문명의 충돌'을 둘러싼 논의로 상징되는 사상대립은 남아 있다. 그러나 예컨대 '서구문명'과 '이슬람문명'의 대립은 '문명' 또는 '문화'의 문제로서 언급되고 있다. 요컨대, 역으로 말하면, 정치사상으로서 자유민주주의의 지위가 확립되고 있지만, 그 때문에 '문명'·'문화'의 차이라는 문제가 더욱 눈에 띄게 된 것이다.

이미 보았듯이, 법의 지배는 서구국가의 정치·법사상에서 육성되고 발전해 온 이념이다. 그렇다면, 서구국가들이 주도하는 자유민주주의의 지위가 국제사회에서 높아짐에 따라, 법의 지배가 강조된 것은 당연한 일이라 할 수 있다. 더구나 현재의 국제사회에서는 기존의 국제질서에 정면으로 도전하는 듯한 움직임은 존재하지 않는다. 테러리스트들은 현대 국제사회의 큰 위협이 되고 있지만, 새로운 국제질서라고 말할 수 있는 것을 만들어내는 세력으로서 호소(appeal)할 수 있는 것은 아니다. 현재의 국제사회의 최대의 과제는, 어떻게 자유민주주의적 이념을 기존의 국제질서의 틀 속에서 수정하면서 실현할 것인가이다. 법의 지배라는 이념에는 기존의 법규범을 절대시한다는 의미에서 보수적인 측면도 있었다. 현재의 국제사회에서 압도적인 세력을 자랑하는 미국을 중심으로 하는 국가들이 이미 국제사회의 지

배적 이념으로 된 자유민주주의를 표방하고 있다고 한다면, 기존 법
규범의 존중을 통한 질서강화를 목표로 하는 법의 지배의 이념을 추
진하려고 하는 것은 자연스러운 일일 것이다.

둘째, 첫째의 점과 관련되어 있지만, 유엔을 중심으로 한 국제적
으로 활약하는 조직의 태도 변화가 있다. 냉전 종결 후에 유엔 안보
리가 활발히 되어, 헌장 제7장을 발동하는 사례가 증가하였다. 대국
간의 구조적인 대립관계가 없어지고, '국제의 평화와 안전'을 위해
국제사회는 가능한 한 적극적으로 행동해 가야 한다는 점에서, 총의
(總意)가 탄생하였던 것이었다. '국제의 평화와 안전'은 인도문제와
같은 비군사적 분야의 불안정으로도 손상된다는 점도 안보리는 확인
하였다.105) 또한, 안보리의 수권의 유무에 관계없이, 유엔난민고등판
무관(UN High Commissioner for Refugees: UNHCR)을 필두로 하는
여러 유엔조직은 종래는 국내관할사항으로서 관여를 회피하였던 분
야의 활동을 활발히 하였다.

유엔이 냉전 후에 현저히 보여준 경향은 유럽의 OSCE나 유럽연
합(European Union: EU), 미주의 미주기구(Organization of American
States: OAS) 등의 국내관할사항에 대한 적극적인 지원과 관여에 의
해서도 뒷받침되었다. 지역기구의 군사개입으로는 NATO의 유고슬
라비아 공습과 더불어, 서아프리카 국가들의 경제공동체(Economic
Community of West African States: ECOWAS) 정전감시단(ECOWAS
Military Observer Group: ECOMOG)의 1990년 라이베리아, 1996년
시에라리온, 1999년 기니비사우에 대한 개입 등이 있다.

또 지적할 수 있는 것은 NGO의 국제적 활약이다. 개발원조나 긴
급원조 분야에서 NGO의 역할은 확고하다. 그중에는 국경 없는 의사

---

105) "Statement by the President of the Security Council", UN Document S /
23500, 31 January 1992. 篠田英朗, 앞의 논문, 앞의 주 90, 27면 참조.

회(Medecins Sans Frontieres)와 같이, 필요한 경우에는 현지 정부의
동의가 없더라도 개입하여 원조를 담당할 것임을 표명하고 있는
NGO도 있다. 앰네스티 인터내셔널(the Amnesty International) 또는
Human Rights Watch 등의 인권단체는 필연적으로 많은 정부를 비
판하는 입장에 서는데, 인권규범에 대한 국제적 관심의 증가로 그
역할은 점점 높아지고 있다.

셋째, 최근의 분쟁 자체의 성질 변화를 지적할 수 있다. 일찍이
국제사회에서 분쟁문제란 국가 간 분쟁의 문제였다. 그러나 탈식민
지화에 따라서 국가기능이 미발달 상태에 있는 국가가 많이 등장한
결과, 국가 내의 분쟁이 빈발하게 되었고, 국제사회는 그런 분쟁에
대한 대응도 강요받게 되었다. 국내분쟁 다발의 경향은 공산주의 국
가의 체제붕괴나 독재정권의 붕괴와 민주화 과정의 불안정으로 한층
더 가속화되었다. 그래서 다수의 국가가 국가 간 분쟁의 문제에 대
처하는 구도가, 국제사회 전체가 '파탄국가(failed state)'의 국내분쟁
문제에 대처하거나 '복잡한 정치적 긴급사태(complex political emergen-
cies)'로 표현되는 위기에[106] 대처하는 구도로 바뀌었다.

법의 지배는 어떤 일정한 규범에 정치사회의 구성원 전부가 복종
할 것을 요청하는 사상이며, 독자적 법체계를 가지는 복수의 국가가
존재하는 국제사회보다도 통일적 법체계를 가지는 국내사회에 더 잘
적합할 것이다. 국내분쟁에 허덕이는 국가는 이 통일적 규범의 존재
를 전제로 한 법의 지배가 기능을 하지 않는 상태에 있다고 생각되
어, 분쟁해결 시에 법의 지배의 확립·회복이 목표로 된 것이다. 법
의 지배에 의한 국가기능의 충실은 인권옹호, 타민족공생, 대의제 정

---

106) Jonathan Goodhand and David Hulme, "From Wars to Complex
    Political Emergencies: Understanding Conflict and Peace-building in
    the New World Disorder", *Third World Quarterly*, vol.20, no.1, 1999,
    pp.16-17.

치 등 자유민주주의에서 도출되는 이념을 포함하며, 국가주권이라는 국제사회의 전통적 구성원리와 결부되고, 국제분쟁의 해결 시와 마찬가지로 국내분쟁의 해결 시에도 국제사회가 채용하는 규범 틀로서 표준이 되는 것이다.

2) 자유민주주의와 법의 지배

이와 같이 본다면, 평화구축에서 법의 지배 문제는 냉전 후 세계에서 자유민주주의의 가치이념의 보편화라는 현상과 밀접한 관계가 있음을 알 수 있다. 냉전체제의 이데올로기 대립에서 해방된 자유민주주의적 가치규범은 국제사회의 기준이 되었을 뿐만 아니라, 지역사회에서 분쟁을 해결할 때의 지침으로도 되었다. 단지 지배적인 사조여서가 아니라, 실제로 분쟁지역에서 평화에 이바지하는 것으로서, 자유민주주의적 가치규범이 긍정되고 있는 것이다.

첫째, 民主的 平和(democratic peace)論은 학술적 논의를 넘어, 국제기관의 정책담당자 그리고 미국을 포함한 많은 국가의 정책 담당자가 신봉하는 이론이 되었다. 민주주의는 단지 정당한 정치사회를 만들어 내는 정치이론으로서뿐만 아니라, 평화를 형성하는 것으로서도 정당화된 것이다. 물론 본래 민주적 평화론은 국가 간의 분쟁에 관한 이론이다. 그러나 민주국가는 전쟁을 싫어한다는 민주적 평화론의 함의는, 민주주의는 분쟁 (후) 지역에서 평화를 구축하기 위한 수단으로서도 유효하다는 발상으로 이어지는 것이었다. 국민 전체의 의사를 반영한 국가기구가 확립되면, 국내분쟁을 조장하는 소수의 지도자층 간의 대립이 상대화될 것으로 기대되었다. 요컨대, 민주주의는 분쟁을 비군사적＝정치적인 것으로 바꾸기 위한 장치로서 기능을 할 것으로 기대되었던 것이다.

둘째, 자유주의적 이념은 분쟁의 온상이 되는 정신풍토를 중화하는 역할을 하리라 기대되었다. 적대집단을 초월한 각 개인이 보편적으로 갖는 인권을 강조하는 것이 분쟁을 억제한다고 생각되었던 것이다. 민주주의의 경우와 마찬가지로, 자유주의가 정치이론으로서 신봉될 뿐만 아니라, 평화를 만들어 내기 위한 제도적 장치로서도 추구되었던 것이다. 자유주의적 가치규범에 철저를 기하여 말하면, 분쟁은 항상 특정 개인이 일으키는 것이다. 설령 민족대립이 조장되어 있다고 해도, 그것은 어디까지나 특정 개인이 고무한 것에 지나지 않고, 어떤 민족의 사람들 전체가 분쟁에 가담 · 지원하고 있는 것은 아니다. 분쟁구조의 '개인화'는 그러한 전제를 평화구축활동에 부여하고, 분단된 사회에 보편적 시점을 제공하리라 기대되었다.

1990년대 이전의 가치상대주의적 경향이 강하였던 시대에는, 오늘날에는 빈번한 국제적 선거지원활동 등은 거의 없었다. 또한, 평화구축활동과 인권옹호활동이 결부되는 경우도 없었다. 그런데 냉전 후 세계에서는 평화활동에 대한 주요한 지원국인 구미나 일본 등의 국가뿐만 아니라 유엔 등 국제기관이 민주주의나 인권 등의 가치규범을 명확히 추진한다. 게다가 자유민주주의적 가치규범에서의 일탈은, 일단 국제사회에 의한 평화활동의 관여를 받은 국가의 경우, 정권의 정당성에 관계되는 사태로 간주되었다.

국가기구의 정당성을 증명하는 조건으로서 자유민주주의적 가치규범이 적용된다고 하는 상황은 분쟁 (후) 지역에서 새로운 국가기구를 확립하는 과정 속에서 항상 동일한 규범 틀이 적용됨을 의미한다. 지역 상황에 따라서 각각이 개별적 성격을 가질 평화활동에 보편적인 원칙이 부여되는 것이다. 분쟁의 상태화(常態化)로 인권이 유린되고 있는 지역은 홉스가 의미하는 일종의 자연상태에 있다고 생각된다. 따라서 거기서 해야 할 일은 인민이 자신의 권리를 더 잘 보호할 수 있도록 새로운 사회를 설립하는 것이다. 그 사회설립행위가 평화구축의 법의 지배 접근이 표방하는 작업이다. 법의 지배를 목표로 하는 평화구축활동은 이처럼 자유주의적 이념을 기초로 하여 사회를 다시 만든다고 하는 뜻이 있는 것이다.

3) 평화구축과 법의 지배의 갈등

그래서 제기되는 첫째 의문은 평화구축활동이 직접 다루는 사회설립 작업에 외부자인 국제사회가 특정 가치규범을 전제로 관여해도 좋은지이다. 이 점은 이미 법의 지배의 역설로서 앞 절에서 언급한 문제와도 관련된다. 본래는 사회를 설립하고 법의 지배에 권위를 부여할 수 있는 것은 현지 사회에 사는 사람들뿐이다. 따라서 원칙적으로는 국제사회는 새로운 사회의 설립에 권위적으로 관여할 수 없을 것이다.

그러나 평화구축에 종사하는 자는 단지 내정불간섭이나 동의주의(同意主義)의 원칙이 준수되면 된다는 지점으로 물러날 수는 없을 것이다. 기존의 정부가 정당한 법의 지배의 기반 위에 존립하고 있지 않을 경우, 적어도 권력행사의 수단을 빼앗긴 사람들에게 새로운 사회설립행위를 할 기회가 부여되어야 한다. 국제사회가 그 곤란한 작업을 도우려 하는 것 자체는 비난해서는 안 될 것이다. 정말로 중요한 것은 국제사회의 관여의 정도가 아니고, 또 형식적인 동의의 유무 등도 아니라, 무엇이 현지 사람들의 필요성에 합치하는 정당하고 효과적인 평화구축활동인가이다.

둘째, 분쟁당사자를 넘은 지역 사람들의 시점(視點)에 설 때, 사회

설립행위를 할 권위를 가지는 인민의 존재를 어떻게 인정할 것인가
하는 문제가 발생한다. 물론 이것은 결코 새로운 문제는 아니다. 오
히려 민족자결권이 국제사회의 원칙으로서 도입되기 시작한 20세기
전반부터 일관되게 존재해 온 문제이다. 예컨대 북아일랜드 등의 경
우, 평화구축활동의 대상이 되는 지역이 귀속국가(歸屬國家)를 결정
할 수 있는지 그 여부는 누가 의사표명을 하는 인민을 구성하는지에
크게 좌우된다. 서사하라도 똑같은 문제를 안고 있어 평화과정은 정
체되고 있다. 국제사회는 승인행위를 통해 새로운 국가의 설립에 관
여한다. 요컨대, 인민이 누구인가 하는 입헌주의의 출발점에 즈음하
여, 국제사회는 하나의 무시할 수 없는 역할을 맡고 있다. 따라서
어디까지나 간접적이긴 하지만 국제사회는 사실상 사회설립 당사자
가 되어 버리는 것이다.

　셋째, 각각의 평화구축활동의 성질에 따라서, 법의 지배의 중요성
의 정도는 변화한다는 문제가 있다. 이미 제1장에서 보았듯이, 평화
구축에서 법의 지배 접근은 생각할 수 있는 몇 가지 전략 중 하나
에 지나지 않는다. 복수의 전략이 필요·가능한 경우에는, 전략 간의
우선순위와 자원배분이 적절히 이루어져야 한다. 이를 결정할 때 국
제사회가 투여할 수 있는 자원의 질과 양이 고려되는 것은 당연하
다. 그러나 우선 인식해야 할 것은 현지의 필요성의 정도이다. 그리
고 그 필요성의 정도를 인정할 때는, 현지 사회의 능력으로 무엇을
달성할 수 있는지, 무엇이 더 강하게 평화구축의 목적에 이바지하는
지를 고려하는 것이 중요하게 된다.

　법의 지배 접근이 필요한 것은 법의 지배에 관련된 제도가 현지
사회에서 결여되어 있거나, 현저한 결함을 안고 있는 경우일 것이다.
그리고 그것이 분쟁의 발생 또는 장기화의 원인으로 생각되는 경우
일 것이다. 예컨대 분쟁 후의 사회에서 새로운 국가가 건설되는 경

우, 법의 지배 접근의 필요성은 아주 높다고 할 수 있다. 그 한편에서, 예컨대 콜롬비아에서 벌어지고 있는 정부와 게릴라 조직 간의 내전의 경우는, 국가제도의 실력이 문제가 된다고 해도, 제도적으로 정비하는 일 자체는 우선적인 과제로는 되지 않을 것이다. 국제사회가 적용하는 새로운 법의 지배의 제도는 기존의 정치·법 제도를 붕괴시키게 될지도 모르므로, 신중한 태도가 필요하다.

넷째, 누가 법의 지배 관련 활동의 실시 책임을 질 것인지가 문제가 된다. 평화구축활동은 여러 방면에 걸치므로, 다양한 조직이 독자적 자금원을 배경으로 하면서 수평적 제휴를 결여한 채로 또는 종합적인 전략을 결여한 채로, 독자적 활동을 하는 경향이 많다. 유엔관계기관만 해도, 정무국, 평화유지국, 법무부 등 유엔본부의 각 부서가 관여할 뿐만 아니라, UNDP, UNICEF, UNHCR, UNHCHR, 세계식량계획(World Food Programme: WFP), 세계보건기구(World Health Organization: WHO) 등 관련 보조기관과 전문기관이 관여하고 있다. 물론 유엔관계기관들만이 활동하는 것은 아니다. OSCE, EU 등 지역기구도 유럽에서 중앙아시아에 걸쳐 평화구축활동에 종사하고 있다. 또한, 평화구축에는 군사적 활동도 무연하지 않아, 유엔 회원국이 파견하는 유엔평화유지군·민간경찰 또는 NATO 등의 지역군사기구도 역시 일정한 역할을 담당하고 있으며, 사법 분야에 주목하면, 이미 언급한 국제형사재판소 등이 중요하다.

각국 정부가 단독으로 하고 있는 지원활동도 있다. 예컨대 2001년에 탈레반(Taliban) 정권이 붕괴된 후 아프가니스탄에서는, 테러조직 소탕에 몰두하고 평화유지군에 참가하지 않았던 미국이 신설된 아프가니스탄 군대의 훈련을 맡고 있으며, 독일은 경찰기구의 지원·훈련을 맡고 있다. 정부개발원조(Official Development Assistance: ODA)의 형태로 이루어지고 있는 양국 간 원조가 평화구축 관련 활동에 이용되는 경우도 있다. 또한, 이러한 국제·정부기관에 더하여, 수많은 NGO가 다양한 분야에서 평화구축 관련 활동에 관여하고 있음은 말할 것도 없다.

이러한 다양한 기관이 관여하는 평화구축 시에는, 기관에 따라서가 아니라, 전략적 시점에 따라서 조정이 이루어져야 한다는 것은 이미 제1장에서 언급하였다. 그러면 문제가 되는 것은 누가 적절한 우선 순위의 결정과 전략작성에 책임을 져야 하는가 하는 점이다. 유엔사무총장 특별대표가 임명된 경우에는 현지에서 정책결정의 최종책임자로서 행동하는 경우가 많을 것이다. 대규모 평화유지활동이 전개되고 그것과 병행해서 평화구축활동이 진행되는 경우에는, 이 형태를 취하게 된다. 통괄사무소가 주로 연락·조정의 역할로 일관할 때에는, 각 기관이 서로 제휴하면서 평화구축을 진행한다. 소규모이고 평화유지활동을 수반하지 않는 평화구축활동은 이 형태가 되는 경우가 많다. 그러나 실제로는 평화구축의 행방이 관심을 가지는 미국 등 (초)대국의 의향에 좌우될 수밖에 없음도 분명하다.

4) 평화구축에서 법의 지배의 확립 과정

평화구축에 하나의 체계적 사상을 가져오는 법의 지배의 틀은 대개 평화협정 속에 도입된다. 그리고 인권규범 등을 기반으로 하면서 민주적 정부의 확립이 모색된다. 많은 경우, 이때 영토적 변경이 장래의 의제로 상정될 가능성이 시사되는 일은 없고, 영토적으로는 현상유지의 관점이 채용된다. 평화협정 작성 시에는 사실상 장래의 헌법질서가 정해진다. 조정(調停)을 맡는 것은 이해와 관심을 강하게 가지는 국가이며, 대국의 관여가 우선할 것이다.

통상의 평화구축활동에서는 인민의 의사를 표현하는 수단으로서, 국민적 선거가 채용된다. 이것에는 민주주의적 가치규범을 분쟁 (후) 지역에 이식한다는 의미도 있지만, 평화협정이라는 외부의 중개로 성립한 정치적·법적 틀에 확고한 정통성의 기반을 부여하려면 국민 전체의 선거를 할 수밖에 없다는 사정도 있다.

법의 지배 접근을 실질적으로 운용하는 것은 법집행기구이다. 현지 경찰기구의 훈련·강화가 평화구축의 틀에서 이루어지게 된다. 유엔의 민간경찰이 파견되어 있는 경우, 국제사회가 직접적으로 어느 정도의 법집행활동을 맡을지도 모른다. 경우에 따라서는 각국이 파견한 군사요원이 사실상의 법집행활동에 종사하는 경우도 있다. 그러나 그것들은 한계가 있으므로, 현지 경찰기구에 대한 지원이 중요하다.

뿐만 아니라, 법집행활동은 극단의 경우에는 강제적 방법을 사용한 국제사회의 개입을 통해 수행된다. 이미 앞 절에서 본 무력사용을 수반하는 인도적 개입이 그 현저한 예이다. 2000년 시에라리온에서는 영국군이 그리고 2003년 콩고민주공화국에서는 프랑스군이 전개된 것처럼, 질서회복을 위해 긴급히 평화유지군이 보강되는 경우도 있다. 경제제재를 통해 법집행이 추구되는 경우도 있다.

부언하면, 인권옹호 등의 가치규범의 확대는 법의 지배의 문화를 육성하는 의미에서 중요하다. 그 의미에서는, 『Brahimi Report』가 기대하였듯이, UNHCR 등 인권 관련 기관이 중심이 되어야 하지만, 더 중요한 것은 인권옹호단체 중심의 NGO이다. 인권에 관한 계몽활동은 법의 지배가 무엇을 목표로 하고 있는지를 현지 주민에게 알리는 역할을 한다. 국제기관과 NGO 간에는 명령계통이 존재할 수 없는데, 공통의 목적을 명확히 하고 현장의 정세에 따라서 설정된 법의 지배 접근 계획을 서로 이해하는 일이 중요하게 될 것이다.

나아가서 법의 지배 접근에서 빠지면 안 되는 것은 사법부문에 대한 원조이다. 이미 국제사회는 몇몇 국제재판소를 설립하고, 새로운 '사법개입'의 형태를 만들어 냈다. 그러나 모든 분쟁에 대응하여 전쟁범죄를 취급하는 특별재판소를 설립하는 것은 현실적으로는 불가능에 가깝다. 장래는 ICC가 상당한 정도로 대응할 것으로 기대되지만, ICC의 관할권에는 회원국의 수와 범위에 따른 한계가 있다. 그래서 현지 사법기관에 대한 지원이 빠져서는 안 되는 것이다.

이러한 활동들은 평화구축의 법의 지배 접근의 과정으로서 추구될 만하지만, 각각의 활동영역에 대해서는 더욱더 상세한 검토가 필요하다. 각 영역에서 무엇이 이루어지고, 어떠한 문제가 있는지에 대해서는 제2부에서 상세히 논하기로 한다.

4. 맺음말

이 장에서는, 법의 지배의 개념에 초점을 맞추고, 이 개념과 평화구축의 이론적 접합점을 탐구하였다. 우선 법의 지배의 개념을 좁은 의미와 넓은 의미로 나누고, 이어서 국내적 맥락과 국제적 맥락 쌍방에서 법의 지배의 이론적 범주를 확인하였다. 거기서 논한 것은, 법의 지배는 좁은 의미로는 이른바 실정법주의와 동일한 의미라고 해도, 넓은 의미로는 자연법사상과도 밀접한 관계가 있고, 오늘날 인권으로서 총체적으로 이해하고 있는 인간의 존엄에 관한 가치규범을 기반으로 한 풍부한 사상적 배경을 가지고 있다는 점이었다. 법의 지배는 많은 국내사회에서 확립된 제도에 반영되어 있을 뿐만 아니라, 국제사회에서도 상이한 규범체계의 틀 속에서 독특한 형태를 띠고 있다. 그 때문에 평화구축에서는 양자의 법의 지배의 방향성이 서로 영향을 미치면서 복잡하게 관계하는 것이었다.

나아가 이 장은 평화구축활동에서 법의 지배에 대한 착안이 냉전 후 현대세계에서 자유민주주의가 탁월한 지위를 가지게 된것과 관련 되어 있음을 시사하였다. 따라서 평화구축 때의 법의 지배 관련 활 동도 가치중립적인 것으로 볼 수는 없다. 그래서 구미류(歐美流)의 사고에 의거하는 법의 지배가, 개입하는 국제사회와 분쟁 (후) 지역 사이의 마찰 요인이 되어 버릴 위험성도 지적하였다. 이러한 성질이 있는 것으로 이해할 수 있는 평화구축의 법의 지배 접근에 대해서 는, 제2부 각 장에서 기능적으로 분류한 각 영역의 관점에서 더 구 체적으로 분석하기로 한다.

제 2 부 기능적 분석

제1부의 이론적 정리를 염두에 두면서, 제2부에서는 기능적 관점에서 평화구축활동의 여러 측면을 정리한다. 구체적으로는 우선 평화구축으로서의 법의 지배의 확립의 관점에서, 평화협정의 작성을 검토한다. 그리고 그 정통성*에 관한 선거지원활동, 나아가서는 관련 법규범의 적용에 관련된 법집행활동 또는 범죄자의 처벌에 관련된 사법활동으로 분류할 수 있는 여러 활동을 분석한다. 이러한 검토와 분석을 통해, 이 책에서는 복잡한 정치적·법적 분야의 평화구축 속에 뒤섞여 있는 현실의 법의 지배 관련 활동을 더욱 체계적인 형태로 추출해 보고자 한다.

---

* 이 책에서는 '정통성'과 '정당성'을 구별하여 사용하고 있다. 어떤 행위가 규범적 관점에서 올바른가에 관한 것이 '정당성'임에 반하여, 적정한 절차를 통해 권위의 이양이 이루어지는가를 문제로 삼는 선거는 '정통성'에 관련되는 것으로 보고 있다.

제3장
평화협정

　평화구축활동의 틀을 구체적인 지역에 대응하여 표현하는 것은 분쟁당사자 간에 체결되는 평화협정(peace agreements)이다.[108] 오늘날 평화협정은 단지 분쟁을 정지한다는 약속에 관한 사항만을 의미하는 것은 아니다. 평화협정은 대개 분쟁 정지 후에 적용되는 다양한 원칙이나 조치를 정하고 있다. 현대의 평화구축에서 현저한 경향은, 통상의 국내사회에서는 헌법에 규정되는 원칙이 평화협정에 삽입되는 것이다. 그 準憲法的 規定은 분쟁 후의 국내사회 재건의 방향성을 결정하는 것과 같은 의미가 있다. 물론, 평화협정은 지역 실정을 현실적으로 반영하고 있지 않으므로, 평화과정을 파탄에 이르게 하는 요인이 되는 경우도 있다. 그러나 아무튼 평화협정은 평화의 수순과 그 원칙을 설정하고, 평화구축활동 시의 '법의 지배' 접근의 기반이 된다.

　이 장에서는 우선 제1절에서 평화협정의 역사적 전개와 유형을 확인한다. 제2절에서는 평화구축의 관점에서 기대하는 평화협정의 기능을 분석한다. 제3절에서는 평화구축으로서의 평화협정에 관한 여러 문제를 살펴보기로 한다.

---

108) 특히 1989년 이후, 무수한 평화협정이 체결되고 있다. Christine Bell, *Peace Agreements and Human Rights*(Oxford: Oxford University Press, 200), Appendix A; United States Institute of Peace "Peace Agreements Digital Collection" <http://www.usip.org/library/pa.html>; and INCORE Conflict Data Service, "Peace Agreements" <http://www.incore.ulst.ac.uk/cds/agreements/>.

1. 평화협정의 자리매김

1) 평화협정의 역사

국내분쟁이 빈발하는 오늘날, 평화협정은 분쟁당사자가 정전 후에 관여하는 새로운 국가의 틀을 보여준다. 실효성 또는 정당성이 없는 정부가 분쟁당사자로 되어 있는 경우에는, 평화협정은 평화구축활동이 목적으로 삼는 국가상(國家像)을 그려내는 것이 된다. 국가 내부의 분쟁이 순수하게 국내관할사항으로 되어 국외의 제3자가 관여할 문제가 아니라고 생각되었던 시대에는, 국가의 구조를 결정하는 국내분쟁 당사자 간의 평화협정은 그다지 상정할 수 없었다. 냉전시대에는 국내의 무력분쟁이 국제사회의 알선을 통한 평화협정으로 종결되는 경우는 드물었다. 1967-70년에 나이지리아에서 발생한 비아프라(Biafra) 분쟁은 오늘날 아프리카 대륙에서 다발하는 국내분쟁을 예견케 하는 것이었는데, 정부의 가혹하고 격렬한 진압으로 종결되었다. 1960-65년의 콩고 동란은 유엔 등의 일정한 관여를 유발하였으나, 평화협정으로 분쟁이 종결되는 경우는 아니었다. 그 밖에 공산주의혁명이나 식민지해방투쟁이 유발한 수많은 무력분쟁도 분쟁당사자 간의 이데올로기 대립과 비대칭성, 그리고 대리전쟁으로 발전하는 국제환경 때문에 평화협정으로 종결되는 일은 없었다.

그러나 냉전 종결로, 국제사회는 양극분열을 일으키지 않고 공동으로 지역분쟁해결을 위해 분쟁당사자 간의 평화협정 체결을 촉진할 수 있게 되었다. 냉전 중에는 평화교섭을 시작할 수 없었음에도 불구하고, 냉전 종결과 더불어 평화협정이 성립한 캄보디아의 1991년 평화협정(Agreement on a Comprehensive Political Settlement of the

Cambodia Conflict: Paris Peace Agreement), 앙골라의 1991년 평화협
정(Peace Accords for Angola: Bicesse Accords) 또는 이스라엘과 팔
레스타인 해방기구 사이의 1993년 오슬로 협정(Declaration of Principles
on Interim Self-Government Arrangements: Oslo Accords) 등은 국
제환경의 변화가 평화협정 체결을 도출한 예들이다. 그러나 이들 평
화협정이 결국은 오늘날까지 계속되는 강고한 평화기반을 만들어 낼
수 없었던 점은 국제압력에 의한 평화협정 체결의 한계도 보여주고
있다.

　그러나 냉전 종결과 더불어 급속히 평화협정이 증가하였다고 해도,
그 이전에 분쟁을 당사자 간의 일정한 합의로써 종결시키는 방법이
전혀 없었던 것은 아니다. 무력분쟁이 국가 간의 문제였던 시대에는,
평화협정은 국가 간의 조약이라는 형태를 취하였다. 전통적인 강화
조약의 예는 종교전쟁을 종결한 1648년의 웨스트팔리아(Westphalia)
조약 이후로 1713년 위트레흐트 조약(the Treaties of Utrecht), 1815
년 비엔나 조약, 1919년 베르사유 조약 등 유럽에서는 다수 존재한
다.109) 귀족계급이 각국의 통치자였던 시대에는, 강화조약은 전쟁으
로 변화된 대국 간의 힘 관계를 반영하고, 수정된 유럽의 세력균형
의 상태를 표현하였다.110) 나폴레옹 전쟁은 혁명을 유럽 전역에 확
대한 프랑스와 종래의 통치기구를 유지하는 기타 국가 사이의 세계
전쟁이었으나, 그 때문에 전후 비엔나회의에서는 정통성을 독점적으

---

109) 국제질서유지의 관점에서 대전 후의 강화조약의 의미를 논한 것으로는
　　 예컨대 Robert Giplin, *War and Change in World Politics*(Cambridge:
　　 Cambridge University Press, 1980), p.36; and John G. Ikenberry, *After
　　 Victory: Institutions, Strategic Restraint, and the Rebuilding of Order
　　 after Major Wars*(Princeton: Princeton University Press, 2001), pp.37-
　　 39 참조.
110) See Adam Waston, *The Evolution of International Society: A Comparative
　　 Historical Analysis*(London: Routledge, 1992).

로 가지는 각국 정부가 공동으로 새로운 국제사회를 관리하는 구조가 만들어졌다. 패전으로 소멸한 세력을 가상의 적으로 하면서, 국제사회의 구조를 공동으로 결정한다는 방법은 제1차 세계대전 후 베르사유 조약에서 현저하였다. 제2차 세계대전 후 유엔과 유엔헌장의 제정도 같은 의미가 있었다.

이와 같이 분쟁 정지에 즈음하여 합의한 여러 조건을 정하는 것일 수밖에 없었던 강화조약은 몇 번의 세계전쟁을 거치면서 전승국이 재구축하는 국제질서의 틀을 보여주는 기능을 가지게 되었다. 웨스트팔리아 조약이나 위트레흐트 조약에서는 상실된 힘의 균형(balance of power)의 재형성이 목표가 되었다. 나폴레옹 전쟁, 제1차 세계대전, 제2차 세계대전을 경험하면, 단순한 힘의 균형의 부활은 안정된 국제질서를 구축하는 데 불충분하다는 인식이 국제사회에 확산되었다. 그리고 세계전쟁 후 강화조약의 체결에는 국제제도의 근본적 재구축이라는 시점(視點)이 수반되었다. 정치적 구조를 근본적으로 재검토하지 않고서는 영속적 평화는 달성되지 않으며, 강화조약에 바람직한 국제질서상(國際秩序像)을 포함시키는 작업이 불가결하다고 생각하게 된 것이다.

2) 지역분쟁의 평화협정

실은 오늘날도 국내분쟁을 종결하기 위한 평화협정에서, 이들 강화조약의 경우와 유사한 사고방식을 볼 수 있다. 요컨대, 영속적인 평화를 위해서는 안정적인 정치구조를 구축하기 위한 수순을 보여주는 포괄적 평화협정이 필요하다는 사고방식이다. 단지 힘 관계를 반영하였을 뿐인 정전합의로는 보편적 국가기반을 만들어 낼 수 없다. 세

계전쟁 방지에는 국제사회 구조의 전체적인 재검토가 필요하다고 생
각하였듯이, 국내분쟁의 재발 방지에 필요한 것은 국가제도의 전체
적인 재검토라고 생각하게 된 것이다.

　더구나 국제사회에서 조약을 통한 평화와, 국내사회에서 평화협정
이 표현하는 평화구축은 단지 나란히 실시되어 온 것은 아니다. 양
자는 오히려 서로 밀접히 결부되면서 발전하고 있다. 비엔나 회의에
서 확립된 정통성의 원리는 그 후 유럽 국가의 국내질서 구축의 지
침이 되었고, 그리스 등 유럽 주변국의 정치체제에 대국이 간섭하는
구실이 되었다.111) 또한, 제1차 세계대전 후 베르사유 조약에서 도입
한 민족자결의 원칙은 제2차 세계대전 후 유엔헌장에서 명문화되고,
탈식민지화 과정에서 국제질서·국가구축의 일대 원리로서 확립되었
다. 그로 인해 제국주의에 의한 19세기의 정치질서는 소멸하고, 하
나의 국민이 구성하는 사회로서의 국민국가의 원칙이 확립되었다.
결과적으로 단일민족인 것을 주장하여 독립을 요구하는 집단이 중앙
정부에 대해 반란을 일으키는 것을 정당화할 수 있게 되었다. 1999
년의 동티모르의 예가 보여주듯이, 민족자결권은 식민지의 해방으로
종언하고 역사의 산물이 된 것은 아니다. 약 200개 국민국가가 있는
오늘날의 국제사회에서도 민족자결권을 이유로 한 분리독립의 가능
성은 항상 잠재해 있다.

　20세기 후반부터는 국제사회가 인권규범을 중요시하게 되어, 지역
분쟁의 해결 시에도 (인권규범은) 무시할 수 없는 것이 되었다. 제2
차 세계대전 후에 탄생한 유엔은, 유엔헌장뿐만 아니라 세계인권선
언의 채택 등의 행위를 통하여, 인권규범을 보편적인 것으로 만드는
노력을 해왔다. 물론 인권규범은 냉전 중에는 동서 대립의 권력정치

---

111) See Henry Kissinger, *A World Restored*(New York: Grosset & Dunlap,
　　1964).

에 파묻혀 버리는 경향이 많았다. 그런데 냉전 종결로, 구동구 진영의 여러 국가가 차츰 공산주의를 포기하고 서방 측 국가의 정치체제를 도입하게 되자, 인권규범도 국제사회의 사상적 지주로서의 지위를 확립하게 되었다. 그로 인해 국내분쟁에 관한 평화협정의 내용에도 자유주의적 가치규범이 크게 영향을 미치게 되었다.[112]

현대에서는 국제사회 규범과 국내사회 규범을 명백히 구분할 수 없다. 왜냐하면, 지역분쟁의 해결에 제3국 또는 국제조직 등이 관여하여, 국내분쟁과 국제사회가 깊이 결부되기 때문이다. 그리고 국제사회의 개입의 정도가 강한 평화구축에서는 민족자결, 인권, 민주주의 등의 가치관이 국제사회 측에서 국가제도로 주입되는 사태가 발생하고 있다.

국제사회가 분쟁 당사자에게 평화협정의 체결을 강력히 촉구한 사례로서, 캄보디아에 새로운 국가제도를 만들어 내는 것을 목표로 한 '포괄적'인 1991년 파리 평화협정을 들 수 있다. 일본, 프랑스 등 관심이 있는 여러 국가의 조정(調停)으로 체결된 파리 평화협정은, 국제사회의 주도하에 분쟁당사자 간의 평화협정을 작성하여 지역분쟁의 해결을 도모하는 것이었다. 실제의 경우, 국제사회를 대표하여 캄보디아에서 설립된 캄보디아 잠정통치기구(United Nations Transitional Authority in Cambodia: UNTAC)는 협정내용을 이행하기 위해 절대권한을 부여받았다. 파리 평화협정은 분쟁당사자가 구성하는 최고국민회의(Supreme National Council: SNC)가 캄보디아의 주권·독립·통일을 상징한다고 규정하면서, 그 SNC는 유엔에 권한을 전면적으로 이양한다고 규정하고 있었다.[113] 그리고 파리 평화협정은 유엔이 실시하는 선거를 통한 신국가의 구축을 목표로 삼았고, 나아가 인권옹

---

112) See Bell, op.cit., in note 108, Introduction and Chap.1.
113) 캄보디아 분쟁의 포괄적인 정치적 해결에 관한 협정(Agreement on a Comprehensive Political Settlement of the Cambodia Conflict) 제3-6조.

호촉진활동을 하는 등114) 국제사회가 표방하는 가치규범을 캄보디아
에 도입하려고 하였다.115)

유엔 안보리와 같은 초국가적인 권위를 기초로 하여 국제사회가
일방적인 형태로 평화구축의 틀을 결정하는 경우도 적지 않다. 1993
년 6월 안보리 결의 841은 헌장 제7장의 강제조치로서 금수조치 등
의 압력을 아이티 군사정권에 가하였다.116) 그리고 부득이 국외로
도망가 있던 아리스티드(Jean Bertrand Aristide) 대통령의 복귀를 촉
구하는 내용의 가버너즈 아일랜드 협정(Agreement of Governors Island)
이 미국의 조정으로 체결되었다. 그리고 마침내 1994년에 군사지도
자층을 국외로 추방하는 데 성공하였고, 아리스티드 대통령은 복귀
하였다. 그러나 그동안에, 유엔안보리는 헌장 제7장을 기초로 하여
미국이 주도하는 다국적군에 '필요한 모든 수단'을 취할 수 있는 권
한을 부여하였고, 나아가 평화유지군과 민간경찰의 파견, 아이티 군·
경의 개혁 또는 국정선거의 실시 등을 정하였다.117) 민주적으로 선
출된 정통 정권을 복귀시킨다는 목표를 구실로, 국제사회가 적극적
으로 국가기구의 이행(移行) 본연의 모습에 개입한 것이다.

1995년에 보스니아헤르체고비나의 내전을 종결시킨 데이턴 협정

---

114) 같은 조약, 제13조, 제16조.
115) 그러나 UNTAC를 지휘한 아카시 야스시(明石 康) 사무총장 특별대표
는 평화협정이 '본질적으로 서양민주주의의 개념에 의거하고 있었던'
점을 인정하면서, 자신은 '아시아적 방법과 절차가 이용되어야 한다는
생각을 하고 있었다'고 회상하고 있다. Yasushi Akashi, "The Challenge
of Peacekeeping in Cambodia", International Peacekeeping, vol.1, no.2,
1994, p.213. 아카시 대표의 태도는 UNTAC에 대한 평가가 구미국가
들과 일본 내에서는 전혀 다른 현상(現狀)을 설명하는 것이다.
116) UN Security Council Resolution 841, UN Document S / RES / 841, 16
June 1993.
117) UN Security Council Resolution 940, UN Document S / RES / 940, 31
July 1994.

(General Framework Agreement for Peace in Bosinia and Herzegovina: Dayton Agreement)은 한 발 더 나아가 새로운 국가제도의 구조를 상세히 규정하는 것이었다. NATO의 공습으로 시작된 평화협정 교섭에서 미국의 중개하에, 분쟁당사자는 합의문서에 서명하게 되었다. 그 결과로, 보스니아헤르체고비나는 민족구성에 따라서, 각 공화국으로 분리된 연방제를 취하게 되고, 무슬림 크로아티아인 세력이 국토의 51%, 세르비아인 세력이 49%를 차지하게 되었다. 유엔, OSCE 등 국제조직의 역할도 정해졌다. 데이턴 협정에서는 그 밖에 인권옹호, 선거일정, 난민·국내피난민 귀환, 국제경찰요원 등에 대해서도 규정하였다.[118]

국제사회가 더욱 깊게 분쟁에 개입하고, 마침내 사실상의 분쟁당사자로 되고 나서 체결된 평화협정도 있다. 예컨대 1999년 유고슬라비아에 대한 NATO의 공습 후에 등장한 코소보에 관한 평화협정과정이 그 현저한 예일 것이다. 1999년 2월에 프랑스의 랑부예(Rambouillet)에서 이루어진 교섭은 밀로셰비치 대통령의 유고슬라비아 연방(세르비아 공화국) 정부와 코소보해방군(Kosovo Liberation Army: KLA)의 평화교섭을 NATO 구성국 등이 대표하는 국제사회가 중개하는 구도로 진행되었다. 그러나 랑부예 합의(Interim Agreement for Peace and Self-Government In Kosovo: Rambouillet Accord)를 최종적으로 밀로셰비치 대통령이 거절하였으므로, NATO는 3월에 공습을 가하였다. 그리고 6월까지 계속된 공습 후, 밀로셰비치 대통령이 G8 국가들이 제시한 평화안(平和案)을 수락함으로써 분쟁은 종결되었다. 분쟁 정지까지의 일련의 정치적 사건은, 형식적으로는 랑부예 합의를 밀로셰비치 대통령이 거절하였기 때문에 NATO가 강제집행조치를 취하

---

118) Bell, op.cit., in note 108, pp.115-116; and Elizabeth M. Cousens and Charles K. Cater, Toward Peace in Bosnia: Implementing the Dayton Accords(Boulder: Lynne Rienner Publishers, 2001), pp.33-37.

였다고 하는 흐름으로 되어 있다. 그러나 실제로는 공습 이후, NATO
가 대표하는 국제사회와 유고슬라비아 정부 사이에서 분쟁은 전개되
었던 것이다. 코소보 해방군(KLA)은 NATO의 공습 이후, 평화협정
당사자로서의 입장에서 거의 물러났다. 요컨대, 코보소 분쟁은, NATO
의 군사개입 이후, NATO 구성국들과 유고슬라비아 정부 사이의 분
쟁이라는 양상을 띠고 있었고, 결과적으로 사실상 평화협정은 비대
칭관계에 있는 양자 간에서 체결되었다.

코소보 평화활동의 틀을 정한 것은 G8 안(案)과, 그에 이어 나온
유엔안보리 결의 1244였다.[119] 이 결의에 따라 UNMIK가 설립되었고,
유엔사무총장 특별대표의 총괄하에서 인도지원, 잠정민정행정, 제도
구축, 부흥 네 분야를 UNHCR, 유엔, OSCE, EU가 각각 담당하게
되었다. 법의 지배와 관련해서는, 2001년에 분리하기로 된 경찰ㆍ사
법활동은 당초는 잠정민정행정의 일부로서 유엔이 담당하였고(뒤에
는 OSCE도 관여함), 선거실시 등의 제도구축은 OSCE가 담당하게
되었다. 이러한 평화구축활동의 틀은 유엔안보리 결의라는 형태로,
분쟁당사자를 제쳐놓고 결정된 것이다. 개입으로 국제사회와 유고슬
라비아 정부의 대립 도식이 명백하게 되었으므로, 유고슬라비아 정
부의 G8 안의 수락이라는 행위를 통하여 국제사회 측에 사실상의
재량권이 부여되었던 것이다.

3) 의사평화협정(擬似平和協定)

평화협정에 준하는 것을 국제사회가 강제조치의 형태로 분쟁당사

---

119) UN Security Council Resolution 1244, UN Document S / RES / 1244,
10 June 1999.

자에 부과함으로써 시작되는 평화구축도 있다. 또는 분쟁이 군사적 불균형으로 일방에게 유리한 형태로 종결되었기 때문에, 평화협정이 우회된 채 평화구축의 재량권이 사실상 당사자 일방에게 부여되는 경우가 있다. 이것들은 분쟁당사자 간의 평화협정이 없음에도 불구하고 일정한 사실상의 평화협정이 모색되고, 의사적(擬似的) 평화협정의 존재를 기반으로 하여 시작되는 평화구축의 형태가 있을 수 있음을 보여준다.

웨스트팔리아 조약에서 베르사유 조약에 이르기까지 주요한 국제강화조약은 제2차 세계대전 종결 시에는 답습되지 않았다. 일본과 연합국들의 전쟁상태를 종결시킨 샌프란시스코 강화조약이 체결된 것은 1951년이 되고 나서의 일이며, 더구나 독일과 체결한 강화조약과는 분리되어 구연합국 측에서는 소련을 필두로 하는 사회주의진영 국가가 참가하지 않은, 극히 한정적인 형태로 체결되었다. 그것은 전혀 새로운 국제사회 전체의 질서상(秩序像)을 보여주는 것은 아니었다. 전후의 국제사회질서의 모습이 강화조약과는 분리된 유엔헌장의 형태로 나타난 것은, 구축국의 무조건항복으로 제2차 세계대전이 종료하였고 패전국 처리의 문제가 전승국 재량에 완전히 맡겨졌기 때문이다.

무조건항복이라는 역사상 일찍이 없던 형태로 전쟁이 종료하였기 때문에, 일본과 독일에서 평화를 구축하는 작업은 양국을 점령한 미국을 중심으로 하는 연합국의 정책 문제가 되었다. 거기서는 분쟁당사자 간 평화협정의 여지는 없었다. 어쩌면 패전국에 의한 무조건항복의 수락이라는 특이한 형태로 비대칭적인 평화협정이 이루어진 것이라고도 말할 수 있을지도 모른다. 전쟁의 일방적 승리로 시작되는 평화구축은, 평화협정이라는 형태가 없는 평화구축이거나 비대칭적·일방적 평화협정에 기초를 둔 평화구축이다.

물론 그러한 변칙적인 형태로 시작되는 평화구축을, 승자가 패자

를 자유로이 처리하는 과정으로 보고, 분쟁당사자 간의 평화협정에
서 시작되는 평화구축과는 전혀 비교할 수 없는 것이라고 생각할 수
있을지도 모른다. 그러나 제2차 세계대전의 사례가 보여주듯이, 무조
건항복은, 비록 그 형태가 특이하고 전쟁에 의해 강제적으로 이루어
지긴 했어도, 일방의 분쟁당사자가 장래의 평화구축에 대해 일정한
동의를 부여한 것이다. 그런 의미에서는 무조건항복은 일종의 평화
협정에 유사한 기능을 발휘하였다고 할 수 있을 것이다. 이에 반해
서, 2003년 이라크 전쟁의 경우는, 이라크 정부 측의 항복도 없는
상태에서 미군과 영국군의 일방적인 군사적 승리로 점령통치가 시작
된 점에서, 눈에 띈다. 이러한 경우에는 더 이상 의사적(擬似的) 평
화협정을 찾아낼 수도 없다. 그러나 혼란상태의 이라크에 안정을 가
져오고, 미국과 영국과도 더 이상 적대하는 일이 없는 국가를 수립
한다는 현재의 시도가 일종의 평화구축활동이라고 하는 것도 가당할
것이다. 이 경우에는 누락된 평화협정을 보충하는 작업이 곧 일정한
형태로 이루어져야 한다.

　이러한 변칙적 평화협정의 사례들에서는 흔히 승자와 패자, 국제
사회 전체와 고립된 정부라는 비대칭적 관계에 있는 자들 사이에서,
어느 쪽 일방이 상대방에게 전권을 이양하는 형태로 장래의 평화구축
의 기초가 되는 합의가 이루어진다. 또는 패자가 소멸한 후에, 승자
측의 다양한 행위자(actor)가, 장래의 평화구축의 수순을 정하기 위한
합의를 한다. 이것들은 분쟁당사자 간의 대등관계를 전제로 한 평화
협정은 아니지만, 평화구축활동의 원칙을 설정한다는 평화협정의 기
능을 대체하거나 또는 가능케 하는 합의이다.

　결국, 평화구축의 관점에서 넓게 해석하면, 평화협정과 평화협정에
준하는 것에 장래의 평화활동의 원칙적인 틀을 정하는 기능이 있음
을 강조할 수가 있다. 분쟁당사자 간의 분쟁 정지에 관한 합의라는

좁은 의미에서가 아니라, 평화구축의 방향성을 정하기 위한 합의라는 넓은 의미에서 평화협정을 기능적으로 이해할 수 있는 것이다.

2. 평화협정의 기능

1) 사회계약행위로서의 평화협정

앞 절에서는 평화협정의 의미·내용의 역사적 변화와 현대 평화협정의 몇 가지 형태를 확인하였다. 이어서 법의 지배 접근의 시점에서 본 평화협정의 기능을 고찰하기로 한다.

이미 제1부의 논의에서 법의 지배 접근이 서구자유민주주의 정치사상의 흐름에 따른 것임을 지적하였다. 그리고 전통적인 자유주의 사상이 사회계약론을 출발점으로 하여 발전해 왔음을 확인하였다. 이 관점에서 본다면, 평화협정이 원초적인 사회계약적 행위에 상당하는 역할을 하는 것임을 알 수 있을 것이다.

분쟁 발생은 통상의 법제도에 위기 또는 붕괴가 찾아왔음을 의미한다.[120] 그것은 이른바 정부 또는 사회 자체의 해체의 위험성이 현재화한 순간이다. 이론적으로 표현한다면, 그때 사회 구성원은 사회계약행위 이전의 자연상태로 되돌아가게 된다. 분쟁상태＝자연상태

---

120) 칼 슈미트(Carl Schmitt)에 따르면, 위기 상황에서 중요하게 되는 것은 결단을 내리는 주권자이다(シュミット, 『政治神學』(未來社, 1971), 11, 13면 참조). 그러나 그러한 주권자는 현대 지역분쟁에서는 좀처럼 나타나는 일은 없다. 주권자가 등장하지 않는 위기 상황에서 촉구되는 것이 분쟁당사자 간의 평화협정이다.

에서 다시 질서를 갖춘 사회를 만들어 내기 위해서는, 새로운 사회
계약이 필요하게 된다. 그때, 분쟁을 정지시킬 뿐만 아니라 장래의
국가제도의 틀을 정하는 포괄적인 평화협정이 요구된다. 요컨대, 평
화협정의 기능이란 구체적인 맥락 속에서 현실적으로 만들어지는 사
회계약이다.

사회계약(social contract)은 사회가 형성되기 이전의 '자연상태'에
있는 사람들이 사회를 만들어 내기 위해 서로 체결하는 계약이다. 그
것은 각자가 서로 권리를 더 잘 보호하기 위해서 일정한 사회적 규
칙을 설정하고 그것에 복종하는 데 동의하는 계약이다. 또 사회계약
과 구별되는 통치계약(governmental contract)은 인민이 통치자와 체
결하는 계약이며, 인민이 통치자의 지위를 인정하는 대신에, 통치자
가 인민의 권리옹호 등 일정한 규칙에 복종하는 데 동의하는 계약이
다. 엄밀히는 양자는 구별되지만, 실제로는 많은 경우 특히 분쟁
(후) 사회에서는 정부 없는 사회는 추상적인 명제일 수밖에 없어 양
자는 일체의 것으로 생각할 수 있을 것이다.121)

분쟁 후의 평화협정은 사회계약과 통치계약 양자에 관련된 중요한
문서이다. 평화협정 문서에 따라서 시작되는 평화구축은, 평화협정이
새로운 사회의 구성원리를 표현하고 사회계약의 내용을 보여주고 있
다는 것에 대해서, 사회 구성원의 동의를 얻는 과정이라고 생각할
수 있다. 평화협정에 따라서 선거가 실시되고 새로운 사회의 새로운
정부가 창설되면, 평화협정은 통치계약의 기반도 도입한 것이 된다.

---

121) 데이턴 협정의 정당성은 현지 사회의 사람들이 '시스템의 정당성'과
    '정부의 정당성'을 구별할 수 있는 점에 있다는 의견이 있다. 이것은
    평화협정에 포함되어 있는 사회계약과 통치계약의 요소가 일체의 것으
    로 되면서도 별개의 역할을 유지해야 한다는 생각에서 비롯되는 의견
    일 것이다. Annika S. Hansen, "Political Legitimacy, Confidence-
    building and the Dayton Peace Agreement", *International Peacekeeping*,
    vol.4, no.2, 1997, p.87.

17세기 영국의 정치사상가 토마스 홉스는 이 사회계약론으로써, 주권자가 절대적 권위를 가지는 정치사회의 설립을 설명하였다.[122] 같은 시기 자유주의 정치사상가 존 로크는, 사회계약론에 의존하여 정치사회에서는 통치자라 해도 침해해서는 안 되는 일정한 규칙이 존재함을 논하였다.[123] 홉스는 주권자가 그 권위를 빼앗긴 후의 상태에 대해서 체계적으로 논하지는 않았다. 그러나 홉스가 영국 혁명에 뒤이은 내전 시대에 『리바이어던(Leviathan)』을 집필한 것은, 그의 이론이 내전 상태에서의 탈피라는 실천적 과제에 부응하여 등장하였음을 암시한다. 또한, 정부의 압제로 통치계약의 위반이 발생하고, 정부가 해체된다고, 로크는 말하였다. 로크 자신은 내전 상태가 자연상태 그 자체라고는 생각하지 않았다. 그러나 로크의 이론에서 도출되는 것은, 사회 내부에 무력분쟁이 일어나서 심대한 권리침해가 발생하면 사회 설립에 즈음하여 체결된 계약이 그 규범적 내용을 상실하고, 기존의 사회질서가 해체되고, 자연상태로의 회귀가 일어난다고 하는 점이었다.

사회계약론은 고전적 자유주의에 속하는 사상이며, 19세기 이후의 구미 정치사상에서는 거의 볼 수 없게 되었다.[124] 그러나 실제로는 그것은 자유주의 사상의 논리적 기반으로 계속 존재한다. 분명히 국내사회의 안정이 일정기간 계속되면, 사회계약행위의 필요성을 그다

---

122) Thomas Hobbes, *Leviathan*(London: Penguin Book, 1968), originally published in 1651. ホッブズ(水田洋 訳), 『リヴァイアサン』(岩波文庫, 1992).

123) John Locke, *Two Treatises of Government*(Cambridge: Cambridge University Press, 1967), originally published in 1690. ロック(鵜飼信成 訳), 『市民政府論』(岩波文庫, 1968).

124) 그러나 영미를 중심으로 하는 구미국가에서는 롤스 이후로 사회계약론의 부활을 볼 수 있다. 그것은 1970년대 이후의 세계적인 사회주의의 영향력의 쇠퇴와 자유주의사조의 성쇠와 결부되어 있다고 생각되며, 냉전 종결 후의 법의 지배 관련의 평화구축과도 관련되는 사회적 배경이 있다고 할 수 있다. 이 책 주 61 참조.

지 느낄 수 없게 된다. 그러나 현대 세계의 분쟁 (후) 지역에서는 사정은 전혀 다르다. 거기서는 새로운 사회를 만들어 내기 위한 원초적 문서가 새삼 필요하게 되는 것이다.

물론, 현실은 이론과 완전히 일치하는 것은 아니다. 예컨대 고전적 자유주의 이론이 요청하듯이, 사회구성원 전원이 평화협정 작성에 참가하는 경우는 없다. 실제로는 무력분쟁의 당사자가 무력분쟁 정지에 즈음하여 평화협정을 작성하는 데 지나지 않는다. 그것은 평화협정에 사회계약의 성격을 부여할 때 난점이 된다. 다음 장에서 보듯이, 이것은 왜 평화구축에서 선거가 필요한가 하는 논점과도 관련된다.

평화협정 중에는, 정치적 상황의 한계로 단순한 정전협정의 범위를 벗어나지 않고, 새로운 국가제도의 수립에 관한 규정이 없는 것도 있다. 만약 정치적 위기의 정도가 낮고 국가제도 재구성의 필요성도 낮아서 그렇게 되었다고 한다면, 그 평화협정은 사회계약으로 자리매김하는 데까지 이르지 않았다고 결론 내릴 수 있을 것이다. 그러나 정치적 타협의 곤란으로 잠정적 정전을 위해서만 평화협정이 작성된다고 한다면, 사회계약적 기능을 발휘하는 일정한 조치가 곧 추구될 것이다. 제도의 재구성 없이는 심각한 내전상태에서 국가제도를 다시 세울 수 없기 때문이다. 그 새로운 조치란 새로운 평화협정일지도 모른다. 새로운 헌법을 제정하는 것일지도 모른다. 기존의 국가제도를 계승하는 국가와 분리독립하는 국가를 구분하는 것일지도 모른다. 연방제를 도입하는 것에서 타협이 도모될지도 모른다. 인권규정의 충실로써 해결할 수 있을지도 모른다. 장래의 국가제도의 재구성의 가능성을 남겨둔 채로 작성되는 한정적인 평화협정은 사회계약적인 것이 아니라고 해도, 그것을 준비하는 단계의 합의문서라고 생각할 수 있을 것이다.

2) 헌법규범창출기능

평화협정이 고전적인 자유주의 정치사상의 사회계약에 해당하는 기능을 한다는 것은, 법의 지배를 확립하려 할 때의 헌법규범의 필요성에 평화협정이 관계된다는 점도 암시한다. 말할 것도 없이 현대 사회에서 실제로 법의 지배가 언급될 때, 사회계약이란 학술적 개념이 언급되는 경우는 드물다. 그래서 실제의 평화구축에서 사회계약적 기능이란 개념을 사용하는 것을 피한다고 해도, 여전히 강조해야 할 것은 평화협정의 헌법규범창출기능이다.

무릇 법의 지배가 원칙으로 되는 것이면, 일반 법률과 구별되는 헌법(규범)의 존재가 상정된다. 왜냐하면, 헌법규범에서 나타나는 원칙들은, 일반 법률에 체계적으로 규칙을 부여하는 법의 지배의 기반이 되기 때문이다. 협의의 법의 지배의 경우도, 법체계를 지탱하는 헌법은 당연히 최고의 권위를 가지는 법규로서 인식된다. 광의의 법의 지배의 관점에서 보면, 헌법규범이란 성문·불문에 관계없이 위정자가 변경할 수 없고 절대로 준수해야 할 규범이며, 법체계 전체를 성립시키는 인간의 존엄이라는 근본규범이나 국가구성의 원칙 등을 가리킨다.

국가제도를 재구성하기 위한 틀을 정하는 평화협정은 필연적으로 이 헌법규범의 요소를 포함하고 있어야 한다.[125] 사회계약·통치계약의 요소란 입헌주의에서 헌법규범으로 표현되어야 하는 근본규범의 요소이다. 평화협정은 그 자체로서 헌법규범을 제공하기에는 불충분한 경우에도, 적어도 헌법규범이 창출되는 수순을 보여주고 있을 것이다. 요컨대, 언제, 누가, 어떻게 헌법규정을 수립하는지에 관한 규칙을 두고 있을 것이다. 예컨대 제헌의회가 형성되어 신헌법을

---

125) Bell, *op.cit.*, in note 108, p.9.

초안할 수 있다고 하고, 어떻게 그 제헌의회의 구성원이 선출되는지, 헌법 초안은 어떻게 최종적으로 국민적으로 승인되는지 등에 대한 합의가 이루어진다. 국가 내부의 부분적 영역을 둘러싼 다툼이 발생하고 있는 경우에는, 그 지역의 최종적인 지위를 어떻게 결정할 것인지에 대한 합의가 담긴다.

평화협정은, 직접적으로 헌법규범을 창출하는 경우뿐만 아니라 헌법규범창출을 위한 간접적인 매개가 되는 경우에도, 평화구축의 제도적 틀을 정하고, 법의 지배 확립의 시도 속에서 새로운 법체계의 기반이 되는 근본규범을 만들어 내는 역할을 담당한다. 설령 사회계약으로서의 평화협정이 정치사상가의 이론적 추론대로는 만들어지지 않는다고 해도, 평화협정이 사실상의 헌법규범을 만들어 내는 역할을 하고 있는 점 또는 헌법규범의 창출을 도출하는 기능이 있는 점은 부정할 수 없을 것이다.

이것은 평화협정이 형식적으로 존재하지 않는 경우에는 무언가 다른 것이 헌법규범창출기능을 완수해야 한다는 것을 의미한다. 이미 보았듯이, 형식적인 평화협정을 항상 평화구축에서 볼 수 있는 것은 아니다. 그러나 이 헌법규범창출기능은 평화협정의 유무에 관계없이 충족되어야 한다. 평화협정 체결이 생략되고 시작되는 평화구축에서나 평화협정이 불충분한 규범적 틀밖에 제공하지 못하는 경우에서나 이 기능은 평화협정에 준하는 무언가 다른 것을 통해 완수해야 하는 것이다.

2003년 이라크의 경우, 미국과 영국의 주도로 이라크인에 의한 일정한 잠정통치기구를 설립하고, 장래의 선거를 거친 신정권 수립을 본격적으로 준비하였다. 1949년 제네바 제4조약을 기초로 하여 점령국인 미국과 영국의 국제법상의 권리·의무를 인정한 유엔안보리 결의 1483은 이라크의 주권과 영토적 통일과 더불어, '민족, 종교, 성별

에 따른 차별 없이 전체 이라크 시민에게 평등한 권리와 정의를 부
여하는, 법의 지배에 기초를 둔 대의제 정부를 만드는 이라크 인민
의 노력을 장려한다'라고 언급하였는데, 이는 미국과 영국 정부의
의향에 따르는 형태로 장래의 이라크 국가제도의 틀에 관한, 안보리
측의 일정한 방향성을 제공하고 있다.126) 물론 헌법의 기초 및 채택
은 '이라크인'이 해야 할 것이다. 그러나 전쟁이 미국의 일방적 승리
로 끝난 후에는, 점령국인 미국의 주도로, 국제사회 규범의 틀 속에
서 헌법규범의 틀이 설정되어 가게 된다.

   2001년의 분쟁 후의 아프가니스탄은 승자에 의한 독점적 평화구
축이 시작되었다는 점에서는 (이라크와) 같지만, 미국 또는 국제사회
의 관여 정도에서 보면 실제로는 사정이 다르다. 아프가니스탄에서
는 북부 동맹군 중심의 현지 승리자 집단이 2002년 6월에 로야 지
르가(Loya Jirgah)라고 하는 국민대회의를 소집하고, 거기서 잠정정권
을 발족시키고 새로운 국가제도 수립을 향한 노정을 결정하였다. 요
컨대, 2001년 본 협정(Bonn Agreement)이 반드시 국가제도 수립의
상세부분을 결정하는 것은 아닌 점도 있어서, 실제로는 현지 반탈레
반 세력의 의향이 상당한 정도로 새로운 국가제도에 반영되는 형태
가 되고 있다.127) 실제의 결정권한이 소수의 권력자집단에 장악된
채, 선출에도 불공정이 지적된 1,600명 정도의 로야 지르가 대표자
가 논의하고 실행할 수 있는 것은 극히 제한되어 있다. 아프가니스
탄에서는, 2003년 말 로야 지르가에서 헌법을 제정하는 것을 목적으

---

126) UN Security Council Resolution 1483, UN Document S / RES / 1483,
    22 May 2003.
127) 가장 특징적인 것은 본(Bonn) 합의에서는 외부에서 유입되는 무기의
    관리 시스템에 대한 규정이 빠져 있었다는 점이다. Astri Suhrke, Kristian
    Berg Harpviken and Arne Strand, "After Bonn: Conflictual Peace
    Building", *Third World Quarterly*, vol.23, no.5, 2002, p.879.

로 한 헌법 작성 작업이 진행되고 있지만, 역시 폐쇄적인 기초과정
(起草過程)이 비판 대상이 되고 있다.[128]

평화협정을 개재시키지 않는 경우, 사회계약·헌법규범 창출기능
을 만들어 내는 방법은 상황에 따라 여러 가지가 있다. 그러나 어떤
경우이든 평화구축에서의 사회계약·헌법규범창출기능의 필요성이
없어지는 것은 아니다. 평화협정을 대신하는 일정한 채널(channel)이
정당한 평화구축의 수순을 보여주는 기능을 담당해야 한다. 그리고
그 기능을 확보하는 방법은 평화구축의 법의 지배 접근의 방향성을
결정하는 중요성을 가지게 된다.

3) 자유민주주의적 가치규범의 주입

현대 지역분쟁의 해결 시 체결되는 평화협정에서 특징적인 것은
많은 경우 자유민주주의적 가치규범이 지침이 되고 있다는 점이다.
물론 그 정도에는 차이가 있고, 개개의 분쟁의 배경이나 협정체결
시의 상황에 따라서 다르다. 그러나 평화협정의 체결을 위해 노력하
는 교섭자가 대부분의 경우에 참조해야 할 기준으로서 인식하고 있
는 국가제도는 자유민주주의적인 것이다. 이미 제2장에서 냉전 후
세계의 평화구축에서 자유주의적으로 해석된 법의 지배가 중시되는
배경에 대해 언급하였다. 그러나 여기서는 나아가 평화협정에 자유
민주주의적 가치규범을 도입하는 전략적인 의미에 대해 언급하기로
한다. 첫째, 정당성의 문제가 있으며, 그것에는 외재적 측면과 내재
적 측면이 있다. 둘째, 분쟁해결의 방법론의 문제가 있다.

---

128) International Crisis Group, "Afghanistan's Flawed Constitutional Process",
Asia Report No.56, 12 June 2003.

첫째, 정당성의 문제가 평화구축에서 중요한 것은, 국가제도를 안
정적이게 하려면 정당성의 감각을 이익공유자(분쟁당사자와 그 지원
자뿐만 아니라 분쟁지역에 사는 사람들)에게 널리 보급하는 것이 중
요하기 때문이다. 요컨대, 어떤 제도를 영속적이게 하려면, 그 제도
가 정당한 것이고 유지해야 하는 것이라고, 사람들이 느끼게 할 필
요가 있다. 현재 국제사회에서 정당성이 있는 제도적 틀은 자유민주
주의적 가치규범에 따라서 형성되고 있다. 요컨대, 민의를 반영하고
인권을 지키는 제도가, 유엔 등의 국제조직이나 대다수 국가가 정당
성을 찾아내는 제도가 되고 있다. 따라서 그 정당성의 감각에 따른
국가제도는 적어도 원칙적으로는 국제사회의 지원을 최대한 끌어낼
수 있는 제도이며, 평화구축에 유익한 제도라고 하게 된다.[129]

자유민주주의적 국가제도는 국제적 수준에서뿐만 아니라 국내적
수준에서도, 정당성의 원천으로서 기대된다. 왜냐하면, 우선 민주주
의적 절차를 거쳐 형성되는 국가제도가 대중의 지지기반을 가지는
안정적인 것이 될 수 있다고 생각되기 때문이다. 이것은 다수자의
지지로 정부가 형성되어야 한다는 다수자 지배의 원리와는 다른 차
원에서 적합하다. 민주주의적 과정에서, '국민'으로 간주되는 사람들
전체를 어떠한 형태로 국가제도에 참여시켜, 국민적 일체성을 만들
어 내는 것 자체가 평화구축을 위해 중요하기 때문이다. 또한, 인권
규범에서 일탈하지 않는 국가제도를 구축하는 것은 대중과 적대하지
않아, 평화구축과정에 적대하는 세력에게 정당성을 빼앗기지 않는
국가제도를 구축하는 것으로 이어진다.

둘째, 분쟁해결 방법론적 관점에서도, 현재의 평화구축이론에서는
자유민주주의적 국가제도가 요청되고 있다. 분명히 자유주의·민주
주의 절차를 무시하고, 무장세력 간의 합의만으로 새로운 국가제도

129) Hansen, *op.cit.*, in note 121.

를 정한다는 방법론도 있을 것이다. 그러나 그것은 극히 정적인 도식에 기초를 둔 분쟁해결 시나리오(scenario)이다. 단지 현재의 분쟁 당사자의 힘 관계를 유지시켜 그들 간의 세력균형 위에 성립할 뿐인 평화협정은 일시적인 달성이 쉽다고 해도, 적대하는 여러 세력을 공동의 제도적 틀 안에 자리매김할 수 없으므로 영속성이 없는 경향이 있을 것이다. 무장세력이 일시적으로 무력분쟁을 정지하고 병립하고 있을 뿐인 상태는, 평화유지활동의 대상이라고 할 수는 있어도 평화구축의 성과라고 할 수는 없다. 물론 단계론적으로 무장세력 간의 균형 상태를 용인할 필요가 있는 장면은 적지 않다. 그러나 그에 앞서 나아갈 방향성을 갖추지 못한 평화 노력은 평화구축으로 이어질 수 없다.

민주주의적 제도는, 무력분쟁에 직접적으로는 관여하지 않고 오히려 그 피해자일 수밖에 없었던 사람들을 국가제도의 틀 속에 자리매김하는 의미가 있다. '국민'이라고 하는 일반 사람들은 적대하는 복수의 무장세력에 부여되는 공통의 제도적 틀을 상징한다. 새로운 국가제도의 통일성을 보증하는 것은 적대집단 간의 세력균형이 아니라 단일의 '국민'의 존재이다. 그리고 '국민'을 창출·표현하려면 사람들의 정치참가를 촉구하는 민주주의적 제도가 유효하다고 생각된다.

게다가 그 국가제도의 통일성의 표현인 국민이라는 존재는 정치적 대립에 대해서 유동적으로 대응한다. 요컨대, 국민은 여러 집단의 행동의 정당성을 지켜보고 지지 대상을 결정한다. 정치적 편향에 대해서 열려 있다는 민주주의제도의 유동성이 항상 평화에 도움이 된다고는 할 수 없다. 그러나 적어도 무장대립의 경험이 있는 정치집단이 병존하고 있을 때, 평화구축의 방향으로 나아가려면 집단 간의 힘 관계를 변동시켜 조작할 수 있는 것으로 만들기 위한 정치적 권위의 유동성이 유효할 것으로 기대된다.

또한, 인권에 관한 원칙을 포함하는 것도 규범적 관점에서뿐만 아니라 더욱 조작적인 관점에서 추장(推獎)된다. 분쟁은 적대하는 집단 사이에서 발생한다. 그에 반해서, 개인의 권리를 강조하는, 인권에 기초를 둔 제도는 집단 간의 관계를 사상(捨象)하고 사회와 개인의 보편적 이극관계(二極關係)를 만들어낸다. 인권을 강조하여 개인에 의거한 사회 제도를 만드는 것은, 집단 간의 적대 논리를 상대화하고 분쟁 요인을 약화시키는 구조를 준비하리라 기대된다. 구체적으로는 사회적 부정을 바로잡는 것이 평화구축에 필요한 경우, 소수자 집단을 우대하는 조치로써 그렇게 한다면, 적대집단 간의 정치적 관계의 논쟁에 말려들 우려가 있다. 그래서 현저한 인권침해를 당하고 있는 사람들을 일정한 기준에 따라서 똑같이 공평하게 구제하는 형태의 정책이 더 바람직하다고 생각하게 된다.

입헌주의적 원칙을 다시금 평화구축을 위해 조작적인 관점에서 해석하면, 권력분립이나 여러 형태의 연방제의 주입이 분쟁의 제도화로 이어지지 않을까 하는 기대가 있다. 국가권력을 적대집단끼리 나눠 가지면서 각 국가기구가 서로 감시하는 시스템을 만드는 것이 분쟁이 '정치화' 하거나 무력분쟁으로 발전하는 것을 막을 수 있지 않을까 하는 기대가 있다. 또한, 국가 내부에 영토문제를 둘러싼 분쟁이 있을 때에는, 동티모르와 같이 분리독립도 하나의 방법이지만, 특히 애당초 모든 국경이 인공적일 수밖에 없는 아프리카의 경우에는, 끝없는 국경분쟁이나 독립운동을 야기할 위험이 따른다.[130] 요컨대, 에티오피아와 분리독립한 에리트레아(Eritrea) 간의 무력분쟁처럼, (분리독립은) 단지 국내분쟁을 국가 간 분쟁으로 바꾸는 결과만 낳

---

130) See, for instance, Nicholas Sambanis, "Partition as a Solution to Ethnic War: An Empirical Critique of the Theoretical Literature", *World Politics*, vol.52, no.4, 2000.

을지도 모른다. 그래서 코소보의 경우와 같이, 문제 지역의 자치를 최대한 인정하면서, 기존 국가의 '영토적 통일성'을 유지하려는 것이, 국제사회가 취하는 태도로서는 오히려 일반적이다. 그때 중요시되는 것이 타민족주의・다문화주의에 근거를 둔, 다양한 연방주의의 변종이다. 그리고 독자의 국가제도를 담은 헌법규범의 준수를 촉구하는 태도가 입헌주의라고 하는 것이다.

이와 같이 평화협정은 법의 지배 확립의 출발점으로서 의미가 있다. 그것은 평화협정이 사회계약의 구체적 내용을 표현한 문서로서 기능을 하고, 요컨대, 잠정적 헌법으로서 기능을 하며, 더욱더 내재적이고 영속적인 새로운 헌법으로 가는 다리를 놓는 역할을 해야 하는 것이기 때문이다. 그렇다고 하면, 안정된 국내사회에서 헌법이 하고 있는 역할을 평화협정이 하도록 양자의 원칙적인 유사성을 확보하는 것은 평화구축의 법의 지배 접근에 있어서 결정적으로 중요한 일이다.

3. 평화협정의 딜레마

1) 저해적인 평화협정

지금까지 평화협정의 의미 변화와 그 기능적 자리매김을 살펴보았다. 이를 통해 오늘날 평화협정이 평화구축의 법의 지배 접근의 출발점으로서 중요한 역할을 하고 있음을 지적할 수 있게 되었다. 그러나 평화협정의 중요성은, 평화협정 체결이 평화구축활동의 성공을 위한 필요하고 충분한 조건임을 의미하지 않는다. 사정에 따라서는, 평화협정을 회피해야 할 경우 또는 평화협정이 오히려 평화 실현을 저해하는 요인이 되는 경우도 있을지도 모른다.

예컨대 르완다 내전을 둘러싼 1993년 7월의 아루샤 협정(Arusha Accord)을 생각해 보자. 르완다에서는 수도 키갈리(Kigali)에 있는 하비아리마나(Juvenal Habyarimana) 대통령 정권이 오랫동안 국내 전역에 권력기반을 확대하여, 일단 평온을 갖추고 있었다. 그러나 그것은 다수파인 후투족(Hutu)에 기반을 둔 정권이었다. 일찍이 우간다에 도망온 망명 투치족(Tutsi)을 중심으로 하고 폴 카가메(Paul Kagame)가 인솔한 르완다애국전선(Rwandan Patriotic Front: RPF)이 1990년에 우간다에서 르완다로 침입하여, 무력으로 정권탈취를 시도하였다. 이 것은 르완다와 주변 국가들의 관계뿐만 아니라, 역시 다수파인 후투족이 정권을 장악하고 있는 인접국 부룬디로 비화할지도 모르는 분쟁이었다. 그래서 주변국들의 적극적 작용도 있어, 장래의 RPF 측의 정권참여를 전제로 한 아루샤 협정이 체결된 것이다.

아루샤 협정은 반정부세력을 정권 측과 거의 동등하게 취급하고, 장래의 국민통합정부를 설립하는 수순을 보여주는 것이었다. 국민통합정부 설립을 통한 법의 지배 접근으로써 분쟁해결과 평화구축을 달성하려는 방향성은, 제3자 세력이 환영하는 것이었다. 그러나 하비아리마나 정권의 관점에 서면, RPF는 국외에서 갑자기 나타난 위법 무장세력일 수밖에 없고, 무력분쟁 상태에서 벗어나기 위해서 RPF와 평화협정을 체결하고 단계적으로 정권 내로 끌어들이는 것은 굴욕적인 일이었다. 일찍이 난민으로서 도망온 세력을 핵으로 하여 완전한 정권탈취를 목표로 무장봉기한 RPF에도, 아루샤 협정은 최종적 목적을 달성하는 것이라고는 할 수 없었다.

94년 대학살의 주모자인 인테라함웨(Interahamwe) 등 구정권 측 강경파 세력은 아루샤 협정에 반발하는 자들로 구성되어 있었다. 국내 투치족의 말살을 그들에게 준비시킨 것은 결과적으로는 아루샤 협정이었다. 학살의 직접적인 방아쇠가 된 것은 하비아리마나 대통령 탑승기의 격추였지만, 구정권 측의 후투족계의 세력이 격추 이전부터 학살 준비를 진행하고 있었음은 분명하다고 생각되고 있다. 또한, RPF 측을 보아도, 격추 직후부터 시작된 대규모 공세의 신속성에서 볼 때, 아루샤 협정에도 불구하고 군사공세를 준비하고 있었음은 명확하였다. 요컨대, 아루샤 협정 당사자 쌍방이 학살 전부터 아루샤 협정에 모순되는 행동을 준비하고 있었다. 양자 모두 일시적으로 참가한 협정을 납득할 수 없어, 협정에 따른 평화구축 과정을 무너뜨릴 방법을 모색하고 있었거나, 아니면 협정에 기초를 둔 평화구축 과정이 붕괴되었을 때 취할 행동을 준비하고 있었던 것이다.

이러한 르완다의 사례가 보여주는 것은 충분한 현실적 뒷받침이 없는 평화협정은 도리어 평화 실현을 멀게 하는 결과를 초래할지도 모른다는 점이다.[131] 협정의 알선자의 하나인 유엔은, 학살이 시작되었을 때 벨기에인 평화유지군(UN Assistance Mission in Rwanda: UNAMIR) 병사의 희생에 당황하여, 아루샤 협정에서 정한 평화구축 과정을 지키기 위해서 추가적 노력을 하지 않고 오히려 철수하기로 선택하였다. 80만 또는 100만으로 추정되는 학살 희생자들은, 분쟁당사자에 희생되었을 뿐만 아니라, 한정적으로 정치적 개입을 한 프랑스군의 파견을 승인하는 것 이외에는,[132] 평화협정의 평화구축과정을 지킬 의사

---

131) See Gibert M. Khadiagala, "Implementing the Arusha Peace Agreement on Rwanda", in Stephen John Stedman, Donald Rothchild and Elizabeth M. Cousens(eds.), *Ending Civil Wars: The Implementation of Peace Agreements* (Boulder: Lynne Rienner Publishers, 2002); and Bruce D. Jones, *Peacemaking in Rwanda: The Dynamics of Failure*(Boulder: Lynne Rienner Publishers, 2001).

132) See Mel McNulty, "France's Role in Rwanda and External Military

가 없었던 국제사회에 희생 되었다고도 할 수 있을 것이다.133)

평화협정은 분쟁을 정지시키기 위한 최대한의 타협과 노력을 필요로 한다. 그러나 그 때문에 평화협정이 비현실적인 문서가 된다면, 평화구축에서는 오히려 문제이다. 예컨대 평화유지활동의 조기철수를 위해서 선거를 조기에 실시할 예정을 짜 넣은 평화협정은 현지의 실정을 무시한 위험한 것이다. 일단 평화협정이 작성되었다면, 국제사회가 추가적 노력을 아끼지 않고 전력을 다해 그 실시를 지원하는 것도 중요하다.

이 점은 누가 평화교섭의 중개자가 되어야 하는가 하는 물음과도 관련된다. 예컨대 어떠한 경우에서나 일률적으로 유엔이 중개자가 되는 것이 바람직한가 하면, 그렇지 않을 것이다. 상황에 따라서 적절한 자가 중개자가 되어야 한다. 왜냐하면, 분쟁 종결에 관심을 가지고 노력할 준비가 되어 있는 자가 아니면, 무책임하게 평화협정 작성에 관여해서는 안 되기 때문이다. 유엔에는 필요에 부응하여 호소해야만 하는 강제적 수단이 없다. 분쟁당사자의 신뢰를 얻더라도, 그 신뢰에 부응하기 위해서 행동할 만큼의 실력이 충분하지 않은 것이다.

그래서 예컨대 유럽지역분쟁에서는, 유럽의 지역기구가 중개자로서의 역할을 담당한다고 하는 패턴(pattern)이 정착하게 되었다. 왜냐하면, 유럽 국가들은 유럽의 질서유지에 중대한 관심이 있고, 성립된 평화협정을 지탱하기 위해서 큰 노력을 기울일 용의가 있다고 기대되기 때문이다. 실제로 유럽에서는, 군사적으로는 미국을 포함하는

Intervention: A Double Discrediting", *International Peacekeeping*, vol.4, no.3, 1997.

133) UN Security Council Resolution 918, UN Document S / RES / 918, 17 May 1994; UN Security Council Resolution 925, UN Document S / RES / 925, 8 June 1994; UN Security Council Resolution 929, UN Document S / RES / 929, 22 June 1994.

NATO, 제도구축에는 OSCE, 경제적으로는 EU처럼, 필요에 따라서 행동할 수 있는 조직이 서로 겹쳐 있고, 이들 지역기구의 대표자는 분쟁당사자의 신뢰를 얻기 위해서 다각적인 수단을 고려할 수 있도록 되어 있다. 미국의 패권적 지위와 OAS에 의해 지탱되는 중남미에서도 상황은 같다고 할 수 있을 것이다.

이에 반해서, 아프리카에서의 분쟁해결 시도 중에 평화교섭을 할 때, 누구에게 평화협정의 이행을 감시할 책임이 있고, 실력이 있으며, 의사가 있는지가 큰 문제로 된다. 라이베리아, 시에라리온, 기니비사우에서는 불충분한 형태이지만, 나이지리아가 주도하는 ECOWAS가 군사 개입하여, 평화구축 과정이 실효성이 있도록 노력하였다. 그러나 서아프리카 이외의 아프리카 대륙에는 평화협정의 보증자가 될 수 있는 지역적 조직이 없다. 유엔의 아프리카 분쟁해결 시도도 저조하다. 니에레(Julius Nyere) 전 탄자니아 대통령, 만델라(Nelson Mandela) 남아프리카공화국 전 대통령 등 권위 있는 인물이 중개를 맡았음에도 오랫동안 전혀 해결되지 않았던 부룬디의 평화교섭과정 등은, 그 실효성을 확보하는 조직적인 뒷받침이 없는 상태로 평화협정을 도출하는 것이 얼마나 어려운지를 보여주었다고 할 수 있을 것이다.[134]

아시아에는 동남아시아국가연합(Association of Southeast Asian Nations: ASEAN) 또는 그것을 확대한 아세안지역포럼(ASEAN Regional Forum: ARF) 등 지역기구·협의의 장이 있지만, 어느 것이나 평화교섭을 적절히 중개할 수 있는 실력·경험·의사를 반드시 충분히 갖추고 있는 것은 아니다. 그때그때 직접적으로 관심을 가지는 대국 또는 유엔의 관여를 요청해야 하는 상황에 처한다.

---

134) UN News Service, "Annan Welcomes Ceasefire Pact between Burundi Government and Rebels", 3 December 2002.

2) 성숙이론(成熟理論)과 평화협정의 회피

분쟁해결이론 분야에서는, 지역분쟁에 관한 '성숙(ripeness) 이론'이 있다. 분쟁에는 그 해결의 시기가 무르익은 때와 그렇지 않은 때가 있어, 분쟁해결을 모색하는 외부조정자에게 중요한 것은 분쟁당사자를 분쟁 종결로 이끄는 타이밍(timing)을 포착하는 일이다.135) 분쟁해결이라는 목적을 효과적으로 달성하려면, 때로는 분쟁이 단계적으로 확대되는(escalate) 것조차도 당사자의 분쟁지속능력을 소진시켜 분쟁종결을 위한 조건을 만들어 낼지도 모르는 일이다.

평화협정의 타결이 타이밍에 의해 결정된다는 견해에 따르면, 성숙하지 않은 시기의 평화교섭은 비록 해가 없다 해도 무익하다. 만약 성숙하지 않는 시기에 평화협정이 체결되어 버리면, 그 평화협정은 현실적 기반이 없는 것일 수밖에 없게 된다. 평화에 응하는 동기가 없는 채 합의문서에 서명한 분쟁당사자는 합의에 의한 정전(停戰)을 이용하여 자신의 입장을 유리하게 하려고 하고 있을 뿐일지도 모른다.

예컨대, 평화협정에 따라서 단계적인 무장해제가 실시된다고 하자. 정전 시의 군사적 세력관계에 전혀 영향을 주지 않도록 무장해제를 하는 것은 실제로는 극히 어렵다. 해제 진행의 속도, 해제 대상의 무기 등을 어느 한쪽에 유리하지 않도록 정하고 실행해 가는 것은 간단하지 않다. 게다가 확실히 무장해제를 하고 있는지, 합의달성 시에 판명하고 있던 이상의 무기를 실제로는 은폐하고 있지 않은지를 검증하려면, 실력 있는 제3자의 적극적인 개재가 불가결하게 된다. 그러나

---

135) See William Zartman, "Ripeness: The Hurting Stalemate and Beyond", in Paul C. Stern and Daniel Druckman(eds.), *International Conflict Resolution after the Cold War*(Washington, D.C.: National Academy Press, 2000).

많은 경우, 유엔평화유지군 등은 실효성이 있는 무장해제를 할 만큼
실력 또는 정치적 의사가 없다. 따라서 평화협정이 장래의 무력분쟁
의 재발에 대비하여 자신의 입장을 유리하게 하려는 세력에게 이용
되어 버리는 경우도 충분히 생각할 수 있다.

앙골라에서는 1991년에 비세세 협정(Bicesse Accords)이 체결되었
을 때, 13년간 계속된 내전에 정전이 찾아왔다. 그러나 그 후 1992년
에 실시된 선거에서는 정권 정당인 앙골라 해방인민운동(Movimento
Popular da Libertacão: MPLA)의 에두아르도 도스 산토스(Jose Eduardo
dos Santos) 대통령이 반정부세력인 앙골라 전체독립국민연합(União
Nacional para an Independência Total de Angola: UNITA)의 조나스
사빔비(Jonas Malheiro Savimbi) 의장을 이겼다. 그러자 사빔비 의장
은 선거에 부정이 있었다고 호소하고 무장투쟁을 재개하였다. 이른
바 반정부세력인 UNITA는 잃을 것이 없는 상태에서 선거에 임하였
고, 결과적으로 선거에 패배하자 무장투쟁을 재개한 것이다. 게다가,
선거에 앞선 무장해제의 과정에서는, MPLA에 대해서 UNITA는 더
많은 병력을 (협정에 반하여) 유지시키고, 평화과정의 간극을 이용해
군사적 세력을 넓히는 데 성공하였던 것이다.[136]

평화협정에 앞서 무기의 금수조치를 취하고, 분쟁 확대를 방지하
면서, 평화로의 성숙을 기다리는 방법을 국제사회가 취할 때도 있다.
경우에 따라서는 잠정적 조치로서, 안전지대를 설치하여 최저한의
인도적 위기의 회피를 도모하면서, 국제적 압력을 높이는 방법도 실
시되었다. 그러나 이러한 접근이 비극을 초래하였던 것이 보스니아
헤르체고비나의 사례였다. 내전이 일어난 보스니아의 각 세력에 대

---

136) See Marina Ottaway, "Angola's Failed Elections", in Krishna Kumar(ed.),
Postconflict Elections, Democratization and International Assistance(Boulder:
Lynne Rienner Publishers, 1998).

해서, 무기의 금수조치가 유엔 안보리의 주도로 실시되었다. 그러나 무기금수는, 국제여론을 자기편으로 만들면서도, 군사적으로 열세이고, 세르비아인 세력이나 크로아티아인 세력만큼 특정 후원국이 없는 무슬림 세력에게는 불리하게 작용하였다. 그래서 유엔안보리는 무슬림 세력을 국제적으로 보호할 목적으로, 안전지대를 보스니아 영토 안에 설치하고 평화유지군으로 방어하기로 결정하였다.[137] 그러나 평화유지군에는 현지 주민을 보호할 실력도 의사도 결여되어 있었다. 안전지대에 무방비 상태로 있던 무슬림인들에 대해서, 세르비아인 세력은 공격을 시작하여, 1995년에 스레브레니차(Srebrenica) 마을을 점령하고, 주민들을 학살하기에 이르렀다.[138] 이에 대해서 NATO가 신중한 자세를 버리고 세르비아인 세력에 대해 공습을 단행해서 데이턴 협정에 이르렀던 것이다.

데이턴 협정이 정한 보스니아 평화구축은 적어도 현재까지 무력충돌의 재연을 막고 있다. 따라서 1995년에 NATO가 공습을 단행한 단계에서, 확실히 평화교섭의 시기가 성숙하였다고 할 수 있을 것이다. 그러나 그것은 현지 주민의 큰 희생 위에 나온 성숙이었다. 영속하는 평화협정의 성숙시기를 만들어 내거나 가려내는 작업은, 분쟁의 확대·계속을 최소한으로 막는 작업과 극히 곤란한 균형(balance)을 잡고 동시에 추구되어야 하는 것이다.

분쟁에서의 군사적 진전이 분명 평화협정 성립 기반을 만들 때가 있다. 예컨대 전쟁행위로 분쟁을 지속시키고 있는 인물이 제거될 때,

137) UN Security Council Resolution 819, UN Document S / RES / 819, 16 April 1993; UN Security Council Resolution 824, UN Document S / RES / 824, 6 May 1993; and UN Security Council Resolution 836, UN Document S / RES / 836, 4 June 1993.
138) See "Report of the Secretary-General Pursuant to General Assembly Resolution 53 / 35: The Fall of Srebrenica", UN Document A / 54 / 549, 15 November 1999.

새로운 행위자(actor)가 등장해 일정한 평화협정을 체결하게 될지도 모른다. 앙골라의 경우, 오랫동안 UNITA를 지도해 온 사빔비가 2002년 2월에 정부군의 공세로 사망하였음이 확인되자, 단숨에 평화를 향한 기운이 높아져 같은 해 4월에 새로운 평화협정이 체결되었다. 1991년 이후, 거듭되는 UNITA 측의 불이행에 의한 평화협정의 파탄으로, 사빔비라는 인물의 존재에서 유래하는 개인적 야심·확집(確執)·원한이 평화에 장해가 되고 있었으므로, 그의 사망이 단숨에 평화로의 기대를 높였고, 실제로 UNITA의 새 지도부도 그것에 부응하였던 것이다.

특정 집단이나, 경우에 따라서는 특정 인물이 평화교섭의 개시·체결·실행에 장해가 되고 있을 때, 그 집단 또는 인물이 제거되면 평화의 가능성이 커지는 것은 부정할 수 없다. 그 때문에 신뢰할 수 없는 상대가 존재하는 한, 평화교섭을 시작해서는 안 된다는 사고방식도 나오게 된다. 이미 보았듯이, 제2차 세계대전 중에 무조건항복을 계속 요구한 연합국 측 전략은, 체제변혁을 수반하지 않으면 평화는 오래 지속될 수 없고 가치가 없다고 하여 철저하게 상대방 권력기구의 축출을 목표로 삼은 것이었다. 이러한 사고방식은, 궁극적으로 평화협정은 현실적인 가치가 없고 군사적 승리만이 영속적 평화를 가져온다는 발상으로 이어진다. 미국이 2001년에 아프가니스탄에서, 그리고 2003년에 이라크에서 취한 태도는 바로 그러한 발상에서 나왔다.

평화협정을 회피하고 군사적 승리를 목표로 하는 방향성은 분쟁확대라는 위험성을 내포하고 있다. 따라서 그러한 방향성은 평화구축을 이끄는 방법으로서는 결코 바람직한 것은 아니다. 그러나 평화에 관심이 없는 자가 있을 때, 평화구축활동을 시작하려면 군사적 승리만이 현실적인 유일한 전략일듯한 상황도 전혀 상상할 수 없는 것은 아니다. 평화협정을 어느 시점(時點)에서 어떻게 모색할 것인지는 개별적 상황에서 종합적으로 판단해야 한다. 또한, 평화협정이 최후까지 회피되는 경우에도, 평화구축의 원칙을 정하는 기회가 전쟁 종료 후 일정한 형태로 확보되어야 한다는 점도 지적해야 할 것이다.

3) 당사자 적격성의 심사

무력분쟁의 발생은 무력분쟁에 호소하는 집단을 낳을 정도의 불만이 사회에 존재함을 의미한다. 아마 정부기구를 장악하고 있는 집단 측에서는 인정하기 힘든 일이겠지만, 그 인식에 대해서 정부 측이 양보하지 않으면, 처음부터 평화협정 자체가 성립할 수 없다. 평화협정이란 협정을 체결하는 당사자들이 정당하게 협정을 체결하는 당사자임을 인정하는 데서 시작된다. 반(비)정부기구가 무력분쟁에 관여한 경우, 반정부적 움직임이 정당화될 여지가 있는지를 다투게 된다.

기존의 정부기구를 장악한 집단이 평화교섭에 응한다는 것은, 종래의 사회제도가 한번 근본적 의미에서 재검토되어야 한다는 뜻이 있다. 조정자(調停者)가 되는 국제사회 측도 같은 인식에 서야 비로소 평화협정 개시를 위한 교섭을 촉구할 수 있을 것이다. 반정부세력이 단순한 범죄자 집단인 테러 조직이나 마피아 조직이라면, 기존 사회는 위기에 처해 있다고 해도 단호하게 방어되어야 하고, 평화교섭은 원칙적으로는 해서는 안 된다. 왜냐하면, 평화교섭을 개시하는 것 자체가 로크가 의미하는 정부 해체의 가능성이 있음을 인식하는 것과 같기 때문이다.

지역분쟁에서 평화협정을 작성할 때 장해가 되는 것은 대개 정부 측이 반정부세력에서 정당성을 찾아내기가 간단하지 않다는 점이다. 타 국가들의 생각이 얽히면, 사태는 더 복잡해진다. 예컨대, 1979년

베트남 개입으로 등장한 캄보디아 정권을 서방 측 국가들(및 크메르 루주와 관련된 중국)은 정통 정권으로 인정하지 않는 한편, 태국과 마주한 국경지대에서 무장투쟁을 전개한 집단의 정통성을 인정하고 있었다. 그러나 소련을 편든 국가들의 눈에는, 국경 부근에서 무력투쟁을 계속하는 집단은 단순한 게릴라 집단으로만 비쳤다. 양자 간의 평화협정이 성립하였던 것은, 냉전이 종결되어 동서 대립을 반영한 정권의 정통성의 인식이 의미를 상실하였고, 캄보디아의 국가기구가 정상적으로 존립하고 있지 않음을 국제사회가 솔직히 인정하였기 때문이었다.

역으로, 민중이 정치지도자의 타협에 반대하는 경우도 있다. 2002년 9월에 코트디부아르(Cote D'Ivoire)에서 일어난 내전에서는, 천 명 정도의 세력밖에 되지 않던 반란군이, 약 4개월만에 국토의 약 절반을 지배하였다. 그래서 그바그보(Laurent Gbagbo) 대통령은 정치적 양보를 결단하고, 다음해인 2003년 1월에 프랑스의 리나 마르쿠시(Linas Marcoussis)에서 개최된 원탁회의에서, 합법성이 없는 반란군을 포함한 전체 정치세력이 참가하는 거국내각의 설립을 중심으로 하는 합의문서를 체결하였다. 정부 측이 사실상 군사적 패배를 인정한 결과였다. 그러나 귀국한 그바그보 대통령을 기다리고 있던 것은 대폭의 양보에 반대하는 정부지지자의 폭력적 항의 행동이었다.[139]

코트디부아르에서는 군대를 파병한 구종주국인 프랑스나 서아프리카 국가들이 평화협정 성립을 위한 압력을 가하였다. 그리고 유엔 사무국과 안보리도 측면에서 지원하였다. 냉전시대와는 달리 현대에서는 대국이 평화협정 체결을 향한 타협을 지역분쟁 당사자에게 강요하는 것이 일반적이다. 그 때문에 국제사회는 때로는 강제력을 사

---

139) 佐藤章, "コートディヴォワール內戰の軍事的側面", 『アフリカ・レポート』(アジア經濟研究所), No.36, 2003年 3月号 참조.

용하여 분쟁당사자의 적격성을 정권 측에 인정케 하는 경우도 있다. 이미 언급한 코소보 분쟁에서 유고슬라비아 연방정부의 밀로셰비치 대통령은, 유고슬라비아는 주권국가이며 코소보 해방군(KLA)과 같은 테러리스트 세력과는 대등한 형태로 평화협정을 체결하지 않겠다고 주장하고 있었다. 그러나 지상군 파견도 진지하게 검토하게 된 NATO 구성국들의 무력을 수반한 의사 앞에서, 결국 공습 개시 2개월 후, 밀로셰비치 대통령은 타협을 결정하였던 것이었다.

국제사회에는 한정적이지만, 정당한 국가로 인정되고 있지 않은 집단을 법적 틀 속에서 다루는 논리가 있다. 예컨대 제네바 제1추가의정서는 무력분쟁에 종사하는 민족해방세력의 구성원이 정당한 전투원의 지위를 누림을 규정하고 있다. 국제인도법의 준수를 철저히 하기 위해서, 비정부세력의 당사자 적격성을 인정하는 것이 필요하다고 생각되었기 때문이었다. 마찬가지로 평화구축과정에서 평화협정을 작성할 때도, 비정부세력의 당사자 적격성을 완화해서 해석하여 인정하는 경우는 적지 않다. 비정부 집단을 평화협정을 체결할 만한 분쟁당사자로 인정하는 것은, 그 자체가 평화구축의 틀을 정하는 작업과 직결된다.

반대로, 일방의 분쟁당사자를 평화협정의 당사자 적격성이 없는 집단으로 보고 진행시키는 평화구축의 방향성도 있음은 이미 언급하였다. 고전적인 예를 들면, 미국의 남북전쟁에서 연방정부는 남부 주들을 반란자로 보았으므로, 전쟁 종료 시에도 연방헌법 규정을 엄격히 적용한다는 입장에서 전후처리에 임하였다. 현재의 예를 들면, 콜롬비아, 페루, 필리핀, 러시아 등에서는 정부군과 반정부 게릴라 세력 간에 사실상의 전쟁이 수행되고 있지만, 이들 내전의 평화구축은 대등한 분쟁당사자 간의 평화협정이라는 형태로는 시작되지 않는다. 왜냐하면, 원칙적으로 이들 국가의 정부가 게릴라 세력을 단순한 범죄자집단으로 취급하는 대응을 해왔기 때문이다.

　미국 정부는 테러리스트와는 일체 교섭하지 않는다는 방침이어서, 평화교섭을 통하여 이들을 평화구축과정에 끌어내려 하지 않는다. 이것 자체는 비난해서는 안 될 것이다. 보통의 경우, 정부는 범죄자 집단과 교섭하지 않으며, 또 해서는 안 되기 때문이다. 그러나 팔레스타인 문제 등은 사정이 복잡하다. 중동문제를 평화교섭을 통해 해결하고자 하는 자는 팔레스타인 과도정부의 아라파트(Yasser Arafat) 의장을 테러리스트라고 하는 것을 곤혹스러워한다. 왜냐하면, 이스라엘과 교섭하는 당사자의 존재를 부정하는 결과가 될지 모르기 때문이다. 그래서 1993년 오슬로 협정의 틀이 사실상 붕괴되자, 아라파트 의장의 적격성을 의문시하는 부시 정권의 미국은 압바스(Mahmoud Abbas) 수상이라는 다른 인물이 교섭 권한을 가지게 할 방법을 추진하였다. 아라파트 의장의 존재를 완전히 부정하는 것을 피하면서, 그를 교섭과정에서 배제하려고 하였던 것이다.

　유엔안보리 결의를 통해 권위를 부여받고 국제사회 전체를 대표하게 된 다국적군이 교전상태에 들어간 1991년 걸프전쟁이나, 평화집행부대가 조직된 1993년 소말리아 개입과 같은 경우에도, 국제적 권위를 가진 집단이 침략국가나 지역의 무장세력과 대등한 관계를 전제로 한 평화협정을 체결하는 것은 곤란하다. 왜냐하면, 분쟁의 일방이 국제사회 전체로부터 권위를 부여받고 있어 질서 파괴자인 상대와 타협하는 것은 원칙적으로 허용되지 않기 때문이다.

　또한, 미국과 같은 압도적인 군사력을 가진 초대국이 지역분쟁에 관여하는 경우에는, 반드시 대립구조가 비대칭으로 된다. 그러한 비대칭성은 당사자 간의 협정 체결자로서의 대등성이 전제가 되는 평화협정과는 어울리지 않는다. 따라서 미국이 평화협정으로 분쟁을 종결하는 경우는 드물다. 2001년 아프가니스탄 분쟁에서는, 미국 중

심의 국제사회와 국내분쟁의 승리자인 북부동맹군 측이 평화구축의
틀을 짠다는 것은 당초부터 예정되어 있었다.[140] 2003년의 이라크에
서도 전 영토를 제압한 미군과 영국군이 전권을 맡게 되었다. 그러
나 이미 보았듯이, 아프가니스탄에서 지방군벌 세력이 그대로 온존
해 있는 것은, 실제로 카불 등 주요 도시를 점거하고 있던 것이 북
부동맹군이고, 또 미국이 탈레반과 알 카에다 세력의 소탕을 평화구
축에 우선하는 과제로 생각하고 있기 때문일 것이다.

분쟁의 일방 당사자가 상대방의 당사자 적격성을 인정하지 않는
경우, 분쟁은 어쩔 수 없이 군사력에 의해 그 방향성이 결정된다. 이
미 보았듯이, 이러한 경우 평화구축은 승자의 손에 맡겨지고, 평화협
정과정이 생략된다. 그래서 평화협정을 대신하는 일정한 조치가 취
해지고, 헌법제정 작업으로 바로 나아가는 방법이 취해지게 된다. 그
러나 승자라 해도, 복수의 집단이 혼재하고 있을 때에는, 분쟁 후의
평화구축의 수순은 한층 더 정치정세의 추이에 영향을 받게 된다.

4) 집단의 논리와 개인의 논리

평화협정은 법의 지배의 확립 시 주요한 역할을 할 수 있음과 동
시에, 흔히 법의 지배가 이론적으로 요청하는 전제와 충돌한다. 당사
자 적격성의 문제는, 예컨대 이 책 제6장에서 논하듯이, 전쟁범죄인
을 평화협정의 당사자로 인정하는 것 또는 전쟁범죄 처벌 규정을 평
화협정에 포함시킬지의 논점을 생각할 때, 한층 더 심각한 문제를
드러낸다. 무력분쟁을 계속할 군사적 능력이 있는 집단에, 정전을 결

---

140) UN Security Council Resolution 1483, UN Document S / RES / 1483,
    22 May 2003.

의케 하는 것이 평화협정의 역할이라고 한다면, 전쟁범죄의 문제는 이차적인 것으로 될지도 모른다. 따라서 정전을 촉진하는 평화협정의 역할은 평화협정이 평화구축에서 하는 역할과 양립하지 않을지도 모른다.

정전은 항상 무력집단 사이에서 이루어진다. 단순한 개인적인 전쟁정지의 의사표명은 무력분쟁의 정지라는 목적에 관해서는 의미가 없다. 따라서 평화협정에 조인하는 무력집단의 지도자는 단순한 개인으로서가 아니라 어디까지나 어떠한 집단의 대표자로서, 평화과정에 동의해야 한다. 집단을 대표하는 지도자는 정전을 유지하면서 진행되는 평화구축활동에서도 일정한 역할을 할지도 모른다.

그러나 그 지도자는 무력분쟁에 가담한 개인이라고 보았을 때, 한 사람의 전쟁범죄인으로서 인식해야 할 인물일지도 모른다. 법의 지배를 분쟁 (후) 지역에 확립한다는 전략적 시점에서 보면, 전쟁범죄인이 지도자로서 권력을 계속 가지는 것은 허용되지 않는다. 그래서 집단의 논리에서 요청되는 평화협정의 정전창출·평화창조 기능과, 자유주의적 가치규범에 기초를 둔 사회질서를 도출한다고 하는 평화협정의 헌법규범창출·평화구축 기능이 마찰을 일으키게 된다.

쉽게는 해결할 수 없을 것으로 생각되는 이 마찰에 대해서는 제6장에서 상세히 보기로 한다. 여기서 거듭 강조해 두고 싶은 것은, 평화협정 작성이 분쟁당사자의 이익이나 의향, 현지의 정치정세 그리고 투입 가능한 다양한 자원을 종합적으로 고려하면서, 법의 지배의 원칙을 무시하지 않고 평화를 위해 노력하는 국제사회의 의사와 능력에 크게 의존하고 있다는 점이다.

4. 맺음말

이 장에서는 평화협정을 평화구축 시의 법의 지배 관련 활동의 일부로서 자리매김하는 작업을 하였다. 평화협정의 헌법규범창출기능은 입헌주의사상과 깊게 관련된 법의 지배의 시점에서 보아도 극히 중요하였다. 이 장에서는 우선 역사적으로 평화협정에 부여된 역할을 검토하면서 이 점을 확인하였다. 그리고 자유주의 사상에 의거한 법의 지배의 이론 틀 속에서, 평화협정이 분쟁 (후) 지역에서 사회계약의 역할을 함을 논하였다. 동시에, 평화협정이 체결되지 않은 채 또는 체결되더라도 한정적인 형태인 채 실시되는 평화구축활동에서는, 어떤 수단이 평화협정을 대신하여 사회계약행위 또는 헌법규범창출기능을 하는지를 고찰하였다.

나아가서 시기가 성숙하지 않은 단계에서 부적절한 형태로 체결된 평화협정이 평화구축에 저해적인 효과가 있음도 지적하였다. 그러나 일단 평화협정이 체결되면, 국제사회는 그 이행을 최대한 지원해야 한다. 또한, 평화협정 당사자의 선정 시의 어려움은, 집단 간의 분쟁 정지의 달성이라는 평화창조의 요청과 개인주의적 사회질서의 확립이라는 평화구축의 요청이 평화협정 작성의 장에서 충돌한다는 문제와도 연결되어 있다. 이 장에서는 이러한 문제에 대한 근본적인 해결책을 제시하지는 않았지만, 문제의 소재를 명확히 함으로써 새로운 논의로의 길을 잇고자 하였다.

제 4 장

선거지원활동

　평화구축에서 평화협정 후의 단계에서 주요한 역할을 하는 것이 선거실시와 그 지원활동이다. 법의 지배를 현실에서 운용하려면, 정당하게 법을 창조할 뿐만 아니라, 국제적으로 정당하다고 인정되고 있는 규범을 권위적으로 적용할 수 있는 공적 기관을 확립할 필요가 있다. 그래서 오늘날 국제사회가 이용하는 것이 국민적 규모로 실시되는 선거이다. 국민 전체의 의사표명을 통해 기초를 부여받는 국가기구야말로 의문이 없는 정통성을 가지는, 국가법수호자로서 기능을 할 수 있기 때문이다. 그리고 선거를 통해서 국민 전체의 의사를 표명하게 하는 것은 분쟁으로 분단된 사회에서 통일적인 국민의 존재를 확증하거나 창조하는 기능을 한다.

　이 장에서는 우선 제1절에서 선거지원의 고조를 역사적 관점에서 검증하고, 나아가 그 담당자가 되고 있는 조직을 개관한다. 제2절에서는 선거가 평화구축에서 하는 기능을 고찰한다. 제3절에서는 종종 불비를 지적받는 평화활동에서의 선거실시의 문제점을 정리한다.

1. 선거지원활동의 자리매김

1) 냉전 종결 이전

국내선거에 대한 국제지원은 냉전 종결과 더불어 활발해졌고 평화 구축의 새로운 조류를 보여주고 있다. 그러나 국제적 선거지원이 냉 전 종결과 더불어 돌연 시작된 것은 아니다. 국제사회가 국내선거에 대한 지원에 관심을 갖기 시작한 것은 제1차 세계대전의 전후 처리 과정에서였고, 특히 미국 대통령 우드로 윌슨(Thomas Woodrow Wilson) 이 도입한 '자결(self-determination)'의 원칙을 통해서였다.[141]

유엔은 헌장에서 명확히 '인민'의 '자결'권을 인정하였다.[142] 그것 에 대응하여 1948년에 채택된 '세계인권선언'(Universal Declaration of Human Rights)은 선거권의 행사를 보편적 인권의 일부로서 명문화 하였다.[143] 나아가 1966년에 채택된 '시민적 및 정치적 권리에 관한 국제규약'(International Covenant on civil and Political Rights)은 자결 의 권리와 더불어, '모든 시민'의 선거에 관한 권리를 명기하였

---

141) 서유럽국가와 미국에서는 '자결(self-determination)'은 인민주권과 대 의제를 의미하고 민족의 단일성을 요청하지 않았지만, 민족분포가 복 잡한 중·동구 국가에서는 민족의식과 불가분으로 결부되어 있었다. Thomas D. Musgrave, *Self-Determination and National Minorities*(Oxford: Oxford University Press, 1997), pp.2-14.

142) 유엔헌장 제1조 2항.

143) 세계인권선언 제21조 3항. 그러나 세계인권선언에는 인민의 자결은 명 기되어 있지 않다. 뿐만 아니라 채택 시에는 동구국가, 사우디아라비 아, 남아프리카공화국이 이데올로기적 이유에서 기권하였다. See Chris Brown, "Human Rights", in John Baylis and Steve Smith(eds.), *The Globalization of World Politics*: *An Introduction to International Relations* (Oxford: Oxford University Press, 1997), p.476.

다.144) 선거권에 관한 규정은, 1965년 '모든 형태의 인종차별철폐에 관한 국제협약'(International Convention on the Elimination of All Forms of Racial Discrimination)과 '여성에 대한 모든 형태의 차별철폐에 관한 협약'(Convention on the Elimination of All forms of Discrimination against Women)에도 삽입되었다.145) 또한, 유럽, 미주, 아프리카 지역의 인권조약에서도, 인권보장의 틀 속에서 선거권이 자리매김하였다.146) 제2차 세계대전 후의 국제법질서 속에서 선거는 우선 '인민의 자결권'으로서, 그리고 나아가 '시민의 인권'으로서 인식되고 있었던 것이다.147)

그러나 유엔을 중심으로 한 국제사회가 반드시 선거지원에 적극적이었던 것은 아니다. 선거는 국내관할사항이라고 생각하였으므로, 내정간섭으로 언급될 위험성을 우려하였던 것이다. 그러나 유엔신탁통치지역[원문: 신탁통치기구]의 독립 시에는, 유엔은 한정적으로 선거지원활동을 하였다. 예컨대 '감독(supervision)' 업무로서는, 영국 신탁통치지역 토고랜드(Togoland)의 주민투표(1956), 프랑스 신탁통치지역 토고랜드의 의회선거(1958) 이래로 여러 예가 있다. 또한, '감시(observation)' 업무의 예로는, 태평양제도신탁통치령에서 실시된 선거나 주민투표(1978-1990) 등이 있다. 그러나 구식민지지역, 신탁통치령에서 유엔의 역할은 어디까지나 한정적인 것이었다.148)

---

144) 시민적 및 정치적 권리에 관한 국제규약 제1조, 제25조.
145) 모든 형태의 인종차별 철폐에 관한 협약 제5조 (c), 여성에 대한 모든 형태의 차별 철폐에 관한 협약 제7조 (a).
146) 인권 및 기본적 자유의 보호를 위한 협약에 대한 의정서(유럽인권협약 제1의정서) 제3조, 미주인권협약 제23조 (b), 아프리카인권헌장 제13조 (1) (2).
147) See Centre for Human Rights, *Professional Training Series No.2: Human Rights and Elections: A Handbook on the Legal, Technical and Human Rights Aspects of Elections*(New York: United Nations, 1994)

2) 냉전 종결 후

만약 1989년을 냉전 종결의 해로 생각한다면, 국제사회의 선거지원에서 큰 전환은 냉전 종결과 동시에 일어났다고 할 수 있다.[149] 1989년은 나미비아에서 제헌의회선거가 실시된 해였다. 나미비아는 남아프리카공화국의 정책으로 독립이 지체되고 있었다고 할 수 있고, 신탁통치령의 한 예였다. 그런데도 나미비아의 선거가 역사적 전환점이 된 것은 다음과 같은 점들 때문이다. 첫째, 선거실시는 독립을 향한 일련의 유엔결의에 기초를 둔 것이었지만,[150] 그 과정에서 분쟁해결수단으로서의 선거라는 성격이 두드러졌다는 점이다. 1989년의 나미비아 선거는, 서구국가나 유엔이 분쟁당사자인 남아프리카공화국 정부와 남서아프리카 인민기구(South West Africa People's

---

148) '감독(supervision)'이란 일반적으로 선거의 전 과정을 포괄적으로 취급하는 업무를 가리킨다. 구체적으로는 선거규정의 작성 또는 국민투표 때의 질문내용의 결정 등을 포함한다. '감시(observation)'는 그것보다도 한정적인 선거지원을 가리키는데, 페레스 데 쿠에야르(Javier Perez de Cuellar) 유엔사무총장에 따르면, 'supervision', 'observation', 'verification', 'monitoring'은 흔히 서로 교환적으로 사용되고 있다. See "Report of the Secretary General: Human Rights Questions, including Alternative Approaches for Improving the Effective Enjoyment of Human Rights and Fundamental Freedoms, Enhancing the Effectiveness of the Principle of Periodic and Genuine Elections", UN Document A / 46 / 609, 19 November 1991, paras 5, 12, 14.

149) See "Enhancing the Effectiveness of the Principle of Periodic and Genuine Elections: Framework for Future Efforts", Commission on Human Rights Resolution 1989 / 51 of 7 March 1989.

150) See International Court of Justice's Advisory Opinion of 21 June 1971 on "Legal Consequences for States of the Continued Presence of South Africa in Namibia(South－West Africa) notwithstanding Security Council Resolution 276(1970), Security Council Resolution 385(1976), 431(1978), 435(1978)"

Organization: SWAPO)와 협의하여 분쟁을 해결하고 나미비아의 독립을 달성하려고 하는 과정 속에서, 자리매김하였다. 둘째, 유엔이 나미비아 선거를 위해서 독립기구인 유엔나미비아독립지원그룹(UN Transitional Atuhority Group: UNTAG)을 설립하고, 사무총장 특별대표하에서 독자적 활동을 전개토록 하였다는 점이다. 특별대표의 권한은 '자유롭고 공정한 선거'의 실시를 위한 광범위한 작업에 미쳤고, 특별대표의 승인 없이는 선거 캠페인 그 자체를 시작할 수 없을 정도였다. 셋째, 국제사회의 관심을 반영하여, 유엔의 활동 규모가 유례없이 컸다는 점이다. UNTAG는 선거 시의 최대 인원수로 8,000명의 구성원을 보유하고 있었다.[151] 1,783명의 민간인 선거요원이 행정장관이 거느린 2,500명의 직원을 철저히 감독하였다. 이 나미비아 선거에서는, 평화구축활동과, '자유롭고 공정한' 선거를 통한 국가구축의 시도가 대규모 국제지원을 통해 결부되는 수순을 밟았던 것이었다.[152]

주권국가의 선거였던 1990년 니카라과의 경우도, 선거감시는 평화노력의 일환으로서 자리매김하였다.[153] 유엔니카라과선거검증단(UN Observation Mission for the Verification of Elections in Nicaragua: ONUVEN)은 최대 237명의 스태프(staff) 규모였지만, 선거활동기간부터 포괄적 감시 작업을 담당하였다. 1990년에 유엔은 다시금 유엔아이티선거검증단(UN Observer Group for the Verification of the Elections in Haiti: ONUVEH)을 창설하여 선거지원에 임하였다.

1990년대 초기에는 평화구축활동의 고양에 맞추어, 선거지원은 단숨에 확대되고 있었다. 그뿐만 아니라, 1993년의 UNTAC에 의한 캄

---

151) 민간경찰관이 1,500명, 군사요원이 4,500명, 민간인은 2,000명 정도였다.
152) "Report of the Secretary General", UN Document A / 46 / 609, paras 15−23.
153) *Ibid.*, para.28.

보디아 총선거의 예와 같이, 관여의 질적 정도도 변화하여 유엔 자체가 선거를 조직하는 경우도 나왔다.154) 그러나 유엔평화유지활동 전체의 후퇴로, 선거에 대한 국제지원의 사례도 1990년대 후반에는 감소하는 경향을 보인다. 그러나 냉전 중의 상황과 비교해 보면, 여전히 선거지원활동의 확대는 부정할 수 없는 사실로 되어 있다. 1989년 이후 2002년까지 유엔이 받은 선거지원 요청은 250건이 넘는다(회원국 수로는 93).155) 이리하여 선거라는 순수한 국가내정사항에 대한 국제사회의 적극적 지원이 지역분쟁의 해결이라는 국제사회의 관심을 통해서 가능해지고 있었던 것이다.156) 그러나 일부 국가가 이러한 움직임에 회의적 시선을 보내고 있는 것도 사실이다.157)

---

154) 캄보디아 분쟁의 포괄적 정치해결에 관한 협정, 부속서 1: UNTAC의 임무.
155) See the United Nations Electoral Assistance Division website<http://www. un.org/Depts/dpa/ead/eadhome.htm>, "Assistance by Country"
156) 유엔총회는 90년대 전반에 거듭 '정기적이고 진정한 선거'에 관한 결의를 채택하고, 선거지원의 중요성을 강조하였다. See United Nations General Assembly Resolutions, UN Document A / RES / 45 / 150, 18 December 1990; A / RES / 46 / 137, 17 December 1991; A / RES / 47 / 138, 18 December 1992; A / RES / 48 / 131, 20 December 1993; A / RES / 49 / 190, 23 December 1994; and A / RES / 50 / 185, 22 December 1995.
157) 유엔총회는 선거지원강화결의를 채택한 날에 거듭 선거지원의 맥락에서 국가주권·내정불간섭의 중요성을 강조하는 결의도 계속 채택하였다. See United Nations General Assembly Resolutions, UN Document A / RES / 45 / 151, 18 December 1990; A / RES / 46 / 130, 17 December 1991; A / RES / 47 / 130, 18 December 1992; A / RES / 48 / 124, 20 December 1993; A / RES / 49 / 180, 23 December 1994; A / RES / 50 / 172, 22 December 1995; and A / RES / 52 / 119, 12 December 1997. 선거지원강화결의안은 주로 서구 국가들이 발안하였는 데 반하여, 주권강조 결의안은 아프가니스탄, 쿠바, 탄자니아, 잠비아, 짐바브웨 등이 발안하였고, 또 중국도 후원자가 되었다.

3) 선거지원기관

다음으로, 어떠한 조직이 현대의 국제선거지원을 하고 있는지를 개관한다. 먼저 언급해야 할 것은 유엔이다. 유엔에서는 당초 선거 (국민·주민투표)는 탈식민지화의 흐름 속에서 유엔신탁통치령과 결부되어 있었으므로, 특별한 선거지원기관은 발달하지 않았다. 그래서 국내선거에 대한 지원의 필요성이 높아졌을 때, 유엔인권센터(Centre for Human Rights)가 선거담당기관의 하나로서 활동하게 되었다. 인권센터와 마찬가지로 사무국에 속하는 개발기술협력 부문도 선거에 관한 여러 문제에 대해 조언하는 기관이었다. UNDP는 1976년 이후 선거지원에 관여하고 있다.158)

1992년에는 정무국 기관으로서 선거지원유닛(Electoral Assistance Unit)이 설립되었다.159) 비약적인 확대를 거친 1992년 이후의 유엔선거지원은 이 선거지원유닛이 중심이 된 것이었다.160) 갈리 사무총장은 1992년 『평화를 위한 과제』에서 '선거감시'를 '평화구축'의 한 활동으로 자리매김하였다.161) 갈리는 1994년에 선거지원유닛을 '선거지원부(Electoral Assistance Division)'로 개칭함과 동시에, 정무국에서 평화유지국으로 이전하였다. 선거지원은 평화유지활동의 현장과 밀접히 관련되어 작용해야 한다는 생각에 기초를 둔 조치였다.162)

---

158) See "Report of The Secretary-General", UN Document A / 46 / 609, paras. 44-54.
159) See the United Nations Electoral Assistance Division website, op.cit., in note 155, "Context and Objectives of UN Electoral Assistance", para.6.
160) 그러나 엘살바도르, 앙골라, 캄보디아에서는 평화유지활동조직이 선거를 지원하였다. 뿐만 아니라 수용기준을 논한 것으로는, Mélida N. Hodgson, "When to Accept, When to Abstain: A Framework for U.N. Election Monitoring", New York University Journal of International Law and Politics, vol.25, no.1, 1992.
161) Ghali, op.cit., in note 18, para.55.

그러나 대규모 평화유지활동 수의 감소로, 선거지원부는 1995년 7월
에 다시 정무국으로 복귀되었고, 선거지원 내용도 더 기술적으로 되
었다.163) 그러나 선거지원이 유엔의 평화달성의 목적과 분리되어 이
해된 것은 아니다. 왜냐하면, 여전히 평화를 위한 민주주의라는 맥락
에서 선거지원은 계속 자리매김하였기 때문이다.164)

지역적 국제기구도 냉전시대부터 선거감시원을 파견하는 등의 활
동을 하고 있었다. 그러나 지역적 국제기구의 활동도 역시 새로운
세계적 민주화의 흐름이 나타난 1980년대 이후에 활발해졌다.165)
OAS는 일찍부터 민주적 가치관을 표방하고 있었으므로,166) 맨 처음

---

162) "Report of The Secretary－General: Human Rights Questions including
Alternative Approaches for Improving the Effective Enjoyment of
Human Rights and Fundamental Freedoms: Enhancing the Effectiveness
of the Principle of Periodic and Genuine Elections", UN Document A /
49 / 675, November 1994, paras. 5, 12.

163) "Report of The Secretary－General: Human Rights Questions including
Alternative Approaches for Improving the Effective Enjoyment of
Human Rights and Fundamental Freedoms: Enhancing the Effectiveness
of the Principle of Periodic and Genuine Elections", UN Document A /
50 / 736, 8 November 1995, paras. 3, 26. See also "Report of The
Secretary－General: Human Rights Questions including Alternative
Approaches for Improving the Effective Enjoyment of Human Rights
and Fundamental Freedoms: Enhancing the Effectiveness of the
Principle of Periodic and Genuine Elections", UN Document A / 52 /
474, 16 October 1997.

164) See "Report of the Secretary－General: Support by the United Nations
System of the Efforts of Governments to Promote and Consolidate
New or Restored Democracies", UN Document A / 52 / 513, 21 October
1997.

165) Samuel P. Huntington, *The Third Wave: Democratization in the Late
Twentieth Century*(Norman: University of Oklahoma Press, 1991), p.6;
S. P. ハンチントン(坪郷実・中道寿一・藪野祐三 訳), 『第三の波－20
世紀後半の民主化－』(三嶺書房, 1995), 6면.

166) 1948년 인간의 권리 및 의무에 관한 미주선언 제20조 참조.

실시한 선거감시는 1962년(도미니카 공화국)으로 빠르다. 그러나 냉전 중의 OAS는 정치적으로는 민주주의의 촉진보다도 반공산주의에 역점을 두고 있었다. 1965년에 선거로 선출된 좌익정당이 도미니카 공화국에서 정권을 잡는 것을 막았던 미국의 군사개입과, 그것에 뒤이은 OAS군의 참가가 좋은 예일 것이다. 미주에서는 1980년대에 큰 민주화의 물결이 찾아왔는데, 이를 계승하여 OAS는 1991년에 '민주주의촉진유닛(Unit for the Promotion of Democracy)'을 설립하고, '민주주의촉진지원계획'을 채택하였다.167)

코먼웰스(Commonwealth)는 구대영제국 국가들의 집합체일 수밖에 없으며 다양한 정체(政體)의 집합이다. 탈식민지화의 흐름 속에서 때때로 선거감시원을 파견하는 경우는 있었지만, 어디까지나 민족자결 원칙에 기초를 둔 독립을 돕기 위해서였다.168) 코먼웰스가 민주주의적 가치를 표방하게 된 것은 1971년의 '코먼웰스원칙선언'(Declaration of Commonwealth Principles)에서라고 한다. 1989년에는, 각국 수뇌는 코먼웰스가 선거감시를 지원해야 함을 명확히 하였다. 그래서 사무총장은 1991년에 가이드라인(guideline)을 작성하고 선거감시업무를 제도화하였다.169)

유럽에는 선거지원에 관여해 온 복수의 국제조직이 있다. 먼저 유럽심의회(Council of Europe)는 냉전 후 동구의 구공산권으로부터 요청

---

167) See Yves Beigbeder, *International Monitoring of Plebiscites, Referenda and National Elections: Self−Determination and Transition to Democracy* (Dordrecht, Netherlands: Martinus Nijhoff Publishers, 1994), p.227.
168) 코먼웰스는 1964년 영국령 기니, 1967년 모리셔스, 1967년 지브롤터, 1980년 짐바브웨의 주민투표를 감시하였다. 주권국가로서 처음으로 코먼웰스에 선거감시를 요청한 국가는 1980년의 우간다였다. 그러나 그 선거는 낙관적인 코먼웰스·그룹의 보고에도 불구하고, 야당이었던 무세베니(Yoeri Musseveni)의 비판과 무력투쟁회귀로 인하여 붕괴되었다.
169) See the Commonwealth website <http://www.thecommonwealth.org/>

을 받고 선거감시를 시작하였다.170) 유럽심의회의 특징은 그 선거지
원이 요청국의 가입신청 또는 특별 게스트(guest) 가입신청과 결부되
어 있는 점이다. 유럽심의회는 잠재적인 회원국의 자유·평등·비밀
선거의 실시를 검증하고, 그 결과를 기초로 하여 1990년대에 계속
확대되었다.

  EU와 OSCE(CSCE)도 선거지원에 정력적으로 몰두하고 있다. OSCE의
경우, 1991년에 '자유선거사무소(Office for Free Elections)'를 설립하고,
정보수집이나 관계정부·단체의 접촉, 회합의 장을 제공하기 시작하
였다. 이 사무소는 다음해에 '민주적 제도와 인권에 관한 사무소'(Office
for Democratic Institutions and Human Rights: ODIHR)로 개조되어,
OSCE의 각종 선거지원의 조정을 담당하고 있다.171) ODIHR은 법제
도 등에 관한 각종의 기술적 지원이나 선거감시를 주로 해오고 있다.
특징적인 것은 선거지원을 인권옹호활동의 일환으로 보고 있다는 점이
다.172) 뿐만 아니라, OSCE는 1995년의 데이턴 협정을 기초로 하여
보스니아헤르체고비나에서 일련의 선거를 조직하였다. OSCE는 1996
년 이후의 세 번의 국정선거에 더하여, 지방선거나 스르프스카 공화국
(Republic of Srpska) 선거를 실시하였지만, 2002년 10월의 총선거부

---

170) 스트라스부르크(Strasbourg)에 본거지를 둔 이 조직의 '주요한 역할은
     회원국 간의 민주주의, 인권, 법의 지배를 강화하는 것이다. 이러한
     기본적 가치의 옹호와 촉진은 더 이상 정부를 위한 내적 사항이 아니
     라, 관련된 모든 국가의 공유 그리고 집단적 책임으로 되었다.' See
     the Council of Europe website <http://www.coe.fr/eng/present/about.htm>,
     "Presentation of the Council of Europe"
171) 1992년 헬싱키 정상회담의 표명에 따르면, OSCE 국가들은 '인권과 근
     본적 자유의 충분한 존중을 확증하고, 법의 지배에 의거하고, 민주주
     의의 원칙들을 촉진하고, 그 관점에서 사회의 관용을 촉진하면서 민주
     적 제도를 건설하고, 강화하고, 보호한다.' See the Office for Democratic
     Institutions and Human Rights website<http://www.osce.org/ odihr/>,
     "What is ODIHR?"
172) See ibid., "Handbook for International Elections Observers, Introduction"

터는 보스니아헤르체고비나 정부에 선거의 실시를 맡기고 있다.[173]

NGO도 선거지원 분야에서 활약하고 있다. 세계 각국의 민주주의의 진전을 돕는다는 목적과 결부되어 있기 때문에, 정치가가 관계하고 있는 경우도 많다. 카터(Jimmy Carter) 전 미국 대통령의 활동은 그 전형일 것이다. 대규모의 단체가 미국, 더구나 워싱턴을 중심으로 한 지역에 본부를 두고 있는 것도 하나의 특징이다. 그 배경에는 타국에서의 민주주의 확대에 강한 관심을 가지는 미국 정부관계자를 포함하는 층의 존재가 있다고 할 수 있다. 그 때문에 중립성에 의문을 품고 있는 사람들도 많다. 아시아 등에서 증가하고 있는 선거감시에 종사하는 NGO에는 역으로 기존 정당의 기반이 없는 것이 많을 것이다.

표2 선거지원관련 NGO(예시)

명 칭		조직개요
구미의 주요 NGO	National Endowment for Democracy(NED)	1983년에 창설. 자금은 모두 미국의회가 거출하며, 감사를 받고 있음.[174]
	National Democratic Institute for International Affairs(NDI)	1983년에 설립된 민주당계 선거지원단체[175]
	International Republican Institute(IRI)	1984년에 설립된 공화당계 선거지원단체[176]

---

173) See the OSCE website, Mission to Bosnia and Herzegovina, "Elections Department"<http://www.oscebith.org/elections-implementation/homeelections.asp/>. 아이바 카즈이코(饗場和彦)는 OSCE가 1996년 선거에서 'supervise'라고 규정한 역할에 대해서, 그 내용이 모호하였다고 한다. 예컨대, 현장에서는 'International Observer'와 병존하고 있었다. 그에 따르면, 그것은 'Organization of elections, assistance in their conduct, and certification of the results(선거의 조직화・실시의 지원・결과의 검증)'라고 말해야 하는 것이었다. 饗場和彦, "活性化する国際的選挙支援活動における課題: その背景, 形態, 用語, 正当性, 実効性 －ボスニア選挙スーパーバイザーの視点から－", 『国際公共政策研究』, 第1巻 第1号, 1997, 74-78면 참조.

174) See the National Endowment for Democracy website <http://www.ned.org/>.

명 칭		조직개요
구미의 주요 NGO	Carter Center	1989년 이후, 23개국에서 45번 선거를 지원하였음.177)
	International Foundation for Electoral Systems(IFES)	1987년에 워싱턴에서 미국국제개발청(USAID)의 출자로 설립됨.178)
	International Institute for Democracy and Electoral Assistance (IDEA)	미국 이외의 국가들이 1995년에 스톡홀름에서 설립하였음. 현재 구성원은 19개국 정부와 4개의 NGO임.179)
	Westminster Foundation for Democracy(WFD)	1992년에 NED를 모방하여 영국 의회가 설립한 민주주의 촉진 단체180)
아시아 NGO	National Citizens' Movement for Free Elections(NAMFREL)	1983년에 설립된 필리핀 민주주의·자유 선거 촉진단체181)
	Neutral and Impartial Committee for Free and Fair Election in Cambodia(NECFEC)	1993년 유엔선거 시에 설립된 캄보디아 민주주의 촉진단체. UNTAC에서 훈련도 받았음. 선거감시나 계몽활동 등을 담당함.182)
	Committee for Free and Fair Elections in Cambodia (COMFREL)	1993년 선거감시에 종사한 사람들이 1995년에 설립함. 캄보디아의 자유롭고 공정한 선거를 촉진하는 단체183)
	Asian Network Free Electons (ANFREL)	1997년에 설립되어 태국 방콕에 본부를 두고, 아시아 각국의 자유롭고 공정한 선거를 촉진하는 단체184)
	INTERBAND	1998년 이후, 선거감시를 주요활동의 하나로 들고, 주로 아시아에서 활동하고 있는 일본의 NGO185)

See also Larry Diamond, "Promoting Democracy", *Foreign Policy*, No.87, 1992, pp.38−41.

175) See the National Democratic Institute for International Affairs website <http://www.ndi.org/>.

176) See the International Republican Institute website <htt://www.iri.org/>.

177) See the Carter Center website <htt://www.cartercenter.org/>

178) See the International Foundation for Eectoral Systems website <htt://www.ifes.org/>

179) 구성원은 오스트레일리아, 바베이도스(Barbados), 벨기에, 보츠와나(Botswana), 캐나다, 칠레, 코스타리카, 덴마크, 핀란드, 독일, 인도, 모리셔스, 나미비아, 네덜란드, 노르웨이, 포르투갈, 남아프리카공화국, 스페인, 스웨덴, International Press Institute, Parliamentarians for Global Action, the Inter−American Institute of Human Rights, Transparency

2. 선거지원활동의 기능

1) 평화구축의 정통성

지금까지 국제적인 선거지원의 역사적 변천과 현황을 확인하였다. 이것을 근거로 하여, 평화구축의 법의 지배 접근의 관점에서 선거지원의 역할을 분석하기로 한다.

많은 평화구축활동에서 선거가 불가결한 요소로서 실시된 것은, 선거가 다른 행위로는 보충할 수 없는 중요한 역할을 하기 때문이다. 그 역할을 이론적으로 표현하면 정통성이라는 개념에 이를 것이다.

앞 장에서 검토한 평화협정과 관련하여 언급하면, 선거는 법의 지배 확립의 출발점인 사회계약을 보충·완성하는 것이라 할 수 있다. 이미 보았듯이, 평화협정은 실제로는 분쟁당사자 간에 체결되고, 새로운 국가제도에 가담하는 일반주민이 참가하는 것은 아니었다. 그래서 평화협정에 나타난 원칙이 새로운 국가제도의 잠정헌법의 권위

International이다. See the International Institute for Democracy and Electoral Assistance website <http://www.idea.int/>.

180) See the Westminster Foundation for Democracy website <http://www.wft.org/>.

181) See the National Citizens' Movement for Free Elections website <http://www.namfrel.org/oqc/oqc.html>.

182) See the Neutral and Impartial Committee for Free and Fair Election in Cambodia website <http://www.nicfec.org/>.

183) See the Committee for Free and Fair Elections in Cambodia website <http://www.comfrel.org/default.htm>.

184) See the Asian Network for Free Elections website <http://www.forumasia.org/anfrel/>.

185) INTERBAND website <http://www.comfrel.org/default.htm> 참조.

를 가지는지는, 주민이 그 평화구축과정에 적극적으로 가담하여 지지를 보냈을 때, 사후적으로 결정된다고 상정할 수 있다. 그리고 그 평화협정에 권위를 부여하는 주민 의사를 확인하는 기회가 선거이다.

평화구축활동의 지침이 되는 평화협정은 합의 주체인 분쟁당사자가 일탈해서는 안 되는 규범이다. 그러나 사회 전체에 절대적으로 적용되어야 하는 것인지는 아직 확정적이지 않다. 인민은 평화협정을 거절할 권리가 있을 것이다. 이론적으로 말하면, 초기의 평화구축활동은 잠정적으로 진행되는 것에 지나지 않아 한정적인 정통성밖에 없다. 평화협정이 사회계약으로서 갖는 권위는 처음부터 자명한 것으로는 생각되지 않으며, 평화구축활동에 대한 인민의 실제 태도를 통해서 확인되어야 하는 것이다.

사회 붕괴의 정도가 심할 경우에는 먼저 제헌의회선거가 실시된다. 제헌의회가 개최될 수 없을 때는, 국정선거에 대한 국민의 참가가 새로운 국가제도의 수립을 목표로 하는 평화구축의 정통성의 원천이 된다. 결국 인민은 선거에 참가함으로써 평화구축과정을 승인하고 정통성을 부여하게 된다.

법의 지배의 확립으로 영속적 평화를 달성하려는 시도에서, 전 국민적 정통성을 획득하는 것은 필수 조건이지만, 국민적 정통성은 일정한 형태로 선거를 하지 않고서는 나올 수 없다. 평화구축에서 선거지원의 중요성은, 무엇보다도, 평화구축과정 전체에 정통성을 부여하는 기능을 한다는 데 있다.

2) 정통성의 심사

평화구축의 정통성이 위태롭게 되는 것은, 선거실시과정에서 인민의 의사가 표현되지 않는 경우이다. 여기에는 두 종류가 있을 수 있다. 첫째는 기술적 이유로 인민의 의사가 표현되지 않는 경우이다. 요컨대, 모든 국민에게 열린 '자유롭고 공정한' 선거를 할 수 없는 것과 같은 상태이다. 이것은 평화구축과정이 실무적인 측면에서 불능을 선고받는 것과 같다. 둘째는 인민이 자신의 의사로 평화협정에서 정한 평화구축과정에 참가하지 않는 경우이다. 인민의 의사라는 뒷받침을 획득하는 데 실패한 평화구축과정은 대폭적인 재검토의 압박을 받게 될 것이다.

　인민의 지지가 있는지는 우선 선거실시 준비 단계에서 시험에 든다. 평화구축활동의 일환인 선거는 누가 선거인인가 하는 중대한 문제를 해결해야 비로소 가능해진다. 서사하라와 같이, 이 문제가 해결되지 않아 평화과정이 몇 년이나 정체되는 경우도 있다. 종래의 선거제도를 어느 정도 답습하면서, 평화구축을 위한 선거가 실시되는 때도 마찬가지이지만, 특히 신뢰할 수 있는 선거제도가 애당초 없거나, 분쟁으로 파괴되어 버린 경우, 국제사회의 지원을 얻은 선거인 등록과정이 시작된다. 만약 선거인 자격이 있다고 생각되는 사람들 중 상당수가 선거인 등록 절차를 밟지 않는다고 하면, 평화협정의 선거실시 규정 자체의 정통성이 위태롭게 된다. 또한, 기술적 이유에서 등록이 불비한 채 끝났을 때도, 평화협정의 정통성은 의문시될 것이다. 흔히 선거인 등록에는 난민·피난민의 취급이라는 곤란한 문제가 따른다. 부당한 형태로 많은 난민을 등록에서 사실상 배제하거나, 기술적인 이유로 등록하지 않은 상태로 둘 경우, 사회계약행위로서의 평화협정의 지위는 위태롭게 된다.

　또한, 등록 자체가 만족할 수준에 이르렀다고 해도, 실제 투표단계에서 현저히 적은 수의 선거인밖에 참가하지 않았다면, 역시 평화협정의 정통성에는 의문이 제기될 것이다. 물론 충분한 투표율이 어

느 정도인지를 정확히 정하는 것은 간단하지 않다. 현대에서는 민주
제도가 정착하고 있는 국가들의 투표율은 하락의 일로를 걷고 있고,
50%를 밑도는 경우도 드물지 않다. 그러나 평화구축에 즈음하여 실
시되는 선거는 단순한 통상의 국정선거 이상의 의미가 있다. 현실로
사회계약행위의 요소를 가지는, 중요한 분쟁 후 선거에서는 1993년
캄보디아와 같이 90%에 가까운 투표율을 기록하는 경우가 있다. 만
약 투표율이 50% 이하였다면, 평화협정에서 정한 평화구축과정에
중대한 의문이 존재한다고 생각해야 할 것이다. 아이티에서는 군사
개입으로 평화활동이 시작된 이래 선거시스템의 불비도 있어 투표율
이 격감하여 20%대 밑으로 떨어지고 있다.[186) 아이티에서 유엔의
평화활동은 이미 종료되었지만,[187) 여전히 혼란스러운 정치・경제・
사회 정세가 계속되고 있다.

뿐만 아니라, 인민의 의사가 표현되지 않는 이 두 가지 형태에 더
하여, 평화협정의 내용에 대한 반대가 명시적으로 표명되는 경우가
있다. 이는 평화협정의 수순이 국민투표로 승인되어야 한다는 것이
처음부터 포함되어 있는 경우에 발생한다. 과테말라에서는 1996년의
평화협정에 따라서 국가제도의 변경에 관한 국민투표가 실시되었는
데, 과반수가 반대하였다.[188) 그러나 이러한 사례는, 엄밀히 말하면,

---

186) Smarck Michel, "Background Paper: Haiti", in Nassrine Azimi and
    Chang Li Lin(eds.), *The Nexus between Peacekeeping and Peace−
    building: Debriefing and Lesson: Report of the 1999 Singapore Conference*
    (The Hague: Kluwer Law International, 2000), p.131.
187) 유엔아이티미션(UN Mission in Haiti: UNMIH), 유엔아이티지원단(UN
    Support Mission in Haiti: UNSMIH), 유엔아이티잠정미션(UN Transition
    Mission in Haiti: UNTMIH), 유엔아이티민간경찰단(United Nations
    Civilian Police Mission in Haiti: MIPONUH), 유엔아이티국제민간지원단
    (International Civilian Support Mission in Haiti: MICAH)이 전개되었지
    만, 전년도의 대통령 선거의 유효성을 둘러싼 혼란이 해결되지 않던
    중, 2001년 2월에 활동을 종료하였다.

평화과정 그 자체의 정통성보다도 평화과정이 초래한 구체적인 쟁점
의 찬반에 관련된 것이라 해석해야 할 것이다.

3) 정부의 정통성

이와 같이 선거는 평화과정에 정통성을 부여하는 중요한 기능을 하
고 있지만, 나아가 새로이 창설되는 통치권력의 정통성의 원천이기도
하다.[189] 막스 베버(Max Weber)의 이념형(理念型)에 따라서 지배의
유형을 '전통적 지배', '카리스마적 지배', '합법적 지배'로 분류해 보
면, 선거는 '합법적 지배'의 근거가 된다고 생각할 수 있다.[190] 분쟁
(후) 지역의 선거는, '전통적 지배'와 '카리스마적 지배'의 기능을 거
의 기대할 수 없거나 분쟁을 조장할 뿐인 경우가 많다. 선거가 보증
하는 '합법성'은 새로운 정치질서의 정통성을 국제사회가 공정한 외
부세력으로서 보증할 때 중요한 것으로 된다.

분쟁 (후) 지역에서 무엇보다 중요한 것은, 신뢰할 수 있는 평화구
축 담당자인 국내정부를 수립하는 일이다. 그러나 통일적 국내정부

---

188) Carlos Santiso, "Promoting Democratic Governance and Preventing the
Recurrence of Conflict: The Role of the United Nations Development
Programme in Post-Conflict Peace-Building", *Journal of Latin
American Studies*, vol.34, no.3, 2002, pp.563, 569.
189) See Kumar(ed.), *op.cit.*, in note 136, "Introduction", pp.6-7.
190) 합법적 지배란, '제정된 여러 질서의 합법성과, 이들 질서에 의해 지배
의 임무를 부여받은 자의 명령권의 합법성에 대한 신앙에 근거를 둔 것'
이다. '그 근본관념은 형식상 정당한 절차를 거쳐 제정된 규칙을 통해
임의의 법을 창조하고 변경할 수 있다는 것이다. 지배단체는 선출되거
나 임명된다.' マックス・ウェーバー(世良晃志郎 訳), 『支配の諸類型』
(創文社, 1970), 10면; マックス・ウェーバー(世良晃志郎 訳), 『支配の
社会学』(創文社, 1960), 33면.

를 수립하는 것은 분쟁 (후) 지역에서는 극히 어렵다. 분쟁당사자만
의 타협으로 성립하는 정부는 일시적인 분쟁 정지에는 물론 유효하
지만, 장기적으로 계속 유지되지 못한다. 그래서 무엇인가 객관적 기
준을 기초로 하여 분쟁당사자가 아닌 자의 판단에 따라 결정할 수
있는 방법이 요청된다. 그것이 선거이다.

선거의 객관성은 확립된 규칙에 따라서 선거감시 등을 매개로 보
증된다. 선거가 낳는 '합법적 지배'란 필연적으로 국제적 기준에 따
른 '합법성'이다. 여러 인권 관련 선언·규약·조약의 규범 틀에 따
라 실시되는 선거가 지배의 합법성을 보증하는 것이다. 그래서 지배
의 합법성은 단순한 '인민 의사의 표명'이 아니라, 국제적 기준에 따
른 인권규범이 보증하는 것이다.[191]

그러나 선거가 다른 지배유형과 전혀 관계가 없는 것은 아니다. 헌
팅턴(Samuel P. Huntington)은 선거에서 선출되는 지도자가 더 카리
스마적인 쪽이 신정권의 안정으로 이어진다고 논한다.[192] 왜냐하면,
인민투표로서의 선거는 민중의 지지를 받은 카리스마性을 가지는 지
도자를 선출하는 경향이 있고,[193] 그 대중적 지지를 모으는 카리스마

---

191) 인권규범에 따른 선거를 보증한다는 것은 선거의 실시가 인권규범 전
반을 촉진한다고 가정하는 것과 같지는 않다. 후자는 다툼이 있는 가
설이다. See Christian Davenport, "Liberalizing Event or Lethal
Episode?: An Empirical Assessment of How National Elections Affect the
Suppression of Political and Civil Liberties", *Social Science Quarterly*,
vol.79, no.2, 1998; and David Richards, "Perilous Proxy: Human Rights
and the Presence of National Elections", *Social Science Quarterly*,
vol.80, no.4, 1999.
192) Huntington, *op.cit.*, in note 165, p.151. 일본역서, 앞의 주 165, 146면
참조.
193) 피지배자의 카리스마의 '승인'은 '진정으로는' 의무적이지만, 자유로운
승인을 정당성의 기초로 하는 민주제적 정당성의 방향으로 해석 변경
되면, '승인'은 선거로 전화한다. 이것이 베버가 말하는 '인민투표적
지배'이다. ウェーバー(世良晃志郎 訳), 『支配の諸類型』, 앞의 주 190,

性이 신정권의 안정적 통치에는 중요하다고 생각할 수 있기 때문이다.[194] 카리스마적 지배를 전혀 낳지 못하는 선거 후에는, 오히려 당파적 대립의 구조가 강하게 남아 있을지도 모른다. 그러나 그러한 카리스마性은 당파적 대립을 초월하지 못하면 오히려 특정 집단에 대한 권한의 집중을 초래하여 화해를 저해할지도 모른다.

4) 민주주의의 심사

오늘날에는 선거 자체가 민주주의를 인정하는 기준이 된다. 그 의미에서는 선거와 민주주의는 불가분의 관계에 있다. 그러나 실제로는 선거가 정기적으로 실시되고 있더라도, 반드시 민주적이라고는 볼 수 없는 국가도 있다. 사담 후세인 정권 시대의 이라크가 전형적인 예이다. 선거권 이외의 시민적 · 정치적 권리도 최대한 개화(開花)하는 다원적 사회가 존재하지 않는다면, 선거가 민주주의를 진전시키기는 어려울 것이다. 포괄적인 시민적 · 정치적 권리 규범의 일환

---

138 – 140면.

194) 베버의 합법적 지배의 이념형에 따르면, '개인이 그가 가지는 고유의 권리 때문에, 복종되는 것이 아니라, 제정된 규칙에 대해 복종이 이루어지고, 이 규칙이 누구에 대해서 또 어떠한 범위까지 복종되어야 하는지를 결정하는 것이다.' ウェーバー(世良晃志郎 訳), 『支配の社会学』 I, 앞의 주 190, 33면. 그러나 현실에서는 분쟁 (후) 지역에서 이러한 통치형태를 확립하는 것은 간단하지 않다. 그래서 합법적 지배를 보완하는 것으로서, 카리스마적 지배의 계기가 요구된다. 예컨대 남아프리카공화국의 넬슨 만델라는 체제 이행기에 선거가 보증하는 합법적 지배를 카리스마적 지배로써 보완한 전형일 것이다. 캄보디아에서는 시아누크(Norodom Sihanouk) 국왕이 일정한 역할을 완수하였다. 보스니아헤르체고비나 등은 국내정치가에 의한 카리스마적 지배의 확립이 곤란하여, 국제기구가 국제사회의 권위로써 카리스마적 계기를 보완하였다고도 할 수 있다.

인 선거를 지원하는 국제사회는 다원성과 민주적 선거를 동일시하는 구미류(歐美流)의 사고를 사실상의 기준으로 삼아왔다.

오늘날 국제사회에서는, 정치체제의 기초가 인민의 의사인 점을 부정하는 움직임은 적어도 정부수준에서는 존재하지 않는다. 그러나 물론 서구적 자유민주주의가 전 세계에서 실현되고 있는 것도 아니다. 그래서 민주적이라고 설명되는 국가의 민주성이 정말로 민주주의 이름의 가치가 있는지 그 여부를 측정하는 기준이 필요하게 된다. 우선 그 골간으로 자리매김하는 것이 '자유롭고 공정한' 선거의 실시이다.

중요한 것은, 그러한 기준을 충족시킨 국가가 민주주의를 매개로 한 일종의 '가치 공동체'에 가입할 수 있는 점이다. 이것은 유럽지역 기관 또는 OAS에서 현저히 볼 수 있는 경향이다. 또한, 이것은 선진국의 원조, 국제통화기금이나 세계은행의 융자에 수반되는 조건을 통해서 세계 널리 추진되고 있다. '가치 공동체'에서는 '좋은 가버넌스'의 기초인 민주주의를 공유하고 있다는 인식에서, 국가들이 가치를 매개로 한 우호관계를 구축한다. 실제의 경우, '가치 공동체'는 NATO를 전형적인 예로 하는 동맹관계를 유지하는 '민주적 평화(Democratic Peace)' 영역이다. 거기에서 명백히 배제되는 세력, 요컨대, 기준을 충족하지 못한 선거에서 선출된 사담 후세인과 같은 반민주주의 지도자들은 이 '가치 공동체'의 외부영역에 자리매김한다. 당연히 역내에서 안정성을 가지는 '가치 공동체'는 그 외부세력에 대해서는 단호한 적대 자세로 임할 것이다. 그러나 중국과 같은 '그레이존(Gray Zone)'도 존재한다. 그러나 어차피 현재의 세계질서는 이 민주주의를 매개로 하는 '가치 공동체'를 중심으로 하고 있다.[195]

195) "세계의 민주주의의 장래는 미국인에게 특별히 중요하다. 미국은 현대 세계에서 최고의 민주주의 국가이고, 하나의 국민으로서 그 정체성

선거를 기준으로 한 절차적 민주주의는 이 '가치 공동체'의 영역을 정해 주는 것이다.

5) 분쟁관리의 촉진

분쟁 (후) 지역에 선거가 평화노력의 일환으로서 실시되는 것은 선거가 가져오는 민주주의적 정치문화가 비폭력의 문화를 양육한다는 사고방식이 있기 때문이기도 하다. 헌팅턴에 따르면, "근대세계에서 일반적으로 민주주의 시스템은 비민주주의 시스템에 견주면 시민적 폭력을 당하는 경우가 적다." 왜냐하면, 민주주의가 "시스템 내에서 이의나 반대를 표현하기 위한 공적 회로를 제공하기" 때문이다. 또한, 국제관계에서도 "세계의 민주주의의 확대는 세계의 평화지대의 확장을 의미하고 있다."[196]

갈리도 동일한 인식을 보여준다. "민주적 제도·과정은 경합적 이익을 토론의 장으로 전환하고, 논의에 참가하는 모든 당사자가 존중할 수 있는 타협의 수단을 제공하여, 상위(相違)와 분규가 무장분쟁 또는 무장대립으로 발전할 위험성을 최소화한다. 민주적 정부는 시민에 의해 자유로이 선출되고, 정기적이고 진정한 선거나 다른 기구를 통해서 책임을 지게 되어 있으므로, 법의 지배를 더 잘 촉진·존중하고, 개인과 소수자집단의 권리를 존중하고, 사회분쟁을 효과적으

(identity)은 자유주의적(liberal)이고 민주주의적 가치와 서로 불가분의 관계가 있다. ……미국인은 민주주의에 적합한 지구적(global) 환경의 발전에 특별한 관심이 있다." Huntington, *op.cit.*, in note 165, pp.29-30. 일본역서, 앞의 주 165, 29면. See also Diamond, *op.cit.*, in note 174, pp.29-30.

196) Huntington, *op.cit.*, in note 165, pp.28-29. 일본역서, 앞의 주 165, 27-28면.

로 처리하고, 이민(移民)을 흡수하고, 소외된 집단의 요구(needs)에 대응할 것이다. ……이와 같이 민주주의 문화는 근본적으로 평화의 문화이다." "민주적으로 선출된 정부에 부여된 정통성은 다른 민주국가의 사람들을 존중하며, 국제기관에서의 교섭, 타협, 법의 지배에 대한 기대를 촉진한다"고도 한다.197)

이러한 인식에서, 선거는 분쟁 후 또는 체제변환 후의 '분쟁관리'를 실현하는 제도적 수단의 일환으로서 자리매김한다.198) 국제적 민주화 지원단체인 IDEA의 핸드북(handbook)에 따르면, 민주주의에도 결함이 있지만, '더 나은 선택지의 결여로', 민주적 제도는 '포괄적이고 정당하고 책임 있는 사회적 틀을 통해서 뿌리 깊은 상위(相違)를 평화적으로 다루는 효과적 수단을 제공할 수 있다. ……정치적 행위자 간의 교섭, 타협, 그리고 협력 행동의 규범을 구축함으로써, 민주주의는 그 자체로 사람들 간의 그리고 정부 간의 정치적 관계의 성질에 평온화 효과를 가져올 수 있다.199)

IDEA에 따르면, 민주적 제도가 항상 평화를 가져오는 것만은 아니다. 특히 정치적으로 분열된 지역에서 필요한 것은 분쟁관리의 발상이다. 앙골라에서 1992년에 실시된 단순다수대표제에 의한 대통령선거는 도스 산토스의 MPLA 정권과 사빔비의 UNITA로 분열되어 있

---

197) Boutros Boutros-Ghali, *An Agenda for Democratization*(New York: United Nations, 1996), pp.4, 6-7.

198) "선거는 권력을 평화적으로 분배하는 수단이다. 선거가 실패할 경우에는 국제적 및 국내적 평화가 위기를 맞는다." Jenifer McCoy, Larry Garber and Robert Pastor, "Pollwatching and Peacemaking", *Journal of Democracy*, vol.2, no.4, 1991, p.114.

199) David Bloomfield and Ben Reilly, "The Changing Nature of Conflict and Conflict Management", in *International Institute for Democracy and Electoral Assistance, Democracy and Deep-Rooted Conflict: Options for Negotiations*(Stockholm: International Institute for Democracy and Electoral Assistance, 1998), pp.16-17.

던 앙골라에는 제도적으로 부적격하였다. 요컨대, IDEA에 따르면, 앙골라 선거의 실패는 민주적 제도에 관한 충분한 고려의 결여로 초래되었다.[200] IDEA에 따르면, (미영의 선거제도와 같은) 단순다수제는 분쟁관리수단으로서는 부적절한 것이다. 마찬가지로 많은 경우, 시비를 단순히 결정하는 국민투표(referendum)도 심한 대립을 안고 있는 지역에서는 부정적 효과를 초래한다. 바로 그것 때문에 '다원주의, 관용, 포괄성, 교섭, 그리고 타협이라는, 기본적인 민주적 가치들이 분쟁의 영속적 해결을 구축하는 열쇠'라고 한다. 이러한 생각에서 IDEA는 '분쟁해결이 아니라 분쟁관리'를 적용하는 시점(視點)에 따라서 민주주의를 평가한다.[201]

3. 선거지원활동의 딜레마

1) 선거의 타이밍(timing)

평화활동의 행동계획을 세울 때 하나의 난점은, 언제 활동을 종료하고 철수할 것인가이다. 물론 인도원조나 개발원조는 좁은 의미의 평화활동이 종료된 후에도 남는다. 그렇지만 평화유지부대나 민간경찰 등이 개별적 평화활동조직으로서 전개되고 있는 경우, 철수 시나리오

---

200) See, for instance, Anthony J. Carroll, "An Observer Offers Advice for the Future: Lessons from Angola", *Elections Today*(IDEA), vol.5, no.4, 1995.
201) Bloomfield and Reilly, *op.cit.*, in note 199, pp.16－20.

를 최초의 전개 시부터 그려두는 것이 필요하다. 그렇지 않으면 반
영구적으로 주둔해야 하거나, 철수 시기를 오인하여 불필요한 손해
를 낳을 우려가 있기 때문이다.

선거는 평화활동의 철수 시나리오를 작성할 때에 불가결하다. 왜냐
하면, 선거로 신뢰할 수 있는 현지 정부가 확립되었을 때, 국제평화
활동은 무대의 전면(前面)에서 물러나 보조역에 철저를 기할 수 있
기 때문이다. 이론적으로 말하면, 선거의 성공은 평화협정이 길을 연
새로운 국가제도의 확립 수순에 정통성이 부여된다는 것, 그리고 평
화구축의 주체로서 현지 정부가 등장한다는 것을 의미한다. 국가제
도의 주체가 정해지면, 이후는 현지 사람들이 합의한 원칙의 범위
내에서 실무적으로 새로운 국가를 운영해 가면 될 것이다.

그러나 선거에 주안을 둔 철수 시나리오는 흔히 졸속으로 짜여진
선거일정에 평화활동이 속박되어 버릴 위험성을 낳는다. 예컨대 1993
년 캄보디아에서 UNTAC가 조직한 선거는, 평화구축의 요구에 따라
서가 아니라 국제사회가 졸속으로 짠 일정(schedule)에 따라서 실시
되었다고 종종 비판을 받는다.202) 이러한 비판은 93년 선거를 통해
등장한 인민당과 푼신펙(Funcinpec)당의 연립정권이 97년에 인민당의
훈센(Hun Sen) 수상의 쿠데타라고 할 수 있는 군사행동으로 붕괴된
후, 특히 많이 볼 수 있게 되었다.203) UNTAC는 유엔의 철수가 비

---

202) Mats Berdal and Michael Leifer, "Cambodia" in James Mayall(ed.), *The New interventionism 1991-1994: United Nations Experience in Cambodia, Former Yugoslavia and Somalia*(Cambridge: Cambridge University Press, 1996), pp.57-58.

203) See David P. Chandler, "The Burden of Cambodia's Past" and Michael W. Doyle, "Peacebuilding in Cambodia: The Continuing Quest for Power and Legitimacy", in Frederick Z. Brown and David G. Timberman(eds.), *Cambodia and the International Community: The Quest for Peace, Development, and Democracy*(New York: Asia Society, 1998); and Michael W. Doyle, "Peacebuilding in Cambodia: Legitimacy and

교적 완만하게 종료되었다는 의미에서는 실패가 아니었을지도 모르지만, 장기적인 평화구축의 성공에 주목하는 비평가로부터는 부정적으로 취급된다.204)

전통적인 평화유지활동은 중립성을 준수하는 정도에서 큰 특징이 있었으므로, 유엔의 대규모 주둔·권한행사 및 현지 정부로의 권한 이양은 경직된 양자택일적 도식에서 파악되는 경향이 많았다.205) 요컨대, 국제사회의 평화활동이 규칙에서 일탈하는 개입으로 간주되고, 얼마만큼의 규모, 기간 그리고 무력으로써 이루어지는가 하는 점만이 주목되는 경향이 많았다. 그러나 정말로 중요한 것은, 어디까지나 영속적 평화를 분쟁 (후) 지역에 창설하는 일이다. 내정불간섭으로의 회귀에 얽매여, 평화유지부대가 철수한 뒤의 내정문제는 현지 정부의 책임이라고만 하는 것은 도의적으로 문제일 뿐만 아니라, 국제사회의 진정한 이익으로도 이어지지 않는다. 이미 제1부에서 보았듯이, 평화구축의 법의 지배 접근은, 그러한 태도에서 나오는 폐해를 피하기 위해서 요청된다. 평화유지활동이 평화구축활동과 충분히 제휴하면서 수행되면, 선거도 평화구축활동의 한 요소로서, 장기적인 전략적 시점에서 설정될 것이다. 평화구축의 관점에서 본 선거는 단지 현지 정부로의 권한 이양을 주요한 목적으로 하여 실시되어야 하는 것이 아니다. 그것은 어디까지나 법의 지배를 지탱하는 정당하고 실효성 있는 공권력을 수립한다는 전략적 목적에 따라서 필요로 되어야 하는 것이다.

1999년 동티모르에서 주민투표가 실시되어, 독립파가 압승한 직후에,

Power", in Cousens and Kumar(eds.), *op.cit.*, in note 3.

204) Mani, *op.cit.* note 10, p.7.

205) Pierre P. Lizée, *Peace, Power and Resistance in Cambodia: Global Governance and the Failure of International Conflict Resolution*(London: Macmillan, 2000), p.144.

인도네시아의 민병에 의한 살상행위가 일어났다. 이것은 주민투표의 결과 점차 정정(政情)이 불안정해질 것이 충분히 예상되었음에도 국제사회가 유효한 예방책을 취하려 하지 않았기 때문에 일어난 참사였다. 환경이 정비되지 않은 채 실시되는 선거는 정정불안뿐만 아니라 인도적 위기도 일으킬 수 있다. 물론 국제사회의 한정된 자원을 현실적으로 생각한다면, 완전히 안전한 선거를 할 수 있는 환경이 갖추어지기를 기다려서는, 반영구적으로 주민투표를 할 수 없었을지도 모른다. 그렇지만 복수의 시나리오에 대한 대응책과 아울러 투표를 하였는지는 의문이 있다.

선거일정을 작성할 때는 현지 실정을 충분히 고려하는 것이 필요하다. 또한, 선거로 초래될 수 있는 정세 변화에 대응하기 위한 환경을 정비해 두는 것도 중요하다. 또한, 현지 평화활동조직의 책임자나 유엔 안보리가 사태 변화에 대응하여, 선거 실시의 시기나 형태를 유연하게 다시 생각하는 것도 때로는 부득이하다. 결국, 선거는 평화구축의 일부로서 독특한 가치가 있어, 그 중요성과 위험성도 평화구축의 장기적인 전략적 시점에서 계속 검토되어야 한다.

2) 민주주의와 자유주의의 갈등

선거가 본질적으로 내포하는 위험으로서 지적할 수 있는 것은 선거에 의한 권력 배분이 이른바 다수자의 전제(專制)를 초래할지도 모른다는 점이다. 예컨대 민족 분포에 따라서 내전이 일어난 사회에서는 선거만으로는 다수자의 소수자에 대한 압제를 막을 수 없다. 다수자가 늘 평화적이라고는 할 수 없다. 다수자의 지지를 받는 지도자를 권력의 자리에 취임시키는 것이 오히려 사태를 악화시키는 경우도

제4장 선거지원활동 147

있다. 따라서 선거는 반드시 인권옹호규범과 아울러 실시되어야 한다. 평화유지활동을 종료하기 위한 '출구'로서, 선거가 규범적 틀을 도외시하고 안이하게 실시된다면, 평화구축에서 선거의 가치는 떨어진다.

이 점은 평화구축에서의 선거의 자리매김에 관해서, 더욱더 원리적인 문제를 제기한다. 선거는 통상 민주주의를 절차적으로 실현하기 위한 수단이라 생각되고 있다. 그러나 민주주의 그 자체는 개인들의 인권규범에 의거한 자유주의적 법의 지배를 보증하는 것이 아니다. 국제적인 민주주의 지원을 받으면서 탄생한 '비자유주의적 민주정권'이 평화구축에 반하는 것이 되고 있다고 지적을 받는 것은, 바로 이 때문이다.[206)]

민주주의와 자유주의가 아울러 현재의 국제사회의 지배적 가치규범으로 되어 있음은 이미 제1부에서 언급하였다. 그러나 그것은 양자 사이에 갈등이 존재할 수 없음을 의미하는 것은 전혀 아니다. 오히려 양자는 충돌하는 부분이 있으므로, 서로 균형을 잡을 목적에서 아울러 언급되는 것이다. 자유주의는 고대 그리스 이후 민주주의의 위험으로서 우려된 중우정치(衆愚政治)의 폭주를 막는 역할을 한다. 한편, 민주주의는 자유주의가 초래하는 엘리트(elite) 지배를 중화하는 역할을 한다.

이 자유주의 또는 법의 지배와 민주주의의 관계의 문제에 대해서, 보스니아의 평화활동을 지휘하는 패디 애쉬다운(Paddy Ashdown)은 다음과 같이 말하였다.

"보스니아에서 우리는 민주주의가 가장 우선하며 우리가 조직할 수 있는 선거의 수에 따라서 그것을 계측하려 하였다. 지금 생각하면, 우

---

206) Charles-Philippe David, "Does Peacebuilding Build Peace?", in Jeong(ed.), *op.cit.*, in note 3, p.37. See also Fareed Zakaria, "The Rise of Illiberal Democracy", *Foreign Affairs*, vol.76, no.6, 1997.

리는 법의 지배의 확립을 제일로 생각해야 하였다. 왜냐하면, 거기에
다른 모든 사항의 달성이 달려 있기 때문이다."207)

3) 선거인·피선거인의 확정

선거에 즈음하여 우선 문제가 되는 것은 도대체 누가 입후보할 수
있고, 누가 투표할 수 있는가 하는 점이다. 분쟁당사자, 특히 전쟁범
죄인에게 피선거권을 부여해도 되는가 하는 문제가 발생한다. 만약
분쟁당사자에게 피선거권을 허용하지 않으면, 분쟁당사자가 평화협
정에 응하고 이를 준수할 동기를 감퇴시키게 된다. 또한, 무장세력을
배제한 채 선거를 하면, 새로운 정권뿐만 아니라, 무엇보다 선거 실시
자체가 무장한 분쟁당사자의 위협을 받게 될 위험성이 있다. 따라서
현실에서는 피선거권을 허용하지 않는 방법을 취하는 경우는 드물다
고 할 수 있을 것이다.

보스니아헤르체고비나에서는, 1995년 데이턴 협정에 기초를 둔 평
화과정에서, 전쟁범죄인인 라도반 카라지치(Radovan Karadzic)와 라
트코 믈라디치(Ratko Mladic)가 피선거권을 박탈당하였다. 그러나 이
것은 몇 가지 특수한 사정 때문에 가능하였다. 이미 유엔 안보리가
국제형사재판소를 설립하고 있었으므로, 보스니아 분쟁의 전쟁범죄
인을 사법절차를 취하면서 확정할 수 있었다. 또한, 유고슬라비아 공
화국의 밀로세비치 대통령이 세르비아인 세력을 대표하여 평화협정
에 참가하도록 함으로써, 보스니아 내부의 전쟁범죄인을 평화과정에

---

207) Quoted in "Establishing the Rule of Law in Iraq", *op.cit.*, in note 8,
p.3. 뿐만 아니라 애쉬다운의 '상급대표사무소'는 '법의 지배 기둥(Rule
of Law Pillar)'이라는 부서를 두고 관계부서의 조정을 맡고 있다. See
the Office of the High Representative website <http://www.ohr.int/>.

서 배제할 수 있었다. 그리고 무엇보다도 NATO의 공습으로 나온 데이턴 협정은 미국과 유럽 국가들의 군사적 및 정치적 관여를 전제로 성립하였다. 요컨대, 국제사회가 현지 무장세력에 대한 대항력을 발휘할 준비가 되어 있었던 것이 원칙적 입장을 관철할 수 있었던 배경이었다. 그러나 대부분의 분쟁에서는 이러한 사정은 존재하지 않아, 무장세력을 선거과정에서 배제하기는 곤란하다.

그러나 만약 분쟁당사자에게도 피선거권을 인정한다면, 분쟁개시 또는 분쟁 중의 전쟁범죄에 책임을 지는 군사지도자가 권력을 장악하거나 의원특권을 얻는 것을 막을 수 없게 된다. 라이베리아에서 1989년에 발생한 내전은 반정부세력인 라이베리아 국민애국전선 (National Patriotic Front of Liberia: NPFL)의 찰스 테일러(Charles Taylor)가 일으켰고, 그 후 수년간의 라이베리아의 정치적·경제적·사회적 황폐의 대부분은 테일러의 책임이라고 생각되고 있었다. 그러나 ECOWAS의 개입에도 저항하고 라이베리아를 실효적으로 지배한 테일러는 1995년의 아부자 협정(Abuja Accord)에 따라서 실시된 1997년 선거에서 대승하여 대통령이 되었다. 실효적 지배를 하는 테일러의 패배는 내전의 재발로 이어질 것이라는 우려에서, 선거인이 현실적인 선택을 한 것으로 분석되고 있다.208) 대통령이 된 후에도 테일러는 시에라리온의 반정부세력을 지원하여 내전을 오래 끌고 있다고 규탄을 받고 있다. 필시 테일러를 대통령으로 뽑은 선택은 지역 평화의 관점에서 보면 바람직한 일은 아니었다. 그러나 선거에서 표명된 라이베리아 국민의 의사가 테일러를 선택한 이상 외부사회가 그를 거절할 수는 없었다.

208) See David Harris, "From 'Warlord' to 'Democratic' President: How Charles Taylor Won the 1997 Liberian Elections", *The Journal of Modern African Studies*, vol.37, no.3, 1999.

선거 실시는 새로운 국가제도와 정부에 정통성을 부여하지만, 그 구체적 내용과 인선(人選)에 관해서는 항상 불확정성이 남는다. 단지 선거를 치르는 것만으로는 분쟁에 책임이 있는 자나 새로운 분쟁을 일으킬지도 모르는 자를 권력에서 배제할 수 없기 때문이다. 선거를 치르는 것이 항상 민주주의의 진전으로 이어지고, 평화에 있어서 바람직한 지도자의 선출로 이어진다고 할 수는 없다.

선거 결과를 기계적으로 정치정세에 반영시키는 것이 현실적이지 않다는 정책론적 배려가 무장세력의 권력 유지를 도와준 예로서, 캄보디아를 들 수 있을 것이다. 1993년의 캄보디아 총선거에서는, 국토의 대부분을 실효적으로 지배하는 훈센의 인민당이 푼신펙당에 패배하였다. 그래서 선거 직후 훈센은 1992년의 앙골라 선거의 실패가 생각났던지, 선거에 부정이 있었다고 말하기 시작하였다. 유엔이 책임을 지고 선거의 공정성을 보증해야 할 입장에 있었는데, 인민당을 권력의 자리에서 끌어내리는 것은, 오히려 많은 자가 현실적이지 못한 것처럼 생각하였다. 그래서 시아누크(Norodom Sihanouk) 국왕이 제1 · 제2 수상을 푼신펙당과 인민당 양당에서 한 명씩 내고, 다른 각료 자리 대부분도 양당이 공유하는 기묘한 연립정권안을 제시하여, 양당과 UNTAC의 승인을 받게 되었다. 이 시아누크 제안은 당시 상황을 생각하면 확실히 현실적인 타개책이었을 것이다. 게다가 푼신펙당은 절대다수를 획득하고 있었던 것은 아니었다. 그러나 도착(倒錯)된 권력의 이중구조는 그 후에도 수년에 걸쳐 해소할 수 없었고,209) 1997년의 훈센의 쿠데타의 온상이 되어 버렸다. 훈센은 결국 적대 세력을 약화시키는 데 성공하고, 인권침해정책에 대한 국제

---

209) 이미 이른 단계부터 선거에서 승리한 푼신펙당의 우위는 차츰 인민당에 국내치안에 관한 중요 지위(post)를 양도하는 형태로 이행되고 있었다. See Sorpong Peou, *Intervention and Change in Cambodia: Towards Democracy?*(New York: St. Martin's Press, 2000), pp.215-218.

적 비난에도 불구하고 그 후의 선거에서도 승리하여 권력을 계속 유
지하게 되었다.

선거 실시에 즈음하여서는, 피선거인뿐만 아니라 선거인의 확정에
도 곤란이 따른다. 그 큰 원인은 흔히 분쟁이 대량의 난민과 국내피
난민을 낳는 데 있다. 선거인등록은 분쟁당사국의 국토와 인구의 규
모가 커지면 커질수록 어려워진다. 난민의 선거인 인정은 UNHCR
등을 통하는 경우가 많지만, 이는 불가능하지는 않다고 해도 많은 시
간과 노력을 요하는 작업이다. 평화구축활동이 그만큼의 시간과 노력
을 허용할 여유가 없는 경우도 있다.

서사하라에서는 1974년에 스페인이 영유권을 포기하였을 때, 모로
코와 모리타니(Mauritania)가 분할통치를 결정하였다. 모리타니는 뒤
에 영유권을 포기하였으므로, 단독점령하고 있는 모로코에 대해, 독
립을 목표로 하는 서사하라 민족해방전선(폴리사리오 전선)(Frente
Popular para la Liberacion de Saguia el Hamra y Rio de Oro:
POLISARIO Front)이 무장투쟁을 개시하였다. 양 당사자는 1988년에
유엔사무총장의 조정에 따라서 주민투표로 문제를 해결하기로 합의
하였다. 그 때문에 1991년에 유엔서사하라주민투표감시단(UN Mission
for the Referendum in Western Sahara: MINURSO)이 전개되어 주민
투표를 준비하였다. 그런데 유권자의 범위를 둘러싸고 모로코와 폴
리사리오 전선이 격렬히 대립하여, 평화구축의 과정은 정지된 상태
이다.

문제해결을 선거(투표)에 맡기려고 하는 것은, 유권자 범위를 둘러
싸고 해결하기 어려운 다툼을 초래한다. 분쟁 중에 유출된 난민을 유
권자로 등록한다고 해도, 도대체 어느 시점부터 해당 영역 밖으로 나
간 사람들을 포함해야 하는가 하는 문제는 투표 결과에 직접 영향을
미치므로, 간단히 결정할 수 없다. 또한, 해당 영역을 좁게 잡는지 넓

게 잡는지에 따라서도 투표 결과는 크게 바뀌어 버리는 경우가 많다.

4) 전문가의 육성

선거지원에는 고도로 기술적인 능력이 필요하다. 이미 언급한 구미의 몇몇 전문단체가 계속 선거지원에 종사하고, 경험이 풍부한 직원을 다수 포함하고 있고, 유엔이나, OSCE 등 지역기관도 전문부서를 만들어 대응하고 있다. 그러나 여전히 분쟁 후에 실시되는 선거에는 다수의 국제선거요원이 참가하기 때문에, 종사하는 자들의 능력 격차가 문제시되고 있다. 평화구축에 참가하는 국가들이 단기간의 선거감시업무에 임하는 경우, 투표일 전후의 투표소 모습을 보고, '자유롭고 공정한 선거'로 인정해 버리는 경우가 많다. 그러나 오랫동안 선거지원활동에 임하고 있는 전문가 입장에서 본다면, 그러한 '아마추어'의 태도는 선거지원활동을 오히려 저해하는 요인일 수밖에 없다.[210] 선거감시에는 적어도 선거활동이 시작되는 시점부터 투표의 집계·공표에 이르기까지 자금배분, 언론 보도, 정치적 압력과 위협, 등록작업 등 다각적인 면에서 '자유·공정'의 정도를 검증하는 작업이 요구된다. 이를 위해서는 선거감시 전문가와 지역 전문가가 물리적·제도적으로 충분한 수단을 구사하여 장기에 걸쳐 작업에 임해야 한다.

특히 평화구축의 경우, 선거감시보다도 중요한 것은, 장래의 선거업무에 책임을 지는 현지 전문가를 육성하는 일이다. 그러나 현지직원을 감시하는 태도를 유지하면서, 동시에 육성해 간다는 것은 국

---

210) See Thomas Carothers, "The Observers Observed", *Journal of Democracy*, vol.8, no.3, 1997, pp.20－22.

제사회 측으로서도 쉬운 일이 아니다. 장기적인 평화구축활동의 전망에 서서, 개별의 선거지원을 해 나가는 체제를 구비하고 나서, 능력과 경험이 있는 전문직원을 투입해야 한다.

선거의 평화구축 효과를 높이려면, 선거관리위원회 등 관련기관을 될 수 있는 한 분쟁당사자의 영향에서 벗어난 중립적 제3자에게 맡기는 것이 바람직하다.[211] 물론 현실의 분쟁 (후) 사회에서 그것을 효과적으로 전국 규모로 실시하는 것은 간단하지 않다. 능력과 의욕이 있는 중립적 입장의 현지 직원을 확보하고, 장래의 생활을 보장하여 전문가로서 육성하려면, 평화활동 전체가 잘 조직되어 있어야 한다. 안이한 직원채용으로 분쟁 중의 적대 관계가 선거의 제도적 구조에 침투하는 것을 허용한다면, 선거의 신뢰성이 의심받게 된다.

국제사회가 파견하는 요원 측도 항상 완전하게 정치적 중립성을 지니고 있다고는 할 수 없다. 분쟁당사자 일방에게 정치적으로 관여하는 국가에서 선거요원이 파견되는 경우도 있을 것이다. 동일 국가에서 파견된 요원이라도, 정치적 입장의 차이가 선거지원에 대한 태도에 반영되는 경우가 있다. 예컨대 1995년의 아이티 의회·지방 선거 후, 미국 민주당계 선거지원단체는 선거의 성공을 선언하였다. 그러나 당시 클린턴 정권의 정책에 비판적이었던 공화당계 단체는 선거의 불비를 강조하였다.[212]

정치적 편향이 특히 평화구축의 맥락에서 문제가 되는 것은, 분쟁

---

211) See Robert A. Pastor, "The Role of Electoral Administration on Democratic Transitions: Implications for Policy and Research", Democratization, vol.6, no.4, 1999. 뿐만 아니라 콩고민주공화국의 평화 과정(process)에서는 시민사회의 대표자가 선거위원회 또는 인권옹호감시기구를 구성하게 되었다. See the United Nations Department of Political Affairs website <http://www.un.org/Depts/dpa/prev_dip/africa/dem_rep_congo/fst_dem_rep_congo.htm>, "Democratic Republic of Congo: Background"

212) Carothers, op.cit., in note 210, pp.24-25.

(후) 지역의 선거가 이상적인 '자유롭고 공정한 선거'가 되는 일은 거의 있을 수 없기 때문이다.213) 분쟁 (후) 지역의 선거가 민주주의 전통이 오래된 국가의 기준에 비추어 보았을 때 불만스러울 수밖에 없을 것이라는 점은, 어떤 의미에서는 당연한 일이다. 현실과 떨어진 비판이 과도하게 강조되면, 실무가나 현지 분쟁당사자의 불신을 부추겨 평화구축과정을 불안정하게 만들어 버릴 것이다. 현실적인 목표를 각각의 단계에서 정하는 것은 안이한 타협을 허용하지 않는 것과 모순되는 것은 아니다.

중요한 것은, 적어도 평화구축활동의 정당성을 유지하기 위해서 목표로 삼아야 하는 최저기준을 국제요원과 현지 직원 쌍방이 이해하는 일일 것이다. 그 위에서 선거에 즈음한 불비의 지적을 장래의 검토과제로서 받아들이는 체제를 갖추는 것이 요구된다. 국제사회의 선거지원단체가 서로 활동을 검증하고, 평화구축의 정당성을 높이면서, 장기적인 평화구축의 전략적 시점을 항상 염두에 두고, 하나하나의 선거를 긴 평화구축의 한 단계로서 파악해 가야 한다.

4. 맺음말

이 장에서는 우선 지금까지의 국제적인 선거지원의 역사와 지원실시단체를 개관하고 나서, 선거가 평화구축에서 하는 기능을 확인하였다. 선거는 의사사회계약행위(擬似社會契約行爲)로서의 평화협정

---

213) See Jorgen Elklit and Palle Svensson, "What Makes Elections Free and Fair", *Journal of Democracy*, vol.8, no.3, 1997.

에 정통성을 부여하고, 새로 설립되는 정부의 정통성을 보증한다. 또
한, 선거는 민주주의를 주입하는 수단으로 생각되고 있으므로, 선거
로 수립되는 정권은 민주주의 국가의 정부로서 국제적인 정통성을
확보할 수 있다. 민주주의는 분쟁관리제도로서도 기대되지만, 선거는
그러한 구조를 도입하는 것으로서도 평가된다.

　그러나 국제적인 선거지원이 많은 곤란에 부딪히는 경우도 드물지
않다. 선거를 언제 실시할지는 평화구축의 전략적 시점에 따라서 신
중히 결정해야 할 논점이다. 졸속의 철수정책으로서 남용된다면, 선
거는 평화구축에 파괴적인 영향을 미칠 것이다. 선거는 일반적으로
민주주의를 달성하는 수단으로 인식되고 있지만, 법의 지배를 확립
한다는 자유주의적 기능도 있는 점이 평화구축의 관점에서는 더 중
요하다. 선거인·피선거인의 확정, 전문가의 육성 등, 국제적 지원을
받은 선거가 씨름해야 할 실천적 문제는 많다. 그러나 법의 지배 확
립에 불가결한 정통성 부여기능이 있는 선거는 평화구축에서 중요한
역할을 담당한다.

제5장

법집행활동

　평화협정에서 틀이 설정되고 선거를 통해 권위를 부여받는, 평화구축으로서의 법의 지배의 확립이 성공할지 그 여부는 정해진 원칙·규칙이 얼마만큼 준수되는지에 달려 있다. 평화구축에서 설정된 제도가 현지 사람들의 적극적 의사를 통해 지지를 받는지 그 여부가 법의 지배 접근의 시금석이다. 그러나 당사자의 선의(善意)만으로 기대하는 평화구축은, 전략적인 것이 아니다. 위반자가 평화구축을 파탄내지 않도록 하기 위한 조치가 책임 있는 평화구축활동에서는 실시되어야 한다. 영속적 평화 수립을 목표로 하는 평화구축활동에서, 법집행(law enforcement) 부문의 충실은 결정적인 의미가 있다.

　그래서 이 장에서는, 우선 제1절에서 평화활동에서의 법집행활동의 현황을 개관한다. 평화활동의 틀 속에서 지금까지 실시되어 온 법집행 부문의 활동을 살펴본 뒤, 적용될 법의 내용과 실시조직에 대해서 언급한다. 제2절에서는 법집행활동이 평화구축에서 하는 기능을 정리한다. 제3절에서는 평화구축에서 법집행활동이 직면하고 있는 문제점을 지적한다.

1. 법집행활동의 자리매김

1) 법집행활동의 전개

법집행이란, 공적 권위의 강제력을 배경으로 사회에서 법의 준수를 확보하기 위한 활동을 가리킨다. 법집행권력은 법의 수호자로서 기능을 하는 권력이다. 사회를 법질서의 교란요소로부터 지키고, 법규범의 일탈자가 나타났을 때에는 법의 이름으로 그자를 법적 심판대에 세우는 것이 법집행권력이 하는 일이다. 통상의 국가기구에서 법집행을 담당하고 있는 것은 경찰권력이며, 평화구축에서 실시되는 법집행활동도 다양한 형태의 경찰권력 행사와 관계가 있다.

국제적 민간경찰관(Civilian Police: CivPol)을 파견하는 것 자체는 전통적 유엔평화유지활동에서도 있었다. 1960년대에 콩고에 평화유지부대가 파견되었을 때(UN Operation in Congo: ONUC), 현지 정부의 경찰권력이 내란에 참가하고 있었으므로, 경찰력의 재정비가 요청되었다. 그래서 가나와 나이지리아에서 400명의 경찰관이 파견되었다. 또한, 1964년에는 키프로스에서의 평화유지활동(UN Peacekeeping Force in Cyprus: UNFICYP)에도, 최대 175명의 민간경찰관이 참가하였다.214) 2003년215) 5월 시점에서도 35명이 민간경찰관으로 근무

---

214) Alex Morrison, "Methodology, Contents and Structure of UN Civilian Police Training Programmes", in Nassrine Azimi(ed.), *The Role and Functions of Civilian Police in United Nations Peace-Keeping Operations: Debriefing and Lessons: Report and Recommendations of the International Conference, Singapore, December 1995*(The Hague: Kluwer Law International, 1996), pp.142-143.

215) See the UN Department of Peacekeeping Operations website <http://www.un.org/Depts/dpko/dpko/home.shtml>, "Cyprus: UNFICYP Facts and Figures"

하고 있었다.215) 그러나 이들 사례에서는 민간경찰은 군사부문의 지휘하에 있었고 보조적 역할만 부여되었다. 평화유지활동이 정전감시를 위해서 전개하는 군사부대의 주둔과 같은 뜻이고, 유엔의 평화활동이 평화유지 이외의 형태로는 있을 수 없었던 시대에는, 경찰관의 파견이 필요에 따라서 요청되었다고 해도 그것은 단지 변칙적인 추가조치일 수밖에 없었다.

그러나 냉전 종결 후의 '복합적인', '제2세대' 평화유지활동의 틀에서, 민간경찰의 활동은 확대화·다양화된다. 새로운 평화활동의 선구가 된 나미비아에서의 평화활동(UNTAG)에서는, 민간경찰관은 1989년의 선거까지 1,500명이 파견되었다. UNTAG는 현지에서 치안유지를 담당하는 남서아프리카 경찰(South-West Africa Police: SWAPOL)의 활동을 감시하는 역할을 담당하였다. 또한, 캄보디아의 UNTAC에서는 1993년의 선거까지 3,600명이 파견되어, 캄보디아 전역으로 전개되었다.216) UNTAC는 실효지배정부였던 인민당 경찰의 중립성을 감시하고, 또한 최종적으로는 1만 명의 현지 경찰관을 훈련하고, 36만 5천 명의 난민의 귀환을 도왔다. 뿐만 아니라, UNTAC에서는 인권부문이 평화활동의 틀 속에서 처음으로 창설되어 인권침해의 감시나 인권옹호촉진을 담당한 점도 특필해야 할 것이다. 게다가 1994년에는 과테말라에서 개시된 유엔과테말라검증단(UN Verification Mission in Guatemala: MINUGUA)과 같이, 무력분쟁이 계속되고 있는 와중에, 종래의 평화유지활동의 틀에서 벗어나, 현지 경찰의 활동을 전제로 하지 않고 인권침해 사례의 조사에 임무가 한정된 국제민간경찰활동도 등장하였다.

'제2세대' 평화유지활동인 UNTAG나 UNTAC에서도, 민간경찰은

---

216) Wong Kan Seng, "Keynote Address" in Azimi(ed.), *op.cit.*, in note 214, p.27.

감시를 주된 임무로 하고 있었다. 그러나 이미 UNTAC는 상황에 따라서 민간경찰이 임무를 확대해야 하는 경우도 있음을 보여주었다. 민간경찰은 프놈펜 인민정권의 지배가 미치지 않는 지역에 들어갈 때, 감시해야 할 현지 경찰이 존재하지 않는 상황에 직면하였다. 그래서 그들은 경찰활동을 할 수 있도록 현지 주민을 훈련할 뿐만 아니라, 통상의 경찰업무를 스스로 해야 하였다. 또한, UNTAC 활동 기간 중에도, 캄보디아 각지에서 심각한 인권침해가 만연하였기 때문에, 마침내 국제민간경찰관에게 체포 권한이 부여되었다. 그리고 유엔 구금센터가 설립되고, 특별유엔검찰관이 임명되었다.217)

국제민간경찰요원이 스스로 법집행권을 행사하는 방향에서, 더욱더 야심적인 국제경찰활동이 이루어진 것은 구 유고슬라비아지역에서의 평화활동이다. 1995년 데이턴 협정은 유엔사무총장 특별대표에게 직접 책임을 지는 독립기관으로서 국제경찰태스크포스(International Police Task Force: IPTF)를 설립하였다. IPTF는 현지의 법집행활동을 감시하고, 현지 직원에게 조언·훈련을 실시하고, 공공질서의 위협을 사정(查定)하고, 법집행기관의 재구축 또는 실제의 법집행을 돕는 것을 목적으로 하였다. 1996년이 되면 유엔안보리는 결의 1088로써 IPTF에 법집행요원에 의한 인권침해를 조사할 권한도 부여하였다.218) IPTF는 경찰권력뿐만 아니라, 사법·행정권력에 대해서도, 또한 어떠한 인물·장소·문서라도 감시·조사를 할 수 있는 광범하고

---

217) Klass C. Ross, "Debriefing of Civilian Police Components: UN Transitional Authority in Cambodia(UNTAC)", in Azimi(ed.), *op.cit.*, in note 214, pp.123‒124. 그러나 UNTAC 철수 후를 응시한 제도적 기반을 만들기 위한 평화구축활동에서는, 국제사회의 치안센터 지원은 불충분하였다. See Alex J. Bellamy, "Security Sector Reform: Prospects and Problems", *Global Change, Peace & Security*, vol.15, no.2, 2003, p.109.

218) UN Security Council Resolution, UN Document S / RES / 1088, 12 December 1996, para.28.

강대한 권한을 가지게 되었다.[219] 2002년 말 유엔보스니아헤르체고
비나미션(UN Mission in Bosnia and Herzegovina: UNMIBH)의 활동
종료로, 2003년 1월부터는 EU경찰단(EU Police Mission in Bosnia
and Herzegovina: EUPM)에 권한이 이양되었다.

동슬라보니아(East Slavonia)에서는 우선 1991년에 현지 경찰을 감
시할 목적에서, 스스로는 치안유지의 책임이 없는 국제민간경찰관이
유엔방호대(UN Protection Force: UNPROFOR)의 일환으로서 배치되
었다. 그러나 1996년에 설립된 유엔 동슬라보니아, 바라냐 및 서 시
르미움 잠정기구(UN Transitional Administation for Eastern Slavonia,
Baranja and Western Sirmium: UNTAES)에서는, 국제민간경찰관에
현지 경찰 설립 작업의 임무가 부여되었다.[220] 그리고 헝가리의 부
다페스트에 있는 국제법집행아카데미에서, 미국의 지원으로 현지 경
찰의 훈련이 실시되었다. UNTAES가 집행권의 행사라는 강력한 권
한으로써 현지 경찰의 부정에 대응하려 한 점은, 현지잠정경찰요원
18명을 국제민간경찰커미셔너(international police commissioner)가 해
고했다는 사실에 나타나 있다.[221] UNTAES가 해산된 후에는, 국제
민간경찰의 임무는 크로아티아 현지 경찰의 감시로 되돌아갔는
데,[222] UNTAES 시대의 경험을 축적한 국제민간경찰은 비교적 원활

219) See Claudio Cordone, "Police Reform and Human Rights Investigations:
    The Experience of the UN Mission in Bosnia and Herzegovina", in
    Holm and Eide(eds.), op.cit., in note 62, pp.192−193. See also Robert
    Johansen, "Enforcement without Military Combat: Toward an International
    Civilian Police", in Raimo Vayrynen(ed.), Globalization and Global
    Governance (Lanham: Rowman & Littlefield, 1999), p.186.
220) UN Security Council Resolution 1037, UN Document S / RES / 1037,
    15 January 1996, para.11(A).
221) See Tor Tanke Holm, "CIVPOL Operations in Eastern Slavonia, 1992−
    98", Holm and Eide(eds.), op.cit., in note 62, pp.147−148.
222) UN Security Council Resolution 1145, UN Document S / RES / 1145,

히 활동하였다고 평가할 수 있다.[223]

1999년부터 시작된 코소보에서는 마침내 국제민간경찰관이 법집행 권한을 완전히 장악하게 되었다.[224] 안보리 결의 1244는 UNMIK에 국제민간경찰을 통해서 현지 경찰을 재확립하고, '시민적인 법과 질서를 유지할' 권한을 부여하였다.[225] UNMIK가 최초로 포고한 규칙의 첫머리에는 다음의 내용이 규정되었다. '사법운영을 포함하는 코소보에 관한 모든 입법권과 행정권은 UNMIK에 속하고, 사무총장 특별대표가 이를 행사한다.'[226] 당초 코소보의 상황은 극히 불안정하고, 국제민간경찰이 충분히 전개될 수 없는 단계여서, 세르비아인에 대한 알바니아인 세력의 폭력행위는 계속 이어졌다. 그래서 UNMIK는 민간경찰관을 노상에 배치하여 폭력행위를 억지함과 더불어, 조직적인 범죄행위에 대해서는 다시금 이탈리아의 '카라비니에리(Carabinieri)'를 중심으로 한 치안경비대를 KFOR(Kosovo Force) 내부의 다국적 특별부대(Multinational Specialized Unit: MSU)로서 활동케 하기로 하였다. 또한, UNMIK 경찰 부문 내부에는 같은 기능의 특별경찰유닛(Special Police Unit: SPU)을 창설하였다.[227] 나아가 미국, 영국, 프랑스, 독일, 이탈리아는 UNMIK 경찰 부문 안에 형사정보유닛(Criminal Intelli-

---

19 December 1997, para.13.
223) Holm, *op.cit.*, in note 221, pp.153 – 154.
224) See Renata Dwan(ed.), *Executive Policing: Enforcing the Law in Peace Operations*, SIPRI Research Report No.16(Oxford: Oxford University Press, 2003).
225) UN Security Council Resolution 1244, UN Document S / RES / 1244, 10 June 1999.
226) UNMIK Regulation 1999 / 1, UN Document UNMIK / REG / 1999 / 1, 25 July 1999, para.1.1.
227) Annika S. Hansen, *From Congo to Kosovo: Civilian Police in Peace Operations,* Adelphi Paper 343(Oxford: Oxford University Press, 2002), p.71.

gence Unit: CIU)을 창설하고, 형사수사상의 정보를 효과적으로 수집하는 시스템을 만들었다. 나아가 코소보 해방군(KLA)을 해체할 목적에서, 코소보 방위대(Kosovo Protection Corps: KPC)에 이어서, 코소보 경찰기구(Kosovo Police Service: KPS)를 설립하여, 무장 알바니아인 세력의 제도적 편입을 모색하였다.228) KPS 요원의 훈련은 OSCE가 담당하게 되었고, 미국의 지원도 받은 코소보 경찰기구학교(Kosovo Police Service School: KPSS)의 운영 등을 통해, 인권옹호를 기조로 한 경찰관 양성이 평화구축활동으로서 실시되었다.229)

동티모르에서도 UNMIK와 같은 광범위한 권한이 유엔동티모르잠정행정기구(UN Transitional Administration in East Timor: UNTAET)에 부여되었다. 안보리 결의 1272는 역시 '동티모르 전역에서 안전을 보장하고, 법과 질서를 유지하는' 권한을 UNTAET에 부여하였다.230) UNTAET가 최초로 포고한 규칙의 첫머리는 UNMIK의 경우와 완전히 동일한 표현으로 UNTAET가 동티모르에서 입법, 행정, 사법의 전권을 행사함을 정하였다.231) 더구나 특징적인 것은, 코소보에서는 군사부문은 NATO가 담당하고, OSCE 등 기존의 유럽 조직이 민간부문에서 최대한 활용되었음에 반하여, 동티모르에서는 유엔이 모든 평화활동의 책임을 져야 했다는 점이다. 38개국에서 파견된 1,054명의 유엔민간경찰관이 전개되어 치안유지를 담당하였다. 코소

---

228) Michael J. Dziedzic, "Policing from Above: Executive Policing and Peace Implementation in Kosovo", in Dwan(ed.), op.cit., in note 224, pp.35-52.
229) See the OSCE Mission in Kosovo website <http://www.osce.org/kosovo/>, "Police Education"
230) UN Security Council Resolution 1272, UN Document S / RES / 1272, 25 October 1999.
231) UNTAET Regulation 1999 / 1, UN Document UNTAET / REG / 1999 / 1, 27 November 1999.

보의 MSU나 SPU에 상당하는 치안경찰부대로서, 120명의 포르투갈
인과 120명의 요르단인 경찰관으로 구성되는 긴급대응유닛(Rapid
Response Unit)도 창설되었다.232) 그러나 동티모르에서 현지 경찰기
구는 없는 것과 같았다. 그래서 2000년 3월에 동티모르 경찰기구
(East Timor Police Service: ETPS)가 창설되어, 구인도네시아 국민경
찰요원 800명이 경찰지원그룹(Police Assitance Group: PAG)으로서
활용되었다. 역시 동티모르 경찰훈련대학(East Timor Training College:
ETPTC)이 설립되어, 신규채용자에 대한 훈련이 실시되었다. 그러나
그 밖의 UNTAET 부문과 마찬가지로, ETPTC도 자금 부족에 시달
렸고, 더구나 자금의 60%가 시설 복구에 사용되는 상황이었다. 결
국, 2000년 후반에 미국의 지원이 있고서야, 훈련은 다른 평화구축
활동에서와 같은 내용으로 실시되었다.233)

이와 같이 1990년대 이후의 '포괄적' 평화활동에서는, 국제평화활
동요원은 현지에서 다각적으로 활동하게 되어, 현지 경찰을 감시할
뿐만 아니라, 자신이 법집행활동을 하게 되었던 것이다. 새로운 국가
제도를 충실히 하지 않고서 영속적 평화는 바랄 수 없다는 인식에
서, 법집행 부문에서 효과적인 평화활동을 하는 것이 불가결하다고 생
각하게 되었기 때문이었다.

2) 집행되는 법의 내용

그러면 여기서는 확충되고 있는 법집행활동에서 어떠한 법이 적용

232) Hansen, *op.cit.*, in note 227, pp.71-72.
233) Robert M. Perito, "National Police Training within and Executive
Police Operation", in Dwan(ed.), *op.cit.*, in note 224, pp.89-91.

되고 있는지를 살펴보기로 한다. 평화구축에서 적용되는 법은 복수의 영역에 관련된다.[234] 첫째, 평화구축에 관련되는 국제법규범의 대부분은 관습국제법으로 되어 있다고 생각할 수 있기 때문에, 그 범위에서 국제법이 적용된다. 둘째, 평화구축에 고유한 법으로서 준수가 요구되는 것이 평화협정에서 정한 원칙·규칙이다. 셋째, 기존의 국가기구가 잔존하고 있다면, 국내법이 적용되어야 한다. 평화를 구축하는 것은 법규범을 확립하기 위해서이지, 기존의 국내법규범을 침해하기 위해서가 아니다. 넷째, 평화구축의 관점에서 요구되어야 함에도 결여되어 있는 부분을 보충하기 위해서, 새로운 법이 제정되어야 한다. 다섯째, 평화활동요원이 속하는 국제조직 또는 국가가 평화활동에 적용할 의도로 정한 규칙이 있다.

첫째로, 평화활동에서 특히 중요한 의미가 있는 국제법규범은 국제인도법과 국제인권법이다. 국제인도법은 무력분쟁에 적용되는 법이고, 전쟁 중에 저지른 전쟁범죄를 범죄로서 인식하기 위해 이용된다. 국제인도법은 무력분쟁 당사자뿐만 아니라, 유엔 평화활동 종사자에게도 적용된다는 것은 사무총장 포고(Bulletin)에서 확인되었다.[235] 국제인권법은 더 넓은 범위에서 준거해야 할 법규범을 평화활동에 제공한다. 평화협정 등에서 명시적으로 선언하고 있지 않더라도, 예컨대 노골적으로 남녀차별을 용인하는 제도나 관행을 국제평화활동에 종사하는 자가 허용할 수는 없을 것이다. 인권법의 준수는 법집행 부문에 관련된 평화구축에는 특히 중요하다. 왜냐하면, 공권력을

---

234) Colette Rausch, "The Assumption of Authority in Kosovo and East Timor: Legal and Practical Implications", in Dwan(ed.), *op.cit.*, in note 224.

235) Secretary-General's Bulletin, "Observance of United Nations Forces of International Humanitarian Law", UN Document ST / SGB / 1999 / 13, 6 August 1999.

남용하여 인권을 침해하는 것은 많은 경우 법집행 부문에 종사하는
자이기 때문이다. 평화활동에 종사하는 자의 인권법규범의 일탈은
현지 주민의 이반을 초래하여, 평화활동 전체가 실패하는 요인이 된
다. 역으로 인권법규범을 보급하는 데 성공하면, 국제법규범의 존재
를 현지 주민에게 의식시킬 수 있게 될 것이다.

둘째로, 많은 평화활동에는 평화협정이나 유엔안보리 결의 등이
부과한 개별 규칙이 있다. 이미 보았듯이, 평화협정은 인권 등의 확
립된 국제법규범을 명확히 할 뿐만 아니라, 새로운 국가제도의 구조
등 준헌법적 원칙을 포함하는 경우가 많다. 또한, 무장해제의 방법
등도 정하고 있을지도 모른다. 안보리 결의는 국제법에 그 권위의
기반을 두고 있지만, 구체적 내용에 관해서 말하면, 각각의 분쟁
(후) 지역의 상황에 대응한 개별적 규칙을 정하는 것이기도 하다. 예
컨대 분쟁지역에 대한 무기의 수출금지나, 분쟁지역으로부터의 부정
한 천연자원의 수출금지 등이다. 개별적인 상황에 대응한 구체적인
권위가 필요한 국제평화활동에서, 안보리 결의는 개별적 규칙의 중
요한 법원천이다. 이미 보았듯이, 분쟁이 일방의 전면 승리로 끝난
후에 개시되는 평화구축의 경우에는, 안보리 결의가 평화협정이 달
성해야 할 준헌법적 규칙을 제공하는 경우가 있다. 그러나 대개 실
제의 안보리 결의문에서는 정치적 배려에서 모호한 표현이 사용된
다. 그래서 구체적 규칙은, 안보리에서 정한 임무에 따라서, 평화활
동 주체와 수입국(受入國) 정부 간의 각서(Memorandum of Understa-
nding: MOU)에서 정해지는 경우도 있다. 특히 평화활동요원의 권리
의무는 지위협정(Status of Forces Agreement: SOFA; Status of Mission
Agreement: SOMA)이라는 형태로 수입국(受入國) 정부와 평화활동
주체 사이에서 규칙화된다.236) 현지 정부가 존재하지 않거나, 아니면

---

236) Halvor Hartz, "CIVPOL: The UN Instrument for Police Reform", in

현지 정부를 제쳐놓고 평화활동이 실시될 때, UNMIK 또는 UNTAET
의 경우와 같이 유엔사무총장 특별대표가 규칙을 제정하게 된다.

셋째로, 국내법규범도 법집행을 하기 위한 기반이 된다. 분쟁의
발생은 통상의 법질서가 기능을 하지 않게 되었음을 의미한다. 그러
나 분쟁 전 상태로부터의 법질서의 일관성을 유지하려고 하는 경우,
평화구축활동을 통해서 국내법규범을 적용하는 경우가 있을 수 있
다. 그 경우 내전은 정부 측에서 보면 순수한 법집행활동의 일환으
로서 존재한다. 2001년 9월 11일 이후 미국이 하고 있는 '대(對) 테
러전쟁'은 다양한 요소를 포함하고 있지만, 기본적으로는 범죄자를
추적하는 법집행활동의 틀 속에서 수행되고 있다.

넷째로, 필요하지만 결여되어 있다고 생각되는 법규범을 새로이
만들어 내는 작업도 중요한 평화구축활동이다. 실제로 법의 지배의
전통이 그다지 없었던 분쟁 (후) 지역에서, 국제적 지원으로 새로운
법전의 정비가 이루어지고 있다. 예컨대 캄보디아에서는 일본이 민
법과 민사소송법을, 프랑스가 형법과 형사소송법을, 아시아개발은행
이 토지법을, 세계은행이 상법의 제정을 지원하였다.237) 이러한 활동
은 법제도의 충실이 안정된 사회의 구축으로 이어진다는 전략적 시
점에서, 평화구축의 일환으로서 자리매김한다. 그러나 법제도가 과거
에 전혀 존재하지 않던 지역 등은 없어서, 신뢰할 수 있는 유효한
토착의 법제도가 어느 정도로 어떻게 결여되어 있는지를 평가하는
작업은 간단하지 않다.238)

Holm and Eide(eds.), *op.cit.*, in note 62, pp.28－29.

237) 国際協力事業団企劃・評価部, 『日加合同平和構築評価調査報告書』(国
際協力事業団, 2002), 50－51면 참조.

238) 캄보디아에서는 코먼 로(common law)의 전통을 도입하려는 영미의 지
원자와, 대륙법 전통을 도입하려는 프랑스 지원자 사이에서 과거의 캄
보디아의 법제도를 거의 무시한 대립이 일어났다고 한다. Mani, *op.cit.*,
in note 10, pp.7－8.

끝으로, 평화활동요원이 개별적으로 가지고 있는 규칙으로는, 예컨
대 유엔의 '법집행요원행동규칙(Code of Conduct for Law Enforcement
Officials)'[239] 또는 '법집행요원의 무력과 화기사용에 관한 유엔 기본
원칙(UN Basic Principles on the Use of Force and Firearms by Law
Enforcement Officials)' 등이 있다.[240] 또한, 평화활동에서의 법집행
요원을 위한 입문서로서, '평화유지경찰관을 위한 유엔형사사법기준
(블루 북)(UN Criminal Justice Standdards for Peace-Keeping Police
[The Blue Book])'이 있다.[241] 또한, UNHCHR도 '인권과 법집행-경
찰의 인권훈련 매뉴얼(Human Rights and Law Enforcement: A Manual
on Human Rights Training for the Police)'을 발간하였다.[242] 유엔평
화유지국 민간경찰과는 2001년에 '유엔민간경찰의 원칙과 가이드라인
(Principles and Guidelines for United Nations Civilian Police)'을 발
간하였다.[243] 나아가 정부기관을 보면, 미군이 평화·인도활동(Operations

---

239) UN General Assembly Resolution 34 / 169, UN Document A / RES / 34 / 169,
17 December 1979.
240) "Eighth United Nations Congress on the Prevention of Crime and the
Treatment of Offenders", UN General Assembly Resolution 45 / 121, UN
Document A / RES / 45 / 121, 14 December 1990.
241) UN Centre for International Crime Prevention, *UN Criminal Justice Standards
for Peacee-Keeping Police*(*The Blue Book*), 1996, available at <http://www.
uncjin.org/Documents/BlueBook/BlueBook/index.html>.
242) High Commissioner for Human Rights, *Professional Training Series No.5,
Human Rights and Law Enforcement: A Manual on Human Rights Training
for the Police*(New York: United Nations, 1997). UNHCHR은 보스니
아 등에서 특정한 평화활동의 경찰관을 상정한 『인권과 법집행』 핸드북
(handbook)을 작성하고 있었다. See Harry Broer and Michael Emery,
"Civilian Police in the U.N. Peacekeeping Operations", in Robert B.
Oakley, Michael J. Dziedzic and Eliot M. Goldberg(eds.), *Policing the
New World Disorder: Peace Operations and Public Security*(Honolulu:
University Press of the Pacific, 1998), pp.384-385.
243) Hansen, *op.cit.*, in note 227, p.43.

Other Than War: OOTW)을 상정하여 작성한 다양한 규칙이 있다.244)

3) 법집행요원

법집행활동에서 중심적 역할을 담당하는 것은 경찰작업에 종사하는 국제민간경찰관과 현지 경찰관이다. 전통적 평화활동에서는 국제민간경찰관은 현지 경찰관을 감시하는 역할을 하고 있었다. 그런데 최근의 평화활동에서, 국제민간경찰관은 현지 경찰관을 교육하고 훈련하기도 하고, 친히 현지 경찰관을 대신하여 법집행도 하게 되었음은 이미 본 대로이다. 민간경찰관이란, 평화유지군에 종사하는 군사요원과 기타 민간직원과는 다른 지위에 있는 존재이지만, 그 지위의 성질상 항상 필수로 되는 업무가 있는 것은 아니다. 따라서 민간경찰관이 앞으로 얼마만큼 권한을 확대해 갈지를 짐작하는 것은 그다지 의미가 없을 것이다. 『Brahimi Report』는 민간경찰관에 관한 '교의상의 전환'을 제창하였지만, 그것에 대한 반응은 미묘하였다. 어떤 의미에서는 이미 '전환'은 이루어지고 있다. 그러나 그것은 반드시 민간경찰관이 금후의 평화활동에서 항상 야심적인 책무를 부여받는다는 것을 의미하지는 않는다. 결국, 안보리 구성국 등 평화활동에 관여하는 국가들이 구체적인 평화활동의 맥락에서 민간경찰에 맡겨야 한다고 생각하는 직무를, 민간경찰관은 담당하는 것이고, 개별적 재량에 따르는 사정은 앞으로도 변화하는 일은 없다. 그러나 과거의 평화활동이 보여주는 것은, 민간경찰관에 부여될 가능성이 있는 직무의 범위

---

244) See John M. Metz, "Training the Way We Fight or for the Fight: Are Tactical Units Prepared for Post-Conflict Operations?", *Low Intensity Conflict & Law Enforcement*, vol.5, no.2, 1996, pp.206-212.

는 종래 생각되고 있던 것보다도 훨씬 넓다는 점이다.

　민간경찰관의 직무의 성질은 평화활동의 틀 속에서 현지 경찰과 관계가 어떻게 자리매김하는지에 따라서 결정된다. 현지 경찰을 감시하는 것은 기존의 경찰조직의 계속성을 전제로 하고, 평화구축이 진행되는 경우이다. 이것은 말할 것도 없이 이미 존재하는 현지 경찰에 최저한의 조직적 신뢰를 둘 수 있을 때 채용되는 태도이다. 경찰관 개인의 직무수행능력이나 인권의식이 낮은 경우, 일정한 훈련과 교육을 할 필요가 발생한다.245) 조직 자체에 문제가 있는 경우에는, 구경찰을 해체·통합하고, '민주적' 새 국민경찰을 구축하게 된다.246) 그때에는 새 국민경찰에서 구(舊)경찰관의 인원수를 제한하는 조치나, 모든 새 경찰요원에게 새로운 훈련을 실시하는 것 등이 원칙이 되

---

245) See Arrick Jackson and Alynna Lyon, "Policing after Ethnic Conflict: Culture, Democratic Policing, Politics and the Public", *Policing: An International Journal of Police Strategies and Management*, vol.24, no.4, 2001.

246) 최근 논의되고 있는 '민주적 경찰(democratic policing)'의 요건은 문민통제, 인권규범을 준수한 공적 봉사, 타민족·무당파성이다. See Rachel Neild, "Democratic Police Reforms in War-torn Societies", *Conflict, Security and Development*, vol.1, no.1, 2001, p.23. 뿐만 아니라, 후지시게 히로미[藤重(永田)博美]는 'Community Policing'도 민주적 경찰로 번역한다. '영미계의 경찰은 자연발생적 지역사회(community)의 자경단의 연장선상에서 성립하였으므로 지역주민을 대표해 그 안전에 책임을 진다는 의식이 강해서 민주적 성질을 강하게 지니고 있었기' 때문이다. 따라서 'democratic policing'과 'community policing'은 그 의미·내용에서 겹치는 부분이 크다고 할 수 있지만, 전자가 더 근대국가기구를 전제로 한 일반적 개념임에 반하여, 후자는 역사적 맥락에서의 구체적 조직을 염두에 둔 표현이다. 藤重(永田)博美, "PKOと文民警察の役割 －破綻国家における警察再建支援についての一考察－", 『海外事情』(拓殖大学海外事情研究所), 2002年 11月号, 52면 참조. 한센은 'democratic policing'의 특징으로 '반응(responsiveness)'과 '책임(accountability)'을 들면서, 'community policing' 및 'professionalism'과 의미·내용이 중복됨을 암시하고 있다. Hansen, *op.cit.*, in note 227, p.94.

고, 전신 조직의 계속성을 단절하는 것이 목표로 된다.[247] 그러나 새로운 경찰을 창설하는 경우는, 막대한 인적·경제적 자원의 투입이 필요하고, 게다가 경험이 없는 경찰관이 분쟁 (후) 지역의 어려운 법집행활동을 해야 한다는 난점이 있다.[248] 그래서 실제로는 파나마에서 1989년 개입 후 미국이 이용하였듯이, 특히 문제가 있는 현지 경찰직원을 배제하고, 나머지 직원을 활용하는 중간적 방법을 취하는 경우도 많다.[249] 또한, 적절히 기능을 할 수 있는 경찰조직과 필요한 수의 경찰관 둘 다 존재하지 않는 경우, 긴급조치로서 국제요원이 직접적으로 법집행에 종사하게 된다.

군사부대도 법집행활동에 관여한다. 예컨대 구 유고슬라비아 각지에 전개하는 NATO군은 전쟁범죄의 피의자를 체포할 권한을 행사하고 있다. 지역분쟁의 전쟁범죄자를 소추하는 국제재판소의 검찰관과, 그것을 집행하는 국제평화유지군이라는 새로운 관계가 특히 보스니아 헤르체고비나에서 나타난 것이다. '국제의 평화와 안전'에 주요한 책임을 지는 유엔 안보리가 헌장 제7장의 권위에 호소하여 국제재판소를 설립하고, 그 국제재판소의 전쟁범죄인 소추 권한을 지역기구인 NATO의 평화유지부대가 행사한다는 극히 변칙적인 방법이 국제법상으로도 문제없이 이미 30건 이상에 걸쳐 실시되고 있는 것이다.[250]

그러나 법집행활동에 대한 군사부대의 관여는 돌연 20세기 말에

---

247) Gino Costa, "The United Nations and the Reform of the Police in El Salvador", in Azimi(ed.), op.cit., in note 214, p.80.

248) See Rachel Neild, "Democratic Policing", in Luc Reychler and Thania Paffenholz(eds.), Peace − building: A Field Guide(Boulder: Lynne Rienner, 2001), pp.418 − 420.

249) Anthony Gray and Maxwell Manwaring, "Panama: Operation Just Cause", in Oakley, Dziedzic and Goldberg(eds.), op.cit., in note 242, p.57.

250) Susan Lamb, "The Powers of Arrest of the International Criminal Tribunal for the Former Yugoslavia", The British Year Book of International Law, 1999, Seventieth Year of the Issue, 2000, pp.186 − 195.

시작된 것은 아니다. 애당초 유럽 국가들은 식민지의 치안유지에서 군사경찰을 이용하고 있었다. 그 전통에서 현재도 유럽 국가들은 군사경찰을 활용하는 전통이 있다. 식민지 운영의 경험이 부족하였던 미국도 19세기 중반의 멕시코, 남북전쟁 후의 남부 주들, 미국-스페인 전쟁 후의 필리핀, 푸에리토리코, 쿠바, 그리고 제2차 세계대전 후의 독일과 일본에서 군사통치의 경험을 쌓았다. 미국은 20세기에는 그밖에도 아이티, 사모아, 니카라과, 과테말라에서 군대를 경찰력으로 활용하였다.251) 그리고 말할 것도 없이 2003년 이라크 전쟁 후에도 점령군이 사실상 법집행활동을 하고 있다.252)

정전감시를 주목적으로 삼아 군사력을 전개하는 전통적 유엔평화유지활동에서조차 치안유지기능을 수행할 필요성에 직면한 경우는 있다. 이미 1962-63년에 8개월간 서이리안(West Irian)에 전개한 유엔잠정행정기구(UN Temporary Executive Authority: UNTEA)의 서이리안 유엔보안대(UN Security Force: UNSF)의 평화유지활동에서도, 사실상 공동화된 현지 경찰력의 공백을 메우기 위해서, 평화유지군이 활동해야 하였다.253)

설령 명시적으로 안보리가 권한을 부여하고 있을 때라도, 비무장 또

---

251) See Erwin A. Schmidl, "Police Functions in Peace Operations: An Historical Overview", in Oakley, Dziedzic and Goldberg(eds.), *op.cit.*, in note 242, p.26.

252) 당초 현지의 점령정책에 책임을 진 퇴역군인인 가너(Jay M. Garner) 부흥인도원조실(US Office of Reconstruction and Humanitarian Assistance: ORHA) 실장은 1개월 정도에서 해임되고, 브레머(Paul Bremer) '문민행정관'이 이끄는 '연합군잠정당국'(Coalition Provisional Authority: CPA)에 권한이 이양된 것은, 구 바스당 정권의 공무원을 이용하면서 미군통치를 진행시킨다는 방향이, 문민통치에 가까운 형식하에서 더욱 근본적으로 새로운 이라크 정권을 창설하는 방향으로 바뀌었음을 의미하고 있는 듯하다.

253) See Schmidl, *op.cit.*, in note 2521, pp.31-32.

는 경무장의 민간경찰관이 분쟁 (후) 지역에서 체포권을 행사하는 것이
실제로는 곤란한 경우가 있다. 또한, 본국에서도 부대단위로 움직이고
있을 까닭이 없는 경찰관은 부임하기까지 상당한 시간이 걸리고, 인원
수도 필요한 수를 좀처럼 충족할 수 없는 경우가 많다. 그래서 군사
요원이 경찰관을 대신하거나, 경찰관과 협력하여 법집행기능을 수행
하는 것이 요구된다. 그러나 군사요원이 참가한다고 해서, 실제로 무
력이 사용된다고는 할 수 없다. 충분한 강제력을 행사할 수 있는 능
력을 수반하여 법집행을 한다는 것은, 가능한 한 무력사용을 피해야
한다는 국제사회의 일반적 논리와 모순되는 것은 아니다. 게다가 국
제사회는, 위험한 작업은 모두 군사요원에게 하도록 해야 한다는 점
에 안이하게 합의하고 있는 것은 아니다. 비군사요원이 해야 하는
위험한 작업이 있다면, 군사요원이라도 해서는 안 되는 위험한 작업
도 있을 것이다. 그러나 군사요원을 참가시킴으로써 원활하게 된다
면, 아니면 군사요원밖에 움직일 자가 없는 장면에서 법집행활동의
필요성이 있다면, 선택지로서 군사요원의 법집행활동에 대한 참가는
당연히 인정될 만한 것이다.

또한, 평화활동에 종사하는 군사요원은 부대단위로 행동하고 있는
자뿐만이 아니다. 예컨대 군사감시요원은 보통 군인이 맡지만 부대
로부터는 떨어져 개인 단위로 평화활동조직에 편입된다. 이들은 보
통 무장 정도도 낮아서, 군사부대가 할 수 있는 임무를 수행하는 데
에는 적합하지 않다. 한편, 이들에게는 민간경찰관에 부여된 권한은
없다. 그러나 군사감시요원은 평화협정에서 정한 정전에 관한 규칙
의 수호자이고, 평화구축에서 사실상 법집행에 종사하고 있다고 생
각할 수 있다. 물론 과잉의 임무를 수행할 수는 없지만, 법집행 부
문의 활동 내용을 이해하고, 충분한 연락·조정을 취해 가는 것이
필요하다고 생각된다.

그런데 민간경찰과 군사 부문의 중간에 자리매김하고, 평화활동에서도 무시할 수 없는 역할을 하고 있는 것이 치안부대라고도 불러야 할 무장경찰조직이다. 유럽 국가에서는 왕권을 옹호한 근위병 등의 전통에서, 치안유지임무를 맡는 특별한 경찰부대가 많이 존재한다. 예컨대 치안부대제도가 없는 미국이 민간경찰관의 최대 파견국임과 동시에, 때때로 군사행동을 위해서 대규모 군대를 파견하는 경향이 있는데 반하여, 프랑스(장다르메리: Gendarmerie), 이탈리아(카라비니에리: Carabinieri), 스페인(가르디아 시빌: Guardia Civil) 등 그런 부대조직이 있는 국가는 1990년대 초부터 적극적으로 치안부대를 평화활동의 경찰부문에 파견하였다.254) 평화활동에서는 보스니아와 코소보에서 다국적특별부대(MSU)가 무장치안유지부대로서 활동하였다.

분쟁 (후) 지역에서 치안유지기능을 주체적으로 완수해 가는 데에는, 통상의 민간경찰관으로는 역부족인 장면이 많다. 그렇지만 대규모 부대의 파견은 전쟁행위와는 다른 요소에 의한 치안 수준의 저하에 대응하는 데에는 부적절하다. 분쟁 직후의 사회적 소란 속에서 평화구축으로서의 치안유지를 맡는 것은 군사부대와 민간경찰 모두에 자기의 전문적 기능에 익숙하지 않은 일이다. 그래서 경찰행위를 주 임무로 하면서도 강경수단에 호소할 능력이 있는 요원의 필요성이 높아지게 된다.

전쟁범죄인의 수사와 체포에 관해서도, 비무장의 민간경찰관에게는 책임이 무거운 경우를 충분히 생각할 수 있다. 그러나 군사요원은 반드시 특정 개인을 구속하는 작전 훈련을 받고 있지는 않다. 그래서 때로는 강경수단에 호소하는 능력이 있으면서 수사와 체포를 할

---

254) Philippe Guimbert, "Brief Overview of French Perspective on Developing a Doctrine for Civilian Police in UN Peace-Keeping Operations", in Azimi(ed.), *op.cit.*, in note 214, p.173.

수 있는 요원이 역시 필요하게 된다. 국제재판소의 요청에 답하기 위해서 또는 현지 정부의 법집행을 돕기 위해서, 분쟁 (후) 지역의 특이한 환경에서도 수사 활동을 할 수 있는 특별 훈련을 받은 경찰요원이 요구되는 것이다.

그러나 러시아의 치안부대가 체첸 분쟁에서는 단지 러시아군의 특수부대와 같은 형태로 움직였다는 점에서도 우려되듯이, 치안부대의 활용은 현지 사회의 일반주민에게 억압적 인상을 줄 우려가 있다. 인권규범을 기반으로 하는, 평화구축에서의 법의 지배의 확립의 시도에서는 그러한 인상은 바람직하지 않다. 그 때문에 치안부대의 단기적 유용성을 인정하면서도, 평화구축에서 그것을 활용하는 것을 경계하는 의견도 있다.[255] 나아가 독자적 행동문화를 가지는 각국의 치안부대가 평화활동에서의 법집행 부문의 지휘계통을 혼란에 빠뜨리는 경우도 있다.[256]

2. 법집행활동의 기능

1) 법집행활동의 이론적 의미

평화구축의 법의 지배 접근 중에서, 법집행활동이 어떠한 기능을

---

255) See Alice Hills, "International Peace Support Operations and CIVPOL: Should There Be a Permanent Global Gendarmerie?", *International Peace-keeping*, vol.5, no.3, 1998.
256) Hansen, *op.cit.* note 227, p.73.

하는지를 고찰하기로 한다. 제3장과 제4장에서는, 평화협정으로 시작되는 법의 지배 확립의 시도가 선거를 통해 정통성을 부여받는 것을 확인하였다. 법집행은 정통성이 부여된 규칙이 정당하게 운용되는 것을 보장하기 위한 활동이다. 달리 표현하면, 법집행은 사회 구성원이 이러한 규칙을 지키게 하는 기능을 한다.

법의 지배를 분쟁 (후) 지역에 확립한다는 평화구축의 목적에서 보면, 정당한 공권력의 수립은 불가결의 작업이다. 그러나 부여된 권력을 적절히 행사할 수 없는 공권력의 수립은 실질적 의미가 없다. 국가가 사회구성원의 안전 확보에 대해 지는 책임은, 거의 모든 정치사상이 긍정하는 것이다. 안전보장에 대한 책임은 근대국가의 최저한의 역할이며, 법집행기능을 행사하여 치안을 유지하고 사람들의 안전을 지키는 것은 항상 그리고 반드시 국가에 요구되는 불가결의 기능이다. 정치적·법적 분야에 깊이 관여하게 된 국제평화구축활동이 이 안전보장 부문의 개혁에 주목하게 된 것은 당연한 일이라 할 수 있을 것이다.[257)]

로크의 정치사상에 따르면, 사람들은 자신의 권리를 더 잘 확보하기 위해서, 사회에 참여하고, 정부의 존재를 인정한다. 역으로 말하면, 개인들의 권리를 지킬 수 없는 정부는 통치계약이 부과한 의무를 완수하지 못하고 있는 정부로 간주된다. 법의 지배로 관철된 질서를 지키는 것이 입헌주의 국가의 책무이다. 따라서 법집행활동을 충실히 하여 법의 지배의 질서를 확보하는 것은, 공권력이 자신의 정당성을 유지하는 중요한 작업이다.

---

257) See, for instance, Jane Chanaa, *Security Sector Reform*: *Issues, Challenges and Prospects*, Adelphi Paper 344(Oxford: Oxford University Press, 2002); and Dylan Hendrickson, "A Review of Security Sector Reform", Working Papers No.1, The Conflict, Security and Development Group, Centre for Defense Studies, Kings College London, 1999.

　그렇지만 평화협정이 성립하고 선거로 승인되면, 법집행은 현지 주민을 통해 원활히 진행되는 것이 아닐까? 확실히 순수이론의 관점에서 보면, 사회계약행위로서의 평화협정에 정통성을 부여한 사회는 거기에서 파생되는 규칙에 따르는 것을 거절하지 않을 것이다. 그러나 실제로는 평화협정의 과정을 승인하였다고 해서, 당사자들이 부과된 규칙을 항상 전면적으로 따른다고는 할 수 없다. 또는 비록 사회의 대부분이 법 준수의 태도를 보인 경우라도, 극히 소수의 일탈자가 평화구축을 붕괴시켜 버리는 경우가 있을 수 있다. 분쟁당사자 또는 사회구성원의 동의가 없다면 평화는 얻을 수 없다는 것은 일단 동의가 부여되면 법집행권력이 제도적으로 필요 없게 됨을 의미하는 것은 전혀 아니다. 무릇 현대 지역분쟁의 대부분은 '국민' 전체 사이의 총력전이 아니라, 다양한 이해에 움직인 소수의 무장세력이 일으키고 있다.

　따라서 적어도 이론적으로는, 국제평화활동 요원이 직접적으로 법집행을 담당하는 것에 모순은 없다. 분쟁 (후)의 상황에서, 명확히 현지 법집행 요원이 직무를 수행할 준비가 되어 있지 않을 경우, 국제요원이 평화구축활동 전체의 신뢰성을 유지하기 위해 몸소 행동하는 것은 정당화될 수 있을 것이다. 왜냐하면, 평화활동은, 설령 소수의 현지 사회의 사람들에 대해서 체포 등의 권한을 행사할 때조차도 사회 전체의 이익의 관점에서 이루어질 것이기 때문이다. 치안상황의 악화를 가능한 한 방지하는 것은 평화과정에서 등장하는 장래의 현지 사회의 정부 입장에서도 바람직한 일이라 생각된다. 물론 이 경우의 법집행활동의 정당성은, 일정한 동의원칙에 의해 도출된다고 가정할 수 있는 것이 아니라, 안보리 결의 등의 권위를 기반으로 하면서 평화과정 자체의 규범적 내용에 의거하는 것이다.

　주권국가에서 국제요원이 법집행권력을 행사하는 것의 이론적 타당성보다도, 오히려 실제로 문제가 되는 것은, 과연 국제요원에는 법집행을 수행할 수 있는 능력이 있는가, 또한 장래의 현지 사회로의 권한 이양은 원활히 이루어지는가 하는 점일 것이다. 지금까지의 평화활동에서도, 필요성이 없는 경우, 직무수행이 불가능하다고 생각되는 경우 또는 국제사회가 관여에 관심이 없는 경우에는 국제요원이 법집행을 담당하는 것은 피해왔다. 그러나 큰 기대를 품은 현지 주민에게 국제민간경찰의 한계를 이해시키는 일은 어려우며, 결과적으로 평화구축활동에 대한 현지 사회의 신뢰성이 손상되어 버리는 경우가 자주 일어나고 있다.258)

UNMIK나 UNTAEF와 같이 국제요원이 법집행을 몸소 하는 경우라도, 장기에 걸쳐 통상의 국가권력이 완수해야 할 직무 전부를 계속 수행해 가는 것은 불가능하다. 그래서 평화구축에서 법집행활동이 어떠한 기능을 중점적으로 하고 있는지를 분석하는 것이 필요하다.

2) 감시업무

이미 보았듯이, 평화활동에서 국제민간경찰관의 전통적 임무는 현지 경찰의 감시였다. 이것은 현지 공권력이 자의적으로 인권을 침해하는 것을 억지하리라 기대한 것이었다. 평화구축의 법의 지배 접근에서 보더라도, 이 임무의 중요성은 강조될 것이다. 평화활동요원, 특히 민간경찰관은 법의 지배의 기반인 인권규범을 준수하는 사회를 분쟁 (후) 지역에 만들기 위해서 활동한다. 그래서 민간경찰관에게는 국제인권법의 기준에 비추어 문제라 생각되는 인권침해행위를 감시하고 인권침해를 예방하기 위한 행동을 취할 것을 요구한다.

---

258) Hansen, *op.cit.*, in note 227, pp.84－88.

따라서 현지 경찰의 감시만 한다고 해도, 법의 지배 확립이라는 목적에서 보면, 실제의 직무는 단지 현지 경찰관의 행동을 관찰하는 것에만 그치지 않을 것이다. 물론 법의 파수꾼인 경찰관의 상습적인 인권침해는 가장 먼저 시정되어야 한다. 그러나 법의 지배를 확립하는 데 장해가 되는 심각한 인권침해는 기타 정부·비정부 조직에 의해서도 발생한다. 평화구축의 관점에서 특히 중요한 것은, 조직적으로 이루어지는 특정집단에 대한 폭력행위, 시민에 대한 무차별적 폭력, 병사의 강제적 징집과 노예화, 인신매매 등에 대한 대응이다. 법의 지배 확립을 위해서는 국제민간경찰관은 이들 모두에 대응하기 위한 노력을 할 것이 요청된다.

어쩌면 조직적 범죄에 대한 대응은 현지 경찰을 능가하는 집행권력이 부여되어 있는 것과 같은 평화활동에서가 아니면 곤란하다고 생각될지도 모른다. 그러나 본래는 현지 경찰의 감시 대상에는 경찰관의 인권침해행위뿐만 아니라, 인권침해행위에 대한 경찰관의 묵인도 포함될 것이다. 왜냐하면, 묵인은 간접적으로 인권침해행위에 가담하는 것이며, 시정되어야 할 직무태만이기 때문이다. 감시에 전력하는 것이든, 친히 집행하는 것이든, 평화구축의 법의 지배 접근의 시점에서 본 법집행 관련 활동의 목적은 동일하다. 국제민간경찰관에게 얼마만큼의 권한이 부여되어 있는지의 문제를 떠나, 철저히 평화구축의 목적의 관점에서 원칙적으로 직무를 수행하는 것이 요망된다.

평화활동에서의 감시업무에는 현지 사회의 무력집단에 대한 것도 있다. 구체적으로는, 예컨대 분쟁당사자에 의한 평화협정 위반의 군사행동이 엄격히 감시되어야 한다. 그리고 정해진 예정대로 철수, 무장해제, 병력동원 해제를 하고 있는지 그 여부가 감시되어야 한다. 만약 정전상태 자체가 존속할 수 없다면, 평화협정의 틀이 동요하고 평화구축활동의 계획에 중요한 수정이 가해지게 된다.

이 분야에서는 말할 것도 없이 군사감시요원이 배치되어 임무를 수행하게 된다. 그러나 민간경찰관 또는 다른 평화활동요원도 감시행위에 공헌할 것으로 기대된다. 군사적 행동에 직접 관련된 분야에서의 중대한 규칙위반은 평화구축활동 전체에 영향을 미치므로, 평화구축에 종사하는 자는 설령 직접적인 직무로는 되어 있지 않더라도 분쟁관리를 진전시키기 위한 규칙의 준수를 촉구해야 하기 때문이다.

정전합의 위반은 대규모 군사부대에 의한 전투로만 발생하는 것은 아니다. 분쟁 당사자로서의 정부관계자나 반정부세력의 정치지도자는 일단은 민간인으로서 생활하면서, 실제로는 무력분쟁의 계속을 지시하고 있을지도 모른다. 평화활동의 임무에 따른 수사 활동은 물론 간단히 할 수 있는 것은 아니지만, 원칙적으로 부정되어서는 안 된다고도 생각된다. 또한, 일반시민도 포함하는 광범위한 사람들이 분쟁을 조장하는 요인에 관련되어 있는 경우도 있을 것이고, 애당초 비전투원으로 간주되는 사람들이 실제로는 무력분쟁에 가담하고 있어 무장해제의 대상이 되어야 하는 경우도 있다. 덧붙여 말하면, DDR 또는 소형무기·소화기 단속의 검증에는 시민사회 속에 수용된 감시시스템이 필요하다.

또한, 군사감시요원 등은 평화협정 위반에 해당하는 무력사용의 재발을 막을 수단이 사실상 없을 것이다. 그래서 중요하게 되는 것이, 현지 요원이 평화협정에서 정해진 질서의 붕괴 위기를 유엔본부 평화유지국 또는 정무국을 통해서 안보리에 신속하고 정확하게 보고하는 일과, 그 보고를 기초로 하여 새로운 적절한 조치를 신속하고 정확하게 취할 수 있는 체제를 유엔본부와 유엔회원국이 평소에 갖추어 두는 일이다.

뿐만 아니라, 다른 분야 이상으로, 인권침해의 감시에 관해서는 국제 NGO와 소재지 NGO의 활동이 불가결하다. 앰네스티 인터내셔널 또는 Human Rights Watch 등 국제인권 NGO는 일찍부터 분쟁 (후) 지역의 전쟁범죄인의 처벌을 적극적으로 제창하고 있었다. 민간단체의 제창은, 평화구축 과정에서 전쟁범죄를 처리하는 의의를 국제적으로 그리고 소재지 사회에 보급하는 데 공헌하였다고 할 수 있을 것이다. 분쟁 (후) 지역의 구체적 인권침해·전쟁범죄의 사례를 보고하고 그 상황을 조사하는 인권 NGO는 법집행의 구체적 정책을 다듬어 완성시킬 때 유익한 정보를 제공해 준다. 예컨대 집단살해의 피해자가 매장되어 있는 장소의 발굴과 그 복원작업을 통해 살해상황을 계속 검증하고 있는 전문가 NGO는 전쟁범죄의 입증 시 불가결한 역할을 담당하고 있다.259)

국제평화활동요원이 지방정부·반정부세력의 인권침해행위를 완전히 감시할 수 있는 체제가 없거나, 국제평화활동요원 자신의 인권침해행위를 감시하는 시스템이 정비되어 있지 않은 경우, 인권 NGO에 사실상의 감시기구로서의 역할이 부여된다. 왜냐하면, 민간단체 등 제3자의 활동을 통해 제도의 결함을 메울 필요가 있기 때문이다. 제도적 틀이 취약한 평화활동에서, NGO는 결여되어 있는 상호감시 시스템을 보완하는 역할을 할 것으로 기대된다.

인권문제의 고발을 국제기관 또는 정부기관이 할 때, 문화제국주의 또는 내정간섭이라는 비판을 받는 경우가 있다. 물론 서구국가에 본부를 둔 국제 NGO가 인권문제를 고발할 경우도 그러한 비판을 받을지도 모르지만, 그것이 내포한 뜻은 크게 다르다. 소재지의 NGO가 성장하고 있는 때에는, 더욱더, 불모(不毛)의 정치적 비판으로 문제가 모호하게 되는 것을 피할 수 있다. 따라서 자금력이 있는 국제 NGO와 지방 NGO의 역할분담과 협력관계는 인권의식이 희박한 사회에 법의 지배의 문화를 정착시킬 때 최대한 추구되어야 한다.

---

259) See the Physicians for Human Rights website <http://phrusa.org/>.

그러나 인권옹호활동을 통해서 법의 지배의 문화를 육성하는 평화구축에 관해서, 심각한 문제가 되는 것은 활동 종사자의 안전 확보이다. 왜냐하면, 분쟁에서 이익을 찾는 세력이 저해요인인 활동가에게 위해를 가하는 경우를 분쟁 (후) 지역에서는 빈번하게 볼 수 있기 때문이다.[260] 실은 이것은 민간활동가뿐만 아니라, 국제기관에 고용된 현지 직원에게도 해당된다. 특히 국제기관이 철수한 후에도, 현지 직원들은 민간활동가와 마찬가지로 폭력적 공격에 극히 약한 입장에 놓인다. 인권침해에 침묵하지 않는 문화를 개척하면서, 그것이 현지 사회의 장기적 이익이 됨을 많은 주민이 이해하고 지지하도록 활동해야 하는 셈이지만, 말할 것도 없이 그것은 간단한 일이 아니다. 치안유지를 담당하는 평화구축 요원이 최대한의 배려를 해야 하는 점 또는 국제기관의 철수는 신중하게 이루어져야 하는 점도 강조되어야 한다.

3) 치안유지

법의 지배는 사회 질서가 유지되어야 비로소 현실적인 기초를 가진다. 무릇 사회구성원의 안전을 확보하는 것은 평화구축활동 종사자가 수립하려고 하는, 신뢰할 수 있는 현지 공권력의 정당성과 관련된 중요사항이다. 인간의 생존이라는 자연권적 가치를 보장하기 위한 치안유지는 평화구축의 법의 지배 접근의 근간에 관계되며 중요하다.

구체적으로는, 평화구축에 종사하는 현지 유력자의 신변 경호나, 국

---

260) See Francis Kofi Abiew and Tom Keating, "Outside Agents and the Politics of Peacebuilding and Reconciliation", *International Journal*, vol.55, no.1, 1999, p.91.

제평화활동구성원의 안전 확보, 선거에 즈음한 입후보자나 선거활동원의 신변 경호, 투표자의 안전, 위협을 통해 정당한 의사표명을 방해하는 행위의 예방·감시 등이, 일반적인 치안유지임무 중에서도 특필되어야 할 것이다. 이 분야에서는 민간경찰관뿐만 아니라, 군사부대에 속하는 요원이 법집행기능을 돕는 경우도 있다. 또한, 무장집단이 배회하는 상황에서는 국제적 군사부대의 전개 자체가 무장집단에 대한 억지로서 작용할 것으로 기대된다. 민간경찰관의 존재도 역시 범죄를 억지할 것으로 기대되지만, 경장비의 민간경찰관의 억지(력)를 안이하게 과대평가하는 것은 위험하다. 물론 르완다에서 정부요인을 경호하고 있던 평화유지군이 1994년 학살 시에 공격을 받아 사상자가 난 일 또는 2000년에 시에라리온에서 유엔평화유지군 500명이 어처구니없게 반정부세력에 구속되어 버린 일 등을 생각하면, 단순한 군사부대 존재의 억지력을 과대평가할 수도 없다. 따라서 현지 정세에 대응한 국제사회의 정치적 의사를 묻게도 된다.

평화구축 각 부문 간의 제휴, 그리고 인도원조기관 등과 제휴를 확보하기 위해서, 법집행요원이 활동하는 것도 기대된다.[261] 평화구축의 틀에 속하지 않는 인도원조활동에도 치안유지를 담당하는 법집행 관련 요원이 필요하게 되는 경우가 있다. 예컨대 평화구축의 전제가 되는 국외난민의 귀환이 현지 정부기관의 위협 또는 현지 주민의 혐오 등으로 제대로 이루어지지 못하는 것은 경계할 일이다.[262] 그래서 법의 지배 확립의 관점에서의 치안유지를 UNHCR 등 관계기관들과 협력하면서 할 필요성이 발생한다. 그때, 정전합의가 준수되고 있다면, 민간경찰관이나 군사감시요원의 역할이 중요하게 될

---

261) Abdul Ghani and Bin Yunus, "Opening Address", in Azimi(ed.), *op.cit.*, in note 214, p.36.
262) Klaas C. Ross, "Introduction to Session Ⅰ: Debriefing of Civilian Police Components", in Azimi(ed.), *op.cit,*. in note 214, p.40.

것이다. 정전합의의 준수 정도가 낮거나, 애당초 정전합의가 없는 경우에는, 군사부대가 인도적 지원활동의 안전한 실시를 위해서 활동해야 할지도 모른다.

그러나 위험지대에 인도적 지원조직이 들어가는 경우, 군사요원의 경호가 필요한지, 그러한 경호에 현실적 이익이 있는지는 항상 논의되는 문제이다. 여기서 위험지대란 반드시 분쟁지대만을 가리키는 것은 아니다. 1994년 학살 후 유출된 르완다 난민이 수용된 자이레(당시)나 탄자니아의 난민캠프는, 학살 주모자인 무장세력의 지배를 받았다. 그러한 상황에서 인도지원활동을 원활히 수행하려면 국제적 군사요원의 지원이 필요하다고 주장한 자도 적지 않았다.

그러나 군사부문이 무력사용을 수반하는 행동으로 나타나고 있을 때에는, 동일 부대에 의한 인도원조의 경호는 오히려 위험을 증폭할 우려가 있다. 왜냐하면, 무력사용의 대상으로 되어 있는 현지 무장세력이, 인도원조를 경호하는 국제군사부대를 공격 대상으로 삼을지도 모르기 때문이다. 또한, 중립을 표방하는 인도단체가 현지 사회에서 중립이라고는 볼 수 없게 되어, 활동에 지장이 초래될 우려도 있다. 1999년 코소보에서의 NATO군처럼, 군사조직이 독자적으로 원조활동을 할 때에도, 본래의 인도원조단체와 이 군사조직의 구별이 모호하게 될 위험이 발생한다.

법의 지배를 확립한다는 시도에서 치안유지는 불가결의 임무이다. 그러나 치안유지를 부질없이 힘을 과시하는 것과 같은 의미로 해석한다면, 현지 사회의 신뢰를 얻을 수 없어 평화활동은 곤란에 처할 것이다. 치안유지가 평화구축에서 요구되는 것은 어디까지나 현지 사회의 사람들의 안전을 확보한다는, 법의 지배의 기반이 되는 원칙에 들어맞아서이거나, 아니면 그 원칙을 충족시키기 위한 모든 노력을 측면에서 지원하기 위해서이다.

4) 현지 경찰의 강화

평화구축에서 법집행이 충실히 기능토록 하는데 더욱 중요한 것은, 현지 사회의 법집행기관의 충실을 기하는 일이다. 그리고 장래의 국가 제도 속에서 법집행 부문이 적절히 그리고 원활히 기능을 하기 위한 준비작업을 하는 일이다. 구체적으로는 법집행 부문의 요원에게 필요한, 법적 지식 또는 직무수행상의 기술을 훈련을 통해서 전수해 가야 한다. 그리고 법집행활동의 사명을 이해하고 실행하려는 사람들이 법집행기관을 운영할 수 있는 제도를 갖추는 것이 중요하다. 단적으로 말하면, 인권규범을 최대한으로 준수하기 위해서 활동하는 능력과 의욕을 가진 법집행조직을 만들어 내는 것이 목표가 된다.

이미 보았듯이, 국제사회가 현지 사회를 통치하기 위한 전권을 얻은 코소보나 동티모르의 평화활동의 경우, 국제평화활동요원이 친히 법집행을 담당한 한편, 현지 사회의 경찰기구를 재구축하기 위한 야심적 시도가 있었다. 국제평화활동요원의 직접적인 법집행과, 국제사회가 주도하는 현지 경찰의 근본적 개혁은 불가분의 관계에 있었다고 할 수 있을 것이다. 요컨대, 현지 경찰의 신뢰성 또는 능력이 현저히 낮은 경우에는, 긴급조치로서 국제평화활동요원이 잠정적으로 법집행권을 행사할 필요성이 발생하고, 그리고 장기적으로는 신뢰할 수 있는 현지 경찰을 확립하기 위한 대대적 작업의 필요성도 발생하는 것이다.

그러나 유엔평화유지국은 1990년이 되기까지 민간경찰을 담당하는 부서를 두지 않았고 현지 경찰의 훈련 등의 직무를 예전부터 적절히 지도하고 있었던 것은 아니었다. 오히려 전통적으로 이 분야에서 지도적 역할을 한 것은 두 국가 간의 틀에서 지원하는 미국 정부였다.

라틴아메리카 국가의 경찰력을 위한 미국의 지원은 역사적으로는 친미정권의 치안유지력을 높인다는 정치적 의도에서 시작된 것이었다. 이미 20세기 초에 미국 해병대는 파나마, 니카라과, 아이티에서 현지 경찰을 창설하였다. 1960년대 초에 케네디 대통령은 국제원조청(Agency for International Development: AID)의 지휘하에 국제경찰학교의 설립을 포함한 경찰력 지원계획을 세웠다. 그러나 이 계획은 CIA도 연루되어 라틴아메리카 국가들 또는 남베트남 정권의 억압적 정책을 도와주는 효과가 있었으므로, 연방의회는 1975년에 이 계획을 중지시켰다.263)

그때부터 현재의 평화구축활동에 이르기까지, 중요한 역할을 하고 있는 것이 미국 법무부 국제형사수사·훈련지원계획(US Justice Department International Criminal Investigation and Training Assistance Programme: ICITAP)이다. FBI가 크게 관여하기 시작한 ICITAP는 1986년 이후 라틴아메리카 국가들에서 범죄수사를 지원하였고, 1989년 파나마 침공 후 파나마 경찰의 설립도 지원하였다.264) ICITAP는 냉전 종결 후에는 평화활동의 확대에 맞추어 더욱 활발히 활동하였다.265) 그러나 경찰관 훈련이라는 중요한 임무를 미국이 독점적으로 수행할 때, 그 방침이 국제조직과 명확히 차이가 나는 경우도 있다.

1992년 1월에 체결된 엘살바도르의 평화협정은 내전 중에 군대와 결탁하여 인권을 침해하고 있던 정부 측 경찰기구를 해체하고, 군대와 정당 양쪽에서 독립한 새로운 국민민간경찰(Policia Nacional Civil:

---

263) Chuck Call and Michael Barnett, "Looking for a Few Good Cops: Peacekeeping, Peacebuilding and CIVPOL", in Holm and Eide(eds.), op.cit., in note 62, pp.45-46.
264) See Gray and Manwaring, op.cit., in note 249, pp.55-61.
265) Charles T. Call, "Institutional learining within ICITAP", in Oakley, Dziedzic and Goldberg(eds.), op.cit., in note 242.

PNC)을 설립하기로 정하였다. 그것을 이어받아, 같은 해 9월에는 엘 살바도르에서 공공 안전 국민학교(Academia Nacional de Seguridad Publica: ANSP)가 설립되었다. 그래서 미국 정부가 엘살바도르 현지 경찰에 대한 지원활동을 적극적으로 하게 되었다.[266] ANSP에 대해서는 미국뿐만 아니라, 스페인, 칠레, 노르웨이, 스웨덴 등도 지원활 동에 참가하였다. 그러나 PNC에 관해서는, 유엔엘살바도르감시단 (UN Observer Mission in El Salvador: ONUSAL)은 다국 간 원조를 권고하였지만, 엘살바도르 정부는 미국을 통한 양국 간 지원을 바랐 다. ONUSAL은 처음 6개월 동안은 기술적·물자적 지원에 관여하였 지만, 1993년 9월 이후, 1994년이 되기까지 지원을 중단하였다.[267] ONUSAL의 관여의 정도가 문제가 되는 것은, 미국 정부가 양국 간 지원에서 설정한 계획이 유엔이 생각하고 있던 지원의 우선도와는 다르고 정치적 동기가 있었다고 생각되었고, 또 엘살바도르 정부가 ONUSAL의 관여를 분명히 싫어했기 때문이다.[268]

미국의 '뒷마당'인 중남미 국가들에 대한 지원의 예로는 다시금 아이티를 들 수 있다. 1994년에 설립된 유엔아이티미션(UN Mission

---

266) Costa, *op.cit.*, in note 247, p.60.

267) *Ibid.*, pp.70−72. See also Gino Costa, "The United Nations and the Reform of the Police in El Salvador", *International Peacekeeping*, vol.2, no.3, 1995.

268) Margaret Popkin, *Peace without Justice: Obstacles to Building the Rule of Law in El Salvador*(University Park: The Pennsylvania State University Press, 2000), p.178. See also David H. McCormick, "From Peacekeeping to Peacebuilding: Restructuring Military and Police Institutions in El Salvador", in Michael Doyle, Ian Johnstone and Robert C. Orr(eds.), *Keeping the Peace: Multidimensional UN Operations in Cambodia and El Savador* (Cambridge: Cambridge University Press, 1997); and Sonia K. Han, "Building A Peace that Lasts: The United Nations and Post−Civil War Peace −building", *New York University Journal of International Law and Politics*, vol.26, no.4, 1994.

in Haiti: UNMIH)은 850명의 민간경찰관을 두었는데, 그 주된 임무
는 새로운 아이티 국민경찰의 창설을 돕고 그들을 훈련하는 것이었
다. UNMIH는 '아이티경찰아카데미' 등을 통해서 5,000명 이상의 민
간경찰관을 훈련시켰는데, 미국은 ICITAP를 활용하여 적극적으로
지원하였다.[269]

소말리아에서는, 미국은 군사부대를 철수시킨 후, 현지 경찰을 육
성한다는 형태로 평화구축에 대한 관여를 유지하는 방법을 취하였
다. 1993년 10월에 미군 사상자가 발생하기 전부터, 당시의 유엔사무
총장 갈리는 같은 해 3월의 유엔안보리 결의 814에 응하여,[270] 현지
의 치안유지와 사법시스템을 강화하는 계획을 다듬고 있었다.[271] 안
보리도 이것을 승인하고, 국가들에 협력을 구하였다.[272] 소말리아에서

---

269) 미국이 아이티에 군사개입한 후 1920−30년에 걸쳐 훈련시킨 Garde
Nationale d'Haiti는 독재정권의 국내 인권 억압 정책을 담당한 Force
Amree d'Haiti의 전신이었다. 이러한 경위에 입각하여, 경찰기구를 구
축할 때는 중앙집권적인 경찰기구가 아니라, 공동체를 기초로 한 경찰
기구가 되도록 배려해야 한다고 주장된다. Kumar, *op.cit.*, in note 45,
p.78.

270) UN Security Council Resolution 814, UN Document S / RES / 814 / 1994,
26 March 1994.

271) "Further Report of the Secretary−General Submitted in Pursuance of
Paragraph 18 of Resolution 814(1993)", UN Document S / 26317, 17
August 1993, Annex Ⅰ. 그러나 경찰·사법기능을 강화하기 위한 포괄
적 계획은 갈리의 보고서보다 더 일찍 유엔본부에 제출되고 있었지만,
자금조달노력이 개시되고 있지 않았다. Martin R. Ganzglass, "The Restoration
of the Somali Justice System", *International Peacekeeping*, vol.3, no.1,
1996, pp.124−129.

272) UN Security Council Resolution 865, UN Document S / RES / 865 / 1993,
22 September 1993. 그러나 그 반응은 반드시 좋은 것은 아니었다. 국가
수준, 지방 수준, 지구(地區) 수준 모두에 걸친 중립적인 통일경찰기구
를 만들려는 시도는 부족별로 분단되어 있는 소말리아에서는 어려운 작
업이었다. See Omar Halim, "A Peacekeeper's Perspective of Peacebuilding
in Somalia", *International Peacekeeping*, vol.3, no.2, 1996, p.75.

ICITAP는 범죄예방책이나 죄수의 취급방법 또는 무기 사용법에서 인권 규범에 이르기까지 형사수사에 관련된 사항에 관해서 훈련을 실시하였다. 그러나 치안상황이 개선될 때까지 본격적 지원은 불가능하다고 본 ICITAP는 1994년 6월에 철수하였다.273)

ICITAP의 활동은 이미 보았듯이 동슬라보니아, 코소보, 동티모르 등에서의 평화구축에서도 가치가 있었다. 그래서 2000년에 미국의 클린턴 정권은 PDD-71(Presidential Decision Directive 71)을 발하고, 재차 평화활동에서 민간경찰의 기능을 향상하기 위한 조치를 취하도록, 국무부, 법무부, 국방부에 명하였다. 그런데 선거전에서 클린턴 정권의 '국가건설'에 대한 관여를 비판한 조지 W. 부시가 대통령에 취임함으로써, PDD-71은 실효(失效)되었다. 미국의 전문가는 PDD-71 내용의 의의는 상실되지 않고 있으며, 9월 11일의 테러 이후, 그 의의는 줄어들기는커녕 오히려 점점 커지고 있다고 말하고 있다.274)

5) 국민군의 설립

평화구축에서 더욱더 추구해야 할 과제는 현지 정부군의 정비이다. 내전 상태에 있던 지역에는 복수의 적대 군사세력이 존재한다.

---

273) 뿐만 아니라 UNOSOM(United Nations Operations in Somalia) Ⅱ도 1995년 3월에 철수할 때까지, 현지 경찰관을 8,500명까지 증원하고 이들에게 급여를 지불하였고, 그중 2,179명에게는 조직적 규율을 높이기 위해 군대와 비슷한 훈련을 실시하였다. "Further Report of the Secretary-General Submitted in Pursuance of Paragraph 13 of Resolution 954 (1994)", UN Document S/1995/231, 28 March 1995, paras. 42-43.

274) See William Lewis, Edward Marks and Robert Perito, *Enhancing International Civilian Police in Peace Operations*(Washington, D.C.: United States Institute of Peace Press, 2002).

정전은 양자 간 무력충돌의 일시적 정지이지만, 영속적 평화를 확립하기 위한 제도적 조치가 다시금 정전을 유지해가야 한다. 그래서 평화구축의 틀에서 국민적 통일군대의 형성이 큰 과제로 된다. 예컨대 영국은 이미 국제개발부의 클레어 쇼트(Clare Short) (전) 장관의 지휘하에 포괄적인 안전보장 부문의 개혁을 원조하였는데, 그 일환인 시에라리온 등의 군대 재편성에 대한 지원은 평화구축의 관점에서 평가될 수 있다.275)

법의 지배의 확립에서 군대의 정비가 요청되는 것은 다음과 같은 이유에서이다. 첫째, 법적 질서를 붕괴시킨 내전상태에 종지부를 찍으려면 통일적 국민군의 창설이 필요하기 때문이다. 복수의 무장세력이 존재하는 한, 법의 지배의 확립은 극도로 곤란하다. 둘째, 군대조직의 철저한 중립화와 직업화가 평화구축의 열쇠이기 때문이다. 정부가 단순한 분쟁당사자의 하나일 수밖에 없는 분쟁 (후) 지역에서는, 흔히 군대조직 자체가 무력대립을 조장하는 세력이 된다. 그것을 막으려면 군대조직의 성질을 바꿔야 한다. 민간인 통제는 하나의 원칙이 되지만, 민간인이 무력분쟁을 싫어한다고는 할 수 없다. 군대의 재편성은 역시 인권규범 또는 권력분립 등을 도입한 국가제도 전체의 재구축 속에서 정확히 자리매김해야 한다. 셋째, 분쟁 (후) 지역에서 새로운 위기를 초래하는 무장세력의 도전으로부터 정당한 법질서를 지키는 실력을 가진 조직이 필요하기 때문이다. 새 국민군은 자기통어(自己統御)라는 소극적 의미에서나 대외방어라는 적극적 의미에서나 법의 지배 확

---

275) See Neil Cooper and Michael Pugh, "Security-Sector Transformation in Post-Conflict Societies", Working Papers No.5, The Conflict, Security and Development Group, Centre for Defense Studies, Kings College London, 2002, pp.17-18; and Comfort Ero, "Sierra Leone's Security Complex", Working Papers No.3, The Conflict, Security and Development Group, Centre for Defense Studies, Kings College London, 2000.

립에서 큰 의미가 있는 것이다.

물론 거기서 무엇보다 통일군 창설의 조건이 되는 구무장세력의 비무장화·동원해제·재통합(DDR)의 과정이 엄격히 검증되어야 한다. 통일군에 대한 참가는, 구무장세력의 비무장화와 동원해제로 가능해지는 사회통합정책의 일환으로서 자리매김해야 한다. 그러나 통일군은 단지 새로 인원을 모집한 것만으로 완성되는 것은 아니다. 근대적 국민군으로서의 규율이 달성되어야 한다. 그때 국제지원을 전제로 한 훈련이 필요하게 될 것이다. 평화구축의 목적에서 보면, 내전 시의 무장세력으로부터 중립을 유지하기 위한 조직적인 제도와 사기(士氣)가 정비되어야 한다. 그리고 법의 지배의 관점에 따라서, 규칙준수의 태도가 철저해야 한다.[276] 군대로서의 장비나 시설 또는 인원제도의 충실을 기하려면 국제적인 물적 지원이 필요한 경우도 있을 것이다. 나아가서는 평화과정에서 정통성을 부여받은 정부권력은 정통성이 없는 무장세력의 도전을 견딜 수 있는 군사적 실력이 있어야 한다. 왜냐하면, 새로운 무장세력의 도전으로 계속 동요하면, 법의 지배의 확립은 바랄 수 없기 때문이다. 그러나 이것이 단지 군사비의 증대만으로 끝난다고 하면, 평화구축의 관점에서는 의미가 없다. 분쟁 (후) 지역에서는 군사비를 삭감하고, 한정된 자원을 더욱 건설적인 형태의 부흥에 충당해야 한다. 따라서 새로운 국가기구의 군사적 실력의 정비는 적대세력의 무장해제, 국제적 군대의 개입, 그리고 군사기구의 효율성 향상 등과 아울러 추구되어야 한다.

그러나 군사비의 억제는 병사에 대한 지체 없는 급여의 지급이나, 퇴역병사에 대한 사회보장정책 등과 함께 수행되지 않으면, 반발을 초래할지도 모른다. 많은 분쟁 (후) 지역에서는, 약화된 중앙정부가 병사에 대한 구심력을 유지하지 못하여 분쟁 재발의 위험이 발생한다.

---

276) Bellamy, *op.cit.*, in note 217, pp.111-112.

예컨대 아프가니스탄에서는 2001년 12월의 '본 협정'을 기초로 하여, 국제사회의 지원하에 민병을 무장해제하고 국군으로 흡수하는 것이 목표로 되어 있었다. 그러나 계획이 생각한 대로 진행되지 않았기 때문에, 2003년 2월에는 일본 정부가 주최한 '아프가니스탄 『평화 정착』 동경회의'에서, 민병의 DDR 및 국군·경찰기구로의 흡수에 대해서 협의의 장이 설치되었다. '평화를 위한 협력(partnership) 계획'에 따르면, 수도 카불에 '복원(復員) 등록청'을 설치하여 무장해제된 병사를 등록하고, 등록자 중 10만 명을 국군병사·경찰관으로 채용하고, 나머지는 직업훈련을 하여 사회복귀를 촉구하기로 되어 있다. 일본 정부는 이 계획에 대한 최대의 자금거출국이 되고, 일본 대사관에 전문반을 설치하여 계획을 모니터(monitor)하고 있다.[277] 그러나 DDR 관련 분야에서의 노력은 아프가니스탄에서 미국, 영국, 프랑스가 주도하는 국군재건 또는 독일이 지원하는 경찰재건이 성공하지 못하면, 충분한 효과를 거둘 수 없을 것이다.

병사와 퇴역병사가 안정된 사회생활을 할 수 없다면, 축적된 불만이 새로운 무력대립의 온상이 된다. 또한, 정부군에 대한 가입이 매력적이지 않으면, 많은 민병은 비정부 무장집단을 떠나지 않을 것이고, 정부군 병사가 다시 흩어질 것이다. DDR 문제를 해결하기 위해서만 과도하게 병사 수를 늘리는 것은 장기적 시야에서 본 사회적 안정을 위해서는 바람직하지 않다.[278] 그러나 일정한 사회보장적 관점에서의 배려가 국군의 재건 시에 필요하게 되는 것도 부정할 수 없다.

---

277) 遠藤義雄, "復興戦略としてのアフガン国軍再建", 『海外事情』(拓殖大学海外事情研究所), 2003年 3月号 참조.

278) See Anja Manuel and P. W. Singer, "A New Model Afghan Army", *Foreign Affairs*, vol.81, no.4, 2002.

6) 군사제재

국내사회에서와 마찬가지로 평화구축활동에서도 주로 민간경찰관
이 법집행 기능을 담당한다. 다른 요원이 종사하는 경우라도, 분쟁의
비군사화라는 법의 지배 접근의 성질에 따라서 활동해야 한다. 군사
적 강경수단은 평화구축을 목적으로 하여 활동하는 사람들이 최대한
피해야 하는 것이다.

그러나 실제로는 분쟁 (후) 지역에서 활동한다는 특성에서, 군사부
대가 법집행 기능을 측면에서 지원하는 것은 국제평화활동에서 드물
지 않다. 군사적 조치라고 하면, 강제적으로 분쟁을 정지하기 위한
평화집행활동이 우선 생각이 난다. 무력사용을 수반하는 평화집행은
영속적인 평화 제도를 확립하기 위한 활동인 평화구축에는 본래 적
합하지 않다. 그러나 법규칙을 무시하는 자에게 군사제재를 가하는
것이 평화구축의 맥락에서 실시되는 법집행활동과 전혀 관계가 없다
고 단언할 수 없다.

1991년의 걸프전쟁은 이라크가 점령한 쿠웨이트를 구제한다는 국
제법에 부합한 목적에 따라서 유례가 드문 규모로 이루어진 일종의
법집행행위였다고 생각할 수 있다. 그밖에 1993년 소말리아, 1994년
아이티, 1995년 보스니아에서 안보리 결의의 수권으로 실시된 군사
행동은 모두 군사적 수단을 사용한, 법규칙 일탈자에 대한 법집행활
동으로 이해할 수 있다. 그에 반해서, 1999년의 NATO의 유고슬라비
아 공습은 유엔의 수권이 없는 지역기구의 법집행(지향)행위였다고
할 수 있을 것이다.

또한, 미국의 단독행동으로서는, 지금까지 1986년의 리비아의 카
다피(Muammar al-Qaddafi) 국가원수에 대한 공습이 테러행위에 대
한 제재행위로서의 의미가 있었고, 91년 걸프전쟁 이후에 미영군이

누차 감행한 이라크에 대한 공습은 여러 안보리 결의를 이라크 정부가 준수하게끔 하기 위한 제재적 군사행동이었다고 자리매김할 수 있을 것이다. 국내재판소에서 유죄판결을 받은 노리에가(Manuel Antonio Noriega Morena) 장군을 구속하기 위해 군사적 수단을 쓴 1989년 파나마 침공작전은 노리에가 장군이 당시 파나마의 국가원수였기 때문에 큰 법적 논의를 불러일으켰다. 양국 간 관계에 가까운 형태에서 취하는 군사행동은 단순한 전쟁행위와 구별되지 않을 우려가 있다. 동시에 미국의 경우, 군사적 수단을 쓴 (擬似)法執行活動이 상당히 넓은 범주를 가지고 있음도 이들 사례에서 간파할 수 있을 것이다.

2001년 아프가니스탄에서 '대(對) 테러전쟁'의 일환으로 단행된 미군의 공격은, 군사작전과 법집행기능의 한층 더 새로운 교차(交叉)를 상징하게 되었다. 왜냐하면, 2001년 9월 11일의 미국 본토에 대한 테러공격은 본래 미국 국내법으로 재판해야 하는 것이었다고 할 수 있기 때문이다. 그러나 그 규모가 컸고, 1993년, 1998년, 2000년부터 계속된 미국에 대한 알 카에다 조직의 공격의 계속성 때문에, 미국은 자위권의 행사라는 형태로 대응하기로 결정하였고, 국제사회도 사실상 이를 승인하였다.279) 그 때문에 아프가니스탄에 잠복하고 있던 알 카에다 조직원뿐만 아니라, 아프가니스탄을 실효적으로 지배하고 있던 탈레반 정권의 병사가 전쟁행위를 통해서 포로가 되었을 경우, 국내법 국제법 그 어디에도 의거할 수 없는 특이한 상황이 발생하게 되었다. 구속된 병사는 국내재판에 회부되어야 할 피의자도 아니고, 또 테러리스트이므로 제네바 제1협약(포로협약)에 기초하여

---

279) See UN Security Council Resolution 1368, UN Document S / RES / 1368, 12 September 2001; and UN Security Council Resolution 1373, UN Document S / RES / 1373, 28 September 2001.

취급되는 전투원도 아닌 지위에 놓이게 되었던 것이다.

범죄는 기본적으로 개인(또는 복수의 개인)이 저지른다. 따라서 통상의 법체계에서는 소추·체포·처벌의 대상은 특정 개인들일 수밖에 없다. 그런데 2001년 '대(對) 테러전쟁'은 국가 이외의 집단에 대해서 범죄의 집합적 책임을 지게 하고, 그것을 이유로 국가가 무력을 사용하는 것을 국제사회가 추인하는 특이한 상황에서 시작되었다. 알 카에다와 탈레반 병사는 교전상태에 있는 국가조직으로서가 아니라, (특정 국가에 대해서) 범죄행위를 한 테러조직 및 테러지원조직으로서 조직적 책임을 지게 되어, 초대국 미국의 무력사용의 형태를 취한 의사(擬似)법집행행위의 대상이 되었다.

쿠바의 관타나모(Guantánamo) 해군기지에 계속 구속되어 있는 600명 이상의 사람들에 관해서, 적어도 구속 이유를 명확히 하는 등 인신보호령의 적용을 인정해야 한다는 호소를, 영국 국적의 구속자들의 대리인이 미국 내에서 하였다. 그러나 연방항소재판소는 2003년 3월에 관할권 밖이라는 이유로 구속자는 법적 권리를 미국재판소에서 행사할 수 없다는 결정을 하였다. 요컨대, 사실상 구속자는 어떠한 법적 권리도 행사할 수 없는 상태에 계속 놓인다고 결정한 셈이다.[280]

미군은 아프가니스탄 내에서 체포와 구금을 자유로이 또는 자의적으로 계속하고 있다.[281] 게다가 미국은 '대(對) 테러전쟁'에 지방군벌이 협력하도록 하기 위해서 그들에게 자금과 무기를 계속 제공하여, 중앙정부의 통치능력을 현저히 저해하고 있다.[282] '대(對) 테러전

---

280) See "Freed Guantanamo Captives Tell of Suicidal Despair", *International Herald Tribune*, 17 June 2003.

281) See Pamela Constable, "Afghan Province's Wary Welcome to U.S.", *International Herald Tribune*, 11 October 2002.

282) See Human Rights Watch, "Afghanistan's Bonn Agreement One Year

쟁'은 국가의 군사력사용과 범죄행위·법집행행위가 서로 얽힌 형태로 이루어졌다. 그리고 (그 전쟁은) 국가의 군사력 사용과 국제사회에서의 법집행행위가 현대세계에서는 새로운 형태로 결부된다는 점을 극히 특이한 방법으로 보여준 것이었다.

똑같은 문제는 2003년 이라크 전쟁 후에도 발생하고 있다. 2003년 5월 1일 부시 대통령의 '전투' 종결선언 후에도, 미국은 전쟁·점령상태를 이용하여, 구후세인 정권의 관계자와 잔당을 추적하고, 군사력을 계속 사용하고 있다. 데모 대책 등 치안유지 임무를 수행할 때도, 병사가 무기를 사용하고 있다. 또한, 미군이 구속한 자들은, 어쩌면 장래 미국의 군사재판소나 친미 이라크정권에서 재판을 받는 일은 있더라도, 더 중립적인 국제재판소에서 재판을 받을 가망은 없을 것이다. 문제는 정권의 중추에 있었을 만하지도 않은 자가 죄상이 불명한 채 점령군에게 계속 구금당하고 있다는 점이다. 예컨대 유엔사찰관이 대량파괴무기개발과는 관계가 없다고 생각해 온 과학자까지 구속되어 있다. 그 때문에 미군이 사용한 열화우라늄무기에 대한 반미적 비판의 소리를 약화시키는 정치적 동기가 있다는 억측까지 나오고 있다.[283]

Later: A Catalogue of Missed Opportunities", 5 December 2002.

283) 후다 살리 마흐디 아마시(Huda Sali Mahdi Ammash) 박사는 미국이 특히 행방을 쫓는 55명 중 53번째 인물이며, 2003년 5월 5일에 구치되었다. 미국이나 일본의 주요 언론은 그를 '탄저균 여사'(Mrs. Anthrax)로 소개하였지만, 아마시 박사는 91년 걸프전쟁에서 미영군이 사용한 열화우라늄의 오염을 비판하는 내용의 영어공간물을 다수 가진 인물이기도 하였다. 그 때문에 출판사나 민간의 열화우라늄 연구자 사이에서는 이유를 공표하지 않은 상태의 구치는 정치적 동기에 기초를 둔 것이 아닌가 하는 억측이 나왔다. See, for instance, Abu Spinoza, "Jailed for Exposing Costs of Sanctions & War? Dr. Huda Ammash's Detention"<http://www.counterpunch.org/spinoza05082003.html>. 또한, 열화우라늄무기에 관한 문제에 대해서는 篠田英朗, 『武力紛争における劣火ウラン兵器の使用』, IPSHU研究報告シリーズ 研究報告 No.29,

　군사적 수단에 의한 법집행은 하나의 정책상의 선택지로서 배제할
수는 없다. 그러나 그러한 법집행은 최대한 신중히 해야 하는 것임
은 틀림없다. 그것은 사실상 전쟁행위로서, 무력사용에 관한 국제법
이 적용되어야 한다. 게다가 군사행동으로 집행되는 법규칙의 내용
이 군사제재의 수단을 가진 자의 자의적 판단에 따라 결정되는 상황
은 결코 바람직하지 않다. 인간의 존엄을 존중한다는, 법의 지배의
기반이 되는 가치규범이 다른 규칙에 앞서 군사적 법집행의 타당성
의 심사에서도 관철되지 않으면, 법의 지배를 원칙으로 한 평화활동
은 모두 사상누각이 되고 말 것이다.

7) 금수조치·경제제재

　이미 군사력을 이용한 국제적 제재행동을 보았지만, 금수조치나
경제제재도 평화구축에서 중요하다. 왜냐하면, 내전을 계속하고 있는
무장세력은 비밀리에 무기를 손에 넣고, 부정한 매매 루트(route)로
자금을 확보함으로써, 분쟁을 계속 수행할 수 있는 능력을 유지하고
있을 것이기 때문이다. 유엔안보리는 분쟁 확대의 방지를 목적으로
자주 회원국에 무기금수나 경제제재를 요구한다. 때로는 미국이 단
독으로 제재조치를 취할 때도 있다.
　무력분쟁의 침정화(沈靜化)를 위해서 먼저 검토할 것은 무기의 금
수조치이다. 그러나 당사자 일방에게만 무기금수를 부과한다면, 국제
사회는 중립적 입장을 포기해야 한다. 예컨대 테러조직으로 지정된
단체에 무기를 제공하는 것은 금지되어 있지만, 그것은 국제사회 전
체가 테러집단과 싸우고 있다는 전제가 있어야 비로소 의미가 있을

(広島大学平和科学研究センター, 2002) 참조.

것이다. 역으로 정부 측에만 금수조치를 취한 것이 91년 걸프전쟁 이후의 이라크였다. 미영군의 보호에 의한 비행금지구역의 설정으로, 북부 쿠르드 세력은 사실상의 자치국을 획득하였다. 한편, 바그다드의 후세인 정권은 군사 전용의 가능성이 있는 모든 물자를 외부로부터 얻는 것이 금지되었다.

무기금수의 실시 책임을 지는 것은 주로 유엔안보리이고, 그렇지 않으면 일정한 지역기구일 것이다. 실시 권위가 있는 기관은 분쟁해결과 평화구축의 관점에서 무기금수라는 수단을 적절히 이용해야 한다. 그러나 그것은 많은 경우 곤란한 정책판단이어서 신중한 숙고 뒤에 결정되어야 한다. 그리고 일단 그러한 결정을 하면, 국제사회는 군사부문과 경찰부문을 중심으로 한, 종래의 법의 지배 관련 평화구축 요원을 동원할 뿐만 아니라, 사찰을 위한 특별한 인원을 준비하여, 현실적 뒷받침이 있는 보장체제를 구축하는 노력을 해야 한다.

평화구축의 관점에서 본 경제제재는 분쟁당사자의 자금원을 차단하는 데 의의가 있다. 1990년대 후반에 콩고민주공화국에서 일어난 내전은 아프리카의 세계전쟁이라 불릴 정도로 많은 주변국을 끌어들이는 양상으로 확대되었으며, 아사(餓死) 등 간접적 요인을 포함하면 100만 명의 희생자를 낳았다고 한다. 콩고민주공화국 동부에 르완다군이 침공하였을 때, 1994년 학살의 주모자였던 인테라함웨 등의 세력의 공격을 막는다는 것이 침공의 표면상 이유였다. 그러나 실제로는 콩고민주공화국 내의 병사 대부분은 학살사건 후에 참가한 자들이라고 한다. 르완다군은 반정부세력을 지원하면서, 자신은 콩고민주공화국 영역 내의 풍부한 광산을 확보하고, 자원을 부정하게 르완다 국내로 계속 가져왔다. 이들 이권(利權)이 얽혀, 당초는 공동행동을 취하고 있던 우간다군과도 마찰이 발생하였다. 국제사회는 광물자원의 부정거래를 방지하는 수단을 모색하였지만, 결정적 수단을 취하는 일은 간단하지 않았다.

르완다군은 콩고민주공화국 정부와 체결한 정전합의를 기초로 하여, 2002년에 철수를 개시하였다. 철수가 그때까지 지체된 것은 부정거래방지책이 한정적 효과밖에 없었던 데에서 기인한다. 그러나 역으로 말하면, 불완전하나마 르완다군이 철수에 동의한 것은 부정거래를 허용하지 않겠다는 국제사회의 일관된 태도의 결과였을지도 모른다. 그러나 철수개시 후에도 무장세력 끼리의 교전이 보고되고 있어, 평화의 행방은 예단할 수 없다.[284] 유엔은 천연자원 수출의 완전금지는 부정적 영향이 지나치게 강하다고 하면서도, 밀수로 이익을 얻고 있던 세력에 대해서 '당근과 채찍'을 보이면서, 밀수를 더욱 엄격히 단속하는 방법을 모색하고 있다.[285]

서아프리카의 분쟁지대로 되어 있는 시에라리온은 다이아몬드 산지로서 유명하다. 반정부세력인 혁명통일전선(Revolutionary United Front: RUF)은 무장투쟁을 개시하였을 때, 다이아몬드 생산지를 재빨리 확보하는 데 성공하였다. 시에라리온의 내전이 장기화된 것은, RUF가 다이아몬드의 국제거래로 거액의 자금을 확보할 수 있었기 때문이었다. 그래서 유엔안보리는 다이아몬드 거래를 금지하는 경제제재를 실시하였다. 그러나 인접국 라이베리아의 테일러 대통령이 RUF와 부정거래를 하며 이익을 얻고 있어, 제재조치는 좀처럼 실효를 거둘 수 없었다.

분쟁당사자의 부정한 자원 매매를 어떻게 단속할지는 분쟁해결에 직접적으로 결부되는 중요한 문제이다. 일단 분쟁이 정지되고 평화

---

284) UN News Service, "Renewed Fighting in Eastern DR of Congo Threatens to Destabilize Country, UN Envoy", 16 October 2002.

285) See "Final Report of the Panel of Experts on the Illegal Exploitation of Natural Resources and Other Forms of Wealth of the Democratic Republic of Congo", UN Document S / 2002 / 1146, October 2002.

구축이 개시되었을 때에도, 자원을 엄격히 관리하고 부정거래를 막아, 새로운 분쟁의 온상이 되지 않도록 하는 제도를 만드는 것은 아주 중요한 목표가 된다.

본래는 분쟁해결 또는 평화구축에 노력하는 국제사회가 일치단결하여 경제제재의 방책을 준수하면, 부정거래는 심각한 문제가 될 수 없을 것이다. 그러나 분쟁과 자원이 결부되는 경우, 주변국들 중에는 반드시 부정거래로 이익을 얻기 위해서 법망의 틈새를 빠져나가는 국가들이 나타난다. 유엔안보리는 적절한 시기에 정책판단을 내려 분쟁해결과 평화구축을 위한 경제제재조치를 취해야 하지만, 무기금수와 마찬가지로, 일탈자가 생기지 않도록 충분한 보장체제의 확립에도 노력해야 할 것이다.

3. 법집행활동의 딜레마

1) 법 틀의 결여

법집행활동을 할 때 큰 문제로 되는 것은, 적용해야 할 법이다. 이미 국제법, 국내법 그리고 평화협정 모두가 평화구축에 관련되는 법의 지배의 요소가 됨을 확인하였다. 그러나 이는 평화구축 현장에서 적절한 법이 항상 원활히 적용됨을 의미하지 않는다. 무릇 복수의 규칙 체계가 병렬적으로 취급된다는 것이 하나의 통일적 법체계를 적용할 수 없는 평화구축의 어려움을 보여주고 있다.

국제인도법과 국제인권법의 중핵을 이루는 조약들은 오늘날 많은 국가의 가입을 확보하고 있다. 평화구축활동이 실시되는 지역의 국가가 관련 조약의 당사국인 경우, 그 국가의 정부에 대해서는 국제법상의 의무를 이행하도록 요구하는 것이 쉬울 수 있을 것이다. 그러나 비정부 행위자(actor)가 무력분쟁에 가담하고 있는 내전의 경우, 조약체결주체로는 될 수 없는 비정부 행위자에게 국제법상의 의무를 요구할 수 있는지의 문제가 발생한다.

전쟁범죄를 구성하는 '인도에 대한 죄', '제노사이드 죄', '전쟁법규・관례의 중대한 위반'에 관한 규정은 단지 관습법이라 하기보다도, 결코 일탈이 허용되지 않는 강행규범(*jus cogens*)이라고 생각된다. 따라서 비정부 행위자로서 행동한 사람들의 전쟁범죄를 묻는 것은 법이론상으로도 문제가 없다. 그러나 이들 이외의 대부분의 국제인도법 또는 국제인권법 규정을 보편적으로 적용하는 데에는 어려움이 있다.

국제법규범은 현실적으로는 일반적 규범으로서 평화구축활동의 지침이 되고, 법의 지배의 문화의 기반이 된다. 그러나 법집행활동 시 강제력을 가지고 적용할 수 있는 구체적 규칙은 실제로 그 수가 반드시 많지는 않으며, 또한 동일한 규정이 세계 모든 지역에서 똑같이 적용되는 것은 아니다. 따라서 많은 부분이 유엔안보리 결의의 권위에 의해 보충되어야 한다.

그러나 안보리 결의는 비록 국제법상 어떤 종류의 법 창조 기능이 있다고 해도, 국제사회가 취해야 할 구체적 조치를 보여주는 것을 목적으로 하고 있고, 체계적 법규범을 제공하는 것이 아니다. 분쟁사회에서 적용되어야 할 구체적 규칙을 정하는 것을 안보리에 기대하는 것은 비현실적이다. 대국적(大局的) 관점에서 국제의 평화와 안전을 유지하는 데 주요한 책임을 지는 안보리에 항상 과도한 임무를 요구할 수는 없을 것이다.

국내법규범에 관해서 말하면, 설령 분쟁으로 법질서가 붕괴되었다고 해도, 그 이전에 존재했던 국내법 체계를 참조하여 법집행을 할 수 있을 것처럼 생각할 수도 있다. 그런데 정부권력이 분쟁의 한 당사자일 수밖에 없는 내전상황의 경우, 기존의 국내법체계를 그대로 적용하는 것은 분쟁당사자를 거의 평등하게 취급하는 유형의 평화구축에는 그다지 적절하지 않다. 왜냐하면, 국내법 체계 그 자체가 한쪽 당사자에게 유리하게 작용하도록 만들어져 있었을지도 모르기 때문이다. 민족과 종교의 대립을 배경으로 하는 분쟁의 경우, 일정한 문화적 전제에 따라서 만들어진 국내법 체계는 적대집단으로서는 인정하기 어려울 것이다.

예컨대 소수자집단 보호에 관한 규칙 또는 비밀경찰 권력의 남용을 제한하는 규칙 등은 법의 지배 확립의 관점에서 본 평화구축활동에는 필수적이다. 그러나 법의 지배가 의거하는 자유민주주의적 가치관에서 유래하는 법체계가 분쟁사회의 국내법에서 정비되어 있는 것을 항상 기대할 수는 없다. 그래서 딜레마가 발생한다. 국내법 체계를 공연(空然)히 무시하는 것은 평화구축 요원이 해야 할 일이 아니다. 그러나 만약 평화구축이 기존 법체계의 추인 이상의 작업을 하지 않는 것이라면, 그 존재가치는 떨어진다. 평화구축활동이 달성하고자 하는 법의 지배가, 악법도 법이라고 확인하는 것만으로 끝나버리면, 법의 지배의 전략적 시점의 의의는 의심받게 될 것이다.

실은 긴급히 전개되는 경우가 많은 평화활동 요원에게는 국내법 체계에 정통하고 나서 활동을 시작할 여유가 없다는 사정도 있다. 게다가 현지어로 된 법문서밖에 입수할 수 없는 경우가 많으며, 비록 구미계 언어가 공용어로 되어 있다고 해도 반드시 모든 평화활동요원이 이해할 수 있는 언어가 아닌 스페인어나 포르투갈어 등인 경우도 많다. 번역작업에 걸리는 시간이나 그 불비는 신속히 활동해야 할 평화활동요원에게 큰 족쇄가 된다.[286]

이러한 사정으로 『Brahimi Reoprt』가 특히 강조한 것은 일반적으로 적용할 수 있는 형사법 규칙을 설정하는 일이었다. 평화구축의 목적을 직접적으로 달성하려면 법집행에 종사하는 평화구축 요원이 현지 경찰을 감시할 때 또는 자신이 직접 법집행행위에 종사할 때 참조할 수 있는 것으로서, 항상 일반적으로 적용할 수 있는 형법·형사소송법의 기준이 필요하기 때문이다. 그러나 그러한 『Brahimi Reoprt』의 제안에 각국은 냉담한 태도를 보였다. 『Brahimi Reoprt』 자체에는 큰 지지를 보낸 아난 사무총장조차 이 점에 관해서는 신중한 태도를 보였다.[287)]

소말리아에 전개된 UNOSOM(UN Operations in Somalia) Ⅱ는 1993년에 1962년 소말리아 형법·형사소송법을 적용한다고 선언하였다. 실은 그때, 북서부에서는 인도 형법·형사소송법이 이용되는 혼란도 있었다. UNOSOM Ⅱ는 결국 1995년 3월에 철수하지만, 그 후 소말리아의 많은 지방에서는 샤리아(Shari'ah) 법이 사법제도의 기반으로 이용되었다고 한다.[288)] 이처럼 평화활동요원이 정통하고 있는 보편적 형법규정은 존재하지 않고 그 설정에는 어려움이 예상되는 데다가, 분쟁사회 현장에서의 침투도에도 의문이 남는 셈이다.

국제법·국내법 차원의 흠결을 보충하기 위해서 설정되는 것이 평화협정이었다. 따라서 국제법에서는 다 보장할 수 없고 국내법에서 결여되어 있거나 모호하게 되어 있는 중요규정을, 평화협정에 도입하는 것은 법의 지배 확립의 관점에서는 바람직하다. 또한, 평화활동에 종사하는 여러 기구의 관계를 정해 두는 것도 중요하다. 왜냐하면,

---

286) See Rausch, *op.cit.*, in note 234, p.17.
287) "Report of the Secretary-General on the Implementation of the Report of the Panel on United Nations Peace Operations", UN Document A/55/502, 20 October 2000, para.31.
288) Halim, *op.cit.*, in note 272, p.76.

평화활동에 종사하는 부문들 사이에서 요청되는 법의 성질이 달라서,
평화활동의 과정에서 통일성이 없는 법적 해석이 난립할 우려가 있
기 때문이다. 예컨대 캄보디아의 UNTAC에서는 인권부문, 민간경찰
부문, 법무부문이 독자적 관점에서 UNTAC의 법적 권한을 해석하고
있었다. 그러나 각각의 법적 해석을 통합하는 규칙이 애당초 존재하
지 않았기 때문에, 부문 간 조정은 쉽게 해결되지 못하였다.289)

　법집행활동의 관점에서 말하면, 설령 세계 전 지역에 적용할 수
있는 보편적 형법규칙을 준비할 수는 없다고 해도, 포괄적 권한을
부여받은 평화활동이 이루어질 경우에는, 적어도 활동 범위 내에서
일반적으로 적용할 수 있는 형법규칙이 명확히 되어야 할 것이다.290)
법규칙의 명확화는, 반드시 국제민간경찰 등이 현지 경찰을 무시하
고 현지의 치안유지에 착수하는 것을 의미하지는 않는다. 그러나 명
백하고 심각한 범죄적 행위가 목전에서 발생했을 때조차, 적용할 법
규칙의 부재로 법집행활동요원이 아무런 행동도 취할 수 없는 상황
이 현실화된다면, 현지 사회에서 실시되는 국제평화활동의 신뢰성은
크게 실추된다. 문제가 발생할 때마다 새로운 안보리 결의를 요구하
는 것은 현실적이지 못하다. 법적 공백(gap)의 정비는 단순한 추상적
논의의 영역에 그치는 문제가 아닌 것이다.

2) 제도와 물자의 결여

　평화활동에서 자주 치명적으로 결여하고 있는 것은 적용 가능한 법

---

289) Dennis McNamara, "The Role of the Civilian Police Component in Human
　　 Rights and Related Issues", in Azimi(ed.), *op.cit.*, in note 214, p.132.
290) *Ibid.*, p.133.

규칙만이 아니다. 법집행요원이 기능을 발휘하려면, 사법분야의 제도
가 정비되어 있어야 한다. 요컨대, 신뢰할 수 있는 검찰관이나 재판관
또는 체포한 자를 구치해 둘 시설이 없다면, 법집행요원은 단독으로
는 행동할 수 없는 것이다.[291] 따라서 현지 경찰기관의 정비는 사법
기관의 정비와 동시에 하지 않으면 실질적 의미가 없다. 국제민간경
찰의 전개의 초기단계나, 앞서 파견된 군사요원이 법집행활동을 할
때에는, 제한된 현지 사회의 사법기관을 유효하게 사용하는 방법을
개척해야 한다. 그렇지 않으면 필요성을 충족시키기 위한 국제사법
팀을 긴급히 파견해야 할지도 모른다.

또한, 법집행활동에는 다양한 장비가 필요하다. 부대 단위로 전개되
는 군사요원의 경우, 필요한 장비를 갖추고 있는 것을 당연히 생각할
수 있다. 그러나 기본적으로는 개인 단위로 본국에서 파견되는 민간
경찰관의 경우, 필요장비를 갖추고 있는 일은 드물다. 수사나 치안유
지에 필요한 장비는 휴대용 무기나 그 밖의 도구에서 차량에 이르기까
지 다양하다.[292] 현지에서 필요한 장비를 충분한 양만큼 재빨리 마
련해 보내는 데에는 주도면밀한 준비와 신속한 행동이 필요하다.

3) 요원의 자질

법집행활동은 소규모의 평화구축활동인 경우 수명 단위로 실시되
기도 한다. 그러나 대규모 평화활동이 전개되는 경우, 수백 명 단위
의 민간경찰관이 파견된다. 천 명 이상의 민간경찰관이 군사요원과

291) Hansen, op.cit., in note 227, pp.76－77.
292) Maurizio Ludovici, "Training Local Police Forces to Take over From
    the UN Police After Their Departure", in Azimi(ed.), op.cit., in note
    214, pp.160－161.

함께 파견되는 경우도 있다. 그 정도 수의 요원이 파견되는 경우, 국
제평화활동 또는 지역 사정에 정통한 전문가를 갖추는 것은 불가능
에 가깝다. 그래서 요원의 자질이 구조적인 문제로 되어 버린다.

물론, 요원의 자질은 모든 부문에서 다양한 수준에서 물음의 대상
이 되는 사항이다. 그러나 다수의 요원이 참가하는 법집행활동의 경
우, 문제는 더 심각하다. 군사부대는 보통 집단으로 행동하기 때문
에, 개인들의 자질은 상대적으로 심각한 문제가 되지 않는다. 그러나
민간경찰관은 겨우 수 명 단위의 소수의 그룹단위로 지방에 파견된
다. 개인 단위로 직무를 수행해야 하는 경우도 드물지 않다. 또한,
현지 사회의 일반인들도, 민간경찰관의 경우 매일의 직무 속에서 개
인적 자질을 간파할 수 있다.

대규모 파견의 경우 흔히 지적된 것은, 현지어는 물론이고 파견지
역의 공용어에 대한 지식이나 운전면허도 없는 민간경찰관의 존재였
다. 운전면허는 지역공동체에 개인 또는 소수그룹으로 들어가는 민
간경찰관의 직무수행상 필수조건이다. 몇몇 국가의 정부가 유엔 측
의 조건을 충족하지 않은 자를 파견한 것이 원인이 되어, 민간경찰
관이 본국으로 귀환하는 경우도 지금까지 몇 번 있었다. 예컨대
1992년에 보스니아헤르체고비나에서 UNPROFOR이 설립되었을 때,
민간경찰관으로 파견된 자 중 48%가 영어를 하지 못하였고, 43%가
운전을 할 수 없었다고 한다.[293]

경찰업무 자체에 대해서도, 본래는 현지 경찰관을 훈련하는 직무
를 맡는 국제경찰관이 실은 현지 경찰관보다도 능력이 떨어진다고

---

293) See Halvor A. Hartz, "Experience from UNPROFOR−UNCIVPOL", in
Wolfgang Biermann and Martin Vadset(eds.), *UN Peacekeeping in Trouble*:
*Lessons Learned from the Former Yugoslavia: Peacekeeper's Views on
the Limits and Possibilities of the United Nations in a Civil War−like
Conflict*(Aldershot: Ashgate, 1998), p.311.

생각되는 경우도 있었다. 능력적인 자질뿐만 아니라, 동기부여 또는 인간적 자질 면에서 문제가 있는 요원이 파견된 예도 있었다. 평화활동 자체에 적극적으로 참가할 의욕이 없는 요원이 있었던 경우도 보고되고 있다. 각지의 평화활동 현장에서 매춘행위까지 한 민간경찰관 또는 군사요원이 보고되고 있다.294)

자질이 문제가 되는 것은 국제민간경찰뿐만 아니라 현지 경찰관의 경우도 마찬가지이다. 국제평화활동요원이 현지 경찰관의 자질을 바로잡기 위한 충분한 권한이 없을 경우, 사태는 악화된다. 보스니아헤르체고비나에서는 경찰관 자격도 없이 근무하고 있던 170명 정도의 현지 경찰관 또는 인신밀매(human trafficking)와 결탁한 매춘업소에 드나들며 적발수사정보를 흘리고 있던 11명의 현지 경찰관이 직무정지처분을 받았다.295) 그러나 이러한 사실들은 보스니아에서 유엔이 비교적 대규모이고 권한이 강한 활동을 전개하고 있었기 때문에 판명되었다고 생각할 수 있다. 따라서 유엔이 더욱 소규모의 활동밖에 하지 않는 지역에서는 이러한 사실들은 겉으로 드러나지 않을 우려도 있다.

이러한 요원 자질의 문제를 시정하려면, 첫째, 국제민간경찰관에 관해서는 파견국 정부에 조건을 철저히 준수하여 적절한 인원을 파견하도록 요청하는 것이 필요하고, 현지 경찰관에 관해서는 채용기준의 철저화가 시도되어야 한다.296) 둘째, 고용된 요원을 최대한 훈련

---

294) See Dziedzic, *op.cit.*, in note 228, pp.52, 47.

295) UN News Service, "UN Mission Discovers More Than 170 Bosnian Police with False Diplomas", 15 October 2002; and UN News Service, "UN Mission Revokes Authorization of 11 Bosnian Police Officers", 17 October 2002.

296) 유엔은 1996년 이래, '선별지원팀'을 민간경찰관 파견국에 보내, 파견요원이 조건을 충족하고 있는지를 확인하고 있다. See Call and Barnett, *op.cit.*, in note 263, p.52.

시켜야 한다.297) 이것은 실은 현지 경찰관뿐만 아니라 국제민간경찰
관에게도 해당된다. 후자의 경우, 본국에서 맡은 직무와는 다른 직무
를 평화활동에서 부여받기 때문에, 새로운 직무에 익숙해진다는 의
미도 포함된다. 유엔은 긴급을 요하는 평화활동에 지나친 부담을 주
지 않기 위해, 파견국 정부에 요원의 훈련 책임을 지도록 요청하고
있다. 셋째, 법집행활동요원에 대한 일정한 감시조치가 취해져야 한
다. 국제민간경찰관이 충분한 수만큼 파견되고 있는 경우, 감시활동
은 그들의 첫째가는 임무가 될 것이다. 그러나 파견요원의 수가 현
지 경찰관에 견주어 충분하지 못한 경우, 평화구축의 제도형성 과정
에서 현지에 뿌리를 내린 일정한 감시 시스템이 확립되어야 할 것이
다. 각국에서 파견된 법집행활동요원에 대한 감시에 대해서는, 역으
로 현지 사회 측이 유엔, 현지 정부 또는 파견국 정부 등에 호소할
수 있는 구조가 모색되어야 한다. 감시 시스템이 없는 훈련은, 캄보
디아에서 UNTAC가 대대적으로 경찰관을 훈련시킨 후에도 경찰의
인권침해가 끊이지 않았듯이, 자원 낭비로 끝날 가능성이 있다.298)
군사요원이 의사(擬似)법집행활동에 종사하는 경우, 현지 사회로부터
의 호소가 군사적 강제력을 가지는 군사조직 앞에서 사라질 우려도
있다. 그래서 역시 인권옹호활동을 담당하는 국제기관 또는 인권옹
호 NGO의 역할이 재평가되어야 한다.

---

297) 평화유지국이 민간경찰관에게 제공하는 지침서(manual)로는, United Nations
Department of Peacekeeping, *United Nations Civilian Police Handbook*
(New York: United Nations, 1995)과 United Nations Department of Peace-
keeping, *United Nations Civilian Police Course Curriculum*(New York:
United Nations, 1995)이 있다.
298) See Call and Barnett, *op.cit.*, in note 263, p.58.

4) 정책적 갭(gap)

　법적 구조가 정비되어 있고 요원의 자질도 높은 수준에서 유지되고 있다고 하여, 평화활동이 문제없이 진행된다고는 할 수 없다. 법집행활동은 특히 정책론적 판단을 강요받는 분야이므로, 관계자 간 정치적 입장의 차이가 현재화할 때도 있다.

　예컨대 이미 본 보스니아헤르체고비나에 안전지대를 설정한 안보리 결의는 부대를 파견하고 있던 국가들의 정치적 의사에 반드시 부합하는 것은 아니었다. 1997년경까지 보스니아 파견 NATO군은 ICTY의 거듭된 요청에도 불구하고 전쟁범죄인을 체포하려 하지 않았다. 1994년 르완다에서는 현지 평화유지부대가 대량학살이 발생할 가능성을 지적하고 있었지만, 유엔은 적절한 조치를 취할 수가 없었다.[299] 실제로 학살이 시작된 후에도, 안보리는 새로운 결의 채택에 소극적이었다.

　또한, 국제기관 내의 의사통일이 있었다 해도, 현지 사회의 지지를 받지 못해 실패하는 법집행활동도 있다. 1993년의 아이디드(Mohamed Farah Aideed) 장군 구속 작전은 유엔군에 대한 소말리아 주민의 반발을 초래하였다. 그것은 미국 중심의 유엔군의 현지세력에 대한 강제력 행사가 때로는 '신식민지주의'라고 하는 국제사회의 계층성을 반영한 것처럼 보였기 때문이었다. 그러나 소말리아 파견 부대 내에서 미군이 타국의 부대와 제휴하지 않고 단독행위를 한 것이 전술적 실패의 배경이었음도 지적할 수 있을 것이다.

---

299) See "Enclosure: Report of the Independent Inquiry into the Actions of the United Nations during the 1994 Genocide in Rwanda", in "Letter Dated 15 December from the Secretary-General Addressed to the President of the Security Council", UN Document S / 1999 / 1257, 16 December 1999, pp.10-12.

법집행활동의 전체상(全體像)을 본다면, 단지 평화협정을 이행할 뿐만 아니라 복수의 법적 권위를 참조하여 활동을 의식하지 않을 수 없다. 또한, 민간경찰이라는 단일 부문의 활동에만 그치지 않고, 복수의 기관에 걸친 활동을 요청하지 않을 수 없다. 그러한 성질을 가지는 평화구축에서의 법집행활동에서 전체적인 정책의 통일성을 유지하기는 분명 몹시 어려울 것이다.

그러나 이 장에서 법집행활동이라는 개념을 평화구축의 법의 지배 접근의 맥락에서 강조한 의미는 바로 이러한 어려움에 있다. 여기서 법집행활동으로서 채택한 활동들은, 종래는 반드시 통일적 시점(統一的 視點)에서 정합성이 있는 형태로 이해되지는 않았다. 상호관련성을 의식하지 않을 때, 정책의 통일성을 찾을 수 없는 것은 오히려 자연스러운 일이다. 우선은 체계적 시점(體系的 視點)이 도입되어야 한다.

유엔사무총장 특별대표와 같은 형태로 현지에 총괄적 책임자가 부임하고 있을 때, 그자가 적어도 유엔 기관들 사이의 정책조정의 책임을 지게 될 것이다. 유럽에서 NATO, OSCE, EU의 개재, 서아프리카에서 ECOWAS의 개재는 유엔과 지역적 국제기구 사이의 조정의 필요성을 보여준다. 특히 미국과 같은 대국이 군사요원을 파견할 때에는, 군사부대가 유엔 지휘하에 들어가는 것을 싫어하는 경향이 있다. 아카시 야스시(明石 康) 특별대표에게 공습 등 무력사용을 승인하는 권한을 부여하고 있던 데이턴 협정 이전의 보스니아에서, UNPROFOR이 안전지대를 지키기 위해서 필요한 군사행동을 취할 수 없었다는 반성이 NATO 구성국들에 있어, 그 후의 보스니아나 코소보에서는 NATO가 독립된 지휘권한을 가지게 되었다.[300] 군사

---

300) David Carment, "NATO and the International Politics of Ethnic Conflict: Perspectives on Theory and Policy", *Contemporary Security Policy*, vol.16,

부대와 유엔기관의 분리는 2003년 8월부터 NATO가 지휘하는 아프
가니스탄 또는 미영점령국이 통치하는 이라크에서의 문제이기도 하
다. 그러나 어떠한 경우일지라도, 유엔사무총장 특별대표가 지휘력을
발휘하는 형태로, 정책조정을 위한 최대한의 노력이 있어야 할 것이
다. 평화협정 작성 시점(時點) 등, 큰 정책론적 틀이 형성될 때에는,
유엔안보리 구성국들과 지역기구 구성국 정부에 조정을 맡기는 경우
도 있을 것이다. 나아가 법의 지배 확립에 기여하는 활동을 하고 있
는 NGO와 최대한 제휴해야 함은 말할 것도 없다.

5) 조직적 경직성

평화활동의 요청은 파견되어 오는 조직・요원이 통상의 훈련・직
장에서 상정하고 있는 것과는 전혀 다를지도 모른다. 그 현저한 예는
군대를 법집행활동에 투입하는 것이다.. 치안상황이 현저히 악화된
상태에서, 먼저 국경을 넘어 파견된 군대가 경찰관이 완수해야 할
치안유지임무를 맡는 경우가 자주 있다. 어떤 국가에서나 경찰은 대
규모 조직이어서 멀리 전개되는 능력이 없다. 그 때문에 국제민간경
찰이 전개되는 것은, 요청이 있고 상당한 시간이 흐른 뒤이다.301) 그
래서 이미 현지에 전개되는 부대에 다원적 임무를 부여하게 된다.
그러나 병사는 군사행동을 수행하는 훈련을 받고 있지만, 치안유지
의 장비・지식 그리고 적극적 의욕이 거의 없는 것이 보통이다.302)

---

no.3, 1995, pp.173 - 174.

301) 유엔평화유지국 민간경찰과는 민간경찰관의 파견에는 대략 9 - 12개월
이 필요하다고 한다. Hansen, *op.cit.*, in note 227, p.61.

302) See Alice Hills, "The Inherent Limits of Military Forces in Policing
Peace Operations", *International Peacekeeping*, vol.8, no.3, 2001. See

그래서 군사적 능력이 높은 병사가 상당수 존재하는 장면에서, 더구나 본국으로부터 치안유지임무에 대한 정치적 의사도 전달받고 있는 상황에서, 현장의 군사조직이 충분히 기능을 하지 못하는 경우가 발생하고 있다. 2003년에 이라크에서 압도적인 군사적 승리를 거둔 미군이 대규모 약탈이 횡행하는 현지의 치안유지에서 아주 불만스러운 결과밖에 낳을 수 없었던 것은 전형적인 예라고 할 수 있을 것이다.[303] 경찰업무나 사법업무에 관한 입안과 집행을 맡을 자가 아주 짧은 시간에, 요컨대, 군사개입 직후 또는 군사개입이 한창인 때조차, 요구된다는 것은 예전부터 알려져 있던 문제이다.[304] 이라크에 법의 지배를 확립하는 일의 중요성과 어려움을 지적하고, 전투 직후의 치안유지에서의 군대의 새로운 역할의 수행이나 신속한 국제민간경찰의 전개 또는 치안부대·민간경찰·사법요원을 포함하는 '안정화부대'의 창설 등에 대한 준비를 충분히 해 두어야 한다는 것은, 전쟁 전부터 식자(識者)가 강조하고 있던 점이었다.[305]

---

also Metz, *op.cit.*, in note 244, p.229.

303) 미국에서는 평화유지·경찰기능에 군대를 이용하는 것은 병사 본래의 전투능력을 저하시키고, 나아가서는 사기 저하를 초래한다는 논의가 있었다. See Schmidl, *op.cit.*, in note 251, pp.38-39. 그 때문에 조지 W. 부시 대통령은 2000년 선거전에서는 클린턴 정권을 비판하고 자신은 미군을 '국가건축'에는 이용하지 않겠다고 역설하였다.

304) 특히 사법활동이 법집행활동을 기능토록 하려면 필요불가결하다는 것은 오래전부터 인식되고 있었다. 일찍이 제1차 세계대전 전에 유럽 국가들이 오스만투르크제국(Osman Turk Empire) 영역 내에 간섭하여 치안유지를 담당하였을 때에도(1897년 크레타 섬, 1913년 알바니아), 경찰력을 파견함과 동시에 사법문제에 책임을 지는 국제 커미셔너(commissioner)가 임명되었다. See Schmidl, *op.cit.*, in note 251, pp.20-21.

305) See Ray Salvatore Jennings, "After Saddam Hussein: Winning a Peace If It Comes to War", United States Institute of Peace Special Report 102, February 2003; and "Establishing the Rule of Law in Iraq", *op.cit.*, in note 8. See also Ray Salvatore Jennings, "The Road Ahead: Lessons in Nation Building from Japan, Germany, and Afghanistan for Postwar

우려한 대로 미국은 전후의 급속한 치안상황의 악화에 적절히 대응할 수 없었다. 그래서 미군은 당초 구 바스(Baath)당 정권의 경찰관을 재무장시켜 범죄단속을 담당케 하였다. 그러나 그러한 태도는 구 후세인정권으로부터의 이라크 인민의 해방을 명분으로 내세우고 있던 미국으로서는 큰 모순이고, 실제로 이라크인의 반발도 일었다. 바그다드 함락에서 1개월 정도, 브레머(L. Paul Bremer Ⅲ) 민간행정관이 인솔하는 '연합잠정당국'(Coalition Provisional Authority: CPA)에 권한이 이양되고 나서는 구 바스당 세력을 더욱 철저히 배척하였고, 이라크인 세력에 의한 잠정통치기구의 발족도 지체시켜, 점령국에 의한 이라크 통치체제를 다시 정비하는 것이 목표로 되고 있다. 조기의 권한 이양으로 원리주의 세력이 대두할 것을 우려한 미국의 생각이 사태를 복잡하게 만들고 있지만, 아무튼 일관하여 식자가 계속 지적하고 있는 것은 법집행부문 요원을 중심으로 하는 법의 지배 관련 활동에 미국을 포함한 국제사회가 더욱 전략적으로 관여할 필요성이다.306)

이미 언급하였듯이, 군사조직의 유연한 활용은 평화활동에서 중요한 요소이다. 그러나 군사조직에, 군사행위 이외의 것을 복잡한 평화활동의 장면에서 다른 전문직원의 도움을 빌리지 않고 완전히 성공적으로 수행하도록 명령하는 것은 비현실적이다. 물론 평화활동에 종사하는 여러 전문조직은 자신의 전문 이외의 분야에서 일어나고 있는 상황도 배려하고, 현장의 요청에 따라서 최대한 유연하게 대응할 것이 요구된다. 또한, 개입하여 특정 지역을 군사적으로 제압한 군대에, 그 지역의 치안유지에 관한 책임이 발생함은 말할 것도 없다. 그렇다고

Iraq", Peaceworks no.49, United States Institute of Peace, April 2003.
306) See, for instance, George Ward, "US in Iraq: So Far, So Good", *International Herald Tribune*, 16 June, 2003; and International Crisis Group, "Baghdad: A Race against the Clock", Middle East Briefing, 11 June 2003.

하여 단일의 전문조직에 모든 장면에서 만능의 힘을 기대하는 것은 평화구축의 복잡성을 무시하는 것과 같다. 물론 군과 다른 다양한 조직 간의 조정에는 항상 어려움이 따른다. 그러나 그 어려움은 군에 과도한 부담을 부과하는 것으로는 극복되지 않는다.[307] 가능한 한도까지의 준비와 유연성을 마련한 뒤, 전문조직이 수행하는 포괄적 평화구축활동이 요구된다.

4. 맺음말

이 장에서는 법의 준수를 확보하는 법집행 관련 활동에 초점을 맞추었다. 전통적 평화유지활동에서는, 법집행 관련 요원은 현지 경찰을 감시하는 임무에만 진력하고 있었다. 그러나 최근에는 현지 경찰의 훈련, 국제민간경찰관의 법집행 등으로 임무는 확대되었다. 법집행 관련 분야에서는 국제법, 국내법, 개별적으로 설정된 규칙들이 민간경찰관, 군사부대, 치안부대 등을 통해 집행된다. 또한, 경제제재나 인권옹호운동 등도 넓은 의미에서 법의 준수를 요구하는 활동이라고 생각할 수 있다.

법집행활동은 강제적 권한의 행사에 관한 분야인 만큼, 많은 원리적·실질적 문제를 안고 있다. 무릇 분쟁 (후) 지역에서, 집행해야 할 법의 내용을 확정하여 권위적으로 운영하는 것은 간단한 작업이

---

307) See Annika S. Hansen, "Civil-Military Cooperation: The Military, Paramilitary and Civilian Police in Executive Policing", in Dwan(ed.), op.cit., in note 224; and Michael C. Williams, Civil-Military Relations and Peacekeeping, Adelphi Paper 321(Oxford: Oxford University Press, 1998).

아니다. 평화활동에서 실시되는 법집행활동의 내용은 통상의 국내사회의 법집행 관련 업무와는 다르므로, 특수한 상황에 대응할 수 있는 유능한 요원과 특수한 장비를 충분히 확보하는 것은 어렵다. 또한, 법집행은 경우에 따라서는 고도로 정치적 판단이 요구되는 분야여서, 정책결정자 간의 입장 차이가 혼란을 낳는 경우도 있다. 다양한 조직이 전문(專門)의 관점에서 평화구축으로서의 법집행에 관여해야 하지만, 실제로는 흔히 특정 조직에 과도한 임무가 부여되는 경우가 있다. 이들 모두는 평화구축의 전략적 시점에 따라서 개별적 상황에 따라 조정되어야 한다.

제 6 장
사법활동

국내사회에서 법의 지배는 궁극적으로 사법부문에 의해 보장된다. 비정부 집단뿐만 아니라 위정자의 권력 남용에도 법적 규제를 가하려면, 권력자로부터 독립한 법 해석자가 필요하기 때문이다. 그 때문에 전통적인 헌법학 분야에서는 사법권의 독립을 법의 지배 내용의 중핵으로서 여기는 풍조가 일반적이다. 국제사회에는 정부기관에서 독립한 사법권력은 존재하지 않는다. 그러나 국제사회가 분쟁 (후) 지역의 세력들로부터 독립한 사법기관을 설립하는 경우가 최근 많아지고 있다. 이 사법기관은 종래의 법학이 상정하고 있던 재판기관과는 확실히 성질을 달리할 것이다. 그러나 그것은 여전히 평화구축의 중요한 한 측면을 담당한다. 실험적일지라도 평화구축의 법의 지배 접근이 사법부문의 기능을 무시할 수 없는 것으로 받아들이려고 하는 것은 당연한 일이라고 할 수 있다.

그래서 이 장에서는 제1절에서 국제적 사법활동의 변천과 현재 평화구축활동에 도입된 사법기관을 개관한다. 제2절에서는 사법부문의 활동을 평화구축의 법의 지배 접근의 관점에서 이론적으로 정리하고자 한다. 제3절에서는 평화구축에서의 사법활동의 문제점을 고찰한다.

1. 사법활동의 자리매김

1) 국제사법기관의 등장

국가 간 분쟁을 조정하기 위한 상설적 국제사법기관의 설립은 20세기가 되기 전부터 많은 사람이 제창하고 있던 구상이었다.308) 그러나 처음으로 현실화된 것은 제1차 세계대전 후에 설립된 상설국제사법재판소(Permanent Court of International Justice: PCIJ)였다. PCIJ는 양 대전 사이의 국가 간 분쟁의 조정에 일정한 역할을 하였다. 그러나 제2차 세계대전이 일어나는 것을 막을 수는 없었다. 그래서 전후 유엔이 설립되었을 때 PCIJ는 국제사법재판소(International Court of Justice: ICJ)로 다시 태어나게 되었다.

ICJ는 오늘날까지 국제사회에서 최고의 권위를 갖는 사법기관으로서 많은 중요한 사건을 다루었고 국제법학자가 빈번히 참조하는 판례를 만들어 왔다. 그러나 ICJ는 ICJ의 관할권에 복종하는 것을 수락한 국가 간 분쟁만 심리할 수 있다는 한계가 있다. 물론 법적 구속력은 없지만, 관할권에 관계없이 유엔기관이 제기한 문제에 대해서 권고적 의견을 작성할 수는 있다.309) 또한, ICJ가 예컨대 국경·영

---

308) 헤이그 평화회의의 결과, 1901년에 '상설중재재판소'가 설립되었지만 거의 기능하지 않는 '그 이름값을 못하는 『모조』재판소'였다. 藤田久一, 『国際法講義 Ⅱ 人権・平和』(東京大学出版会, 1994), 332면.

309) 篠田英朗, "国際人道法の強行規範性"と核兵器－核兵器の使用及び使用の威嚇に関する国際司法裁判所勧告的意見における*jus in bello*と *jus ad bellum*, そして法と政治－", 『広島平和科学』, 23号, 2001年; 篠田英朗, "核兵器使用と国際人道法－1996年核兵器使用と使用の威嚇に関する国際司法裁判所勧告的意見を中心にして－", 広島大学平和科学研究センター(編), IPSHU研究報告シリーズ研究報告 No.27 『ポ

유권을 둘러싼 문제 등에서 하고 있는 역할을 과소평가해서는 안 될 것이다. 그러나 비정부 집단이 관련된 현대 지역분쟁의 해결에는, ICJ는 한계가 있음은 부정할 수 없는 사실일 것이다.

현대 지역분쟁 문제에 관해서 더 중요한 의미가 있는 것은, 오히려 개인을 처벌대상으로 하는 전범재판소이다. 왜냐하면, 전범재판소는 국가기구의 틀이 붕괴된 곳에서 일어난 무력분쟁에 법적 규제를 가하기 위해서, 개인을 직접 법 적용 대상으로 상정하기 때문이다. 전범재판소를 여는 시도는 이미 제1차 세계대전 후에 있었지만 실패로 끝났다.[310] 따라서 제2차 세계대전 후의 뉘른베르크 재판소와 동경재판소는 국제사회 역사상 최초의 전범재판소의 사례가 되었다.

두 군사재판소에서는 관습법으로 널리 인정되고 있던 전쟁법규관례의 제 규칙이나 '침략의 죄'뿐만 아니라, '인도에 대한 죄'와 '평화에 대한 죄'라는 개념을 도입하였다. 이들 중 평화에 대한 죄는 이후의 국제법 체계에서는 원용되는 경우는 없었고 현재로서는 사실상 사라지고 있다. 물론 이것은 평화에 대한 죄가 합법화되었기 때문이 아니라, 유엔헌장 제2조 4항의 무력사용금지원칙 속에 침략의 죄와 함께 흡수되었기 때문일 것이다. 이에 반해서 인도에 대한 죄는 국제인도법의 중요 개념으로서 오늘날에도 그 중요성이 점점 더 높아지고 있다.

두 군사재판소는 국제사회가 직접 국제법규범을 적용하여 국가권력하에서 행동하고 있던 자의 범죄를 처벌할 수 있음을 보여주었다. 물론 실제로는 두 군사재판소는 무조건항복을 얻어낸 전승국이 패전국 지도자에 대해서 실시한 사법행위일 수밖에 없어, 순수한 법학적 입장에서 보면 의문이 남는 조치였다. 그렇지만 처음으로 국제사회

スト冷戦時代の核問題と日本－1999－2000年度広島大学平和科学研究 センタープロジェック卜報告書－』참조.
310) 藤田久一, 『戦争犯罪とは何か』(岩波新書, 1995) 참조.

가 개인에게 형벌을 가한 선례는 중요한 것이었다. 그러나 제2차 세
계대전 후 곧 시작된 냉전 구조 속에서 그 선례가 소생하는 일은
없었다. 제노사이드협약은 제노사이드 죄를 재판하기 위한 국제형사
재판소에 대한 규정을 두었으나,311) 현실적으로 그 국제형사재판소
가 설립되는 경우는 없었다.

2) 현대 국제사법기관

국제사법활동이 활발해진 것은 역시 냉전이 끝나고 국제사회의 가
치규범구조가 일원화된 때였다. 구 유고슬라비아의 내전에서 저질러
진 전쟁범죄를 재판하기 위해서, 유엔 안보리가 헌장 제7장의 강제
조치의 일환으로서 1993년에 설립한 것이 구 유고슬라비아 국제형
사재판소(ICTY)였다.312) 다음해인 1994년에는 르완다에서 80만에서
100만 명으로 추정되는 희생자를 낳은 대량학살이 발생하였기 때문
에, 역시 안보리가 헌장 제7장을 발동하여 르완다 국제형사재판소
(ICTR)를 설립하였다.313)
네덜란드 헤이그에 설립된 ICTY는 현재 16명의 상근 판사로 구성
되는 세 개의 재판부와 한 개의 항소부, 검찰부와 사무국으로 구성
되어 있다. 2002년 5월 시점의 직원 총수는 1,248명이고, 출신국 수
는 82개국이었다.314) ICTY는 2003년 5월까지 14명의 유죄와 5명의

---

311) 제노사이드협약 제6조.
312) UN Security Council Resolution 827, UN Document S / RES / 827, 25
    May 1993.
313) UN Security Council Resolution 955, UN Document S / RES / 955, 8
    November 1994.
314) 공식통계는 아니지만, 미국과 영국의 출신자가 최대 세력으로 되어 있
    다. 2001년 6월 헤이그에서의 ICTY 직원과 필자 개인의 인터뷰.

무죄를 확정하였다. 유죄판결을 받은 자는 주변 유럽국가들에서 복역하고, 5명은 이미 형기를 마쳤다. 그 이외에 76명에 대한 기소장이 공개되어 있다. ICTY에는 비공개기소 제도가 있으므로, 기소된 자 전원의 이름은 명확하지 않다. 그러나 수석검찰관에 따르면, 총 134명이 기소되었고, 2004년까지 다시금 30명 정도가 기소될 예정이라고 한다.315) 그중 구속되어 심의 중인 피의자는 51명이다. 나머지 25명은 각국에 체포를 요청하고 있는 미구속자이고, 그중에는 여전히 카라지치 또는 믈라디치와 같은 거물들이 포함되어 있다. 그밖에 기소가 취소되었거나 기소 후 사망한 자가 수십 명이다.316)

또한, ICTY의 관할권은 당초 보스니아를 중심으로 하는 지역에서 구 유고슬라비아 연방 해체에 즈음하여 일어난 분쟁에서 저지른 전쟁범죄에 미치고 있었다. 그러나 1990년대 후반에는 세르비아 공화국을 중심으로 한 유고슬라비아 연방정부가 코소보 자치주에서 억압적 정책을 격렬히 폈으므로, ICTY는 활동을 넓혀 코소보 분쟁에서 저지른 전쟁범죄도 관할권 대상으로 삼게 되었다.

특징적인 것은, ICTY가 기소한 피의자 대부분이 평화유지군에 의해 구속되었다는 점이다. 보스니아에 주둔하는 NATO군(Stabilization Force: SFOR)이 구속한 자가 30명이다. 더구나 코소보 주둔 국제안전보장부대(KFOR)와 유엔동슬라보니아잠정기구(UNTAES)에 구속된 자가 1명씩이다. 당초 ICTY는 현지 정부나 NATO군의 비협조로 전혀 피의자를 구속할 수 없어서, 그 실효성이 문제되고 있었다. 체포에 적극적으로 나선 것은 영국에서 블레어 노동당 정권이 들어선 1997년 이후라고 한다.317) 또한, 현재 ICTY는 국제재판소로서 한정된 수의

---

315) Carla Del Ponte, "Arrest the Fugitives, So Bosnia Can Move on", *International Herald Tribune*, 20 June 2003.
316) See the ICTY website <http://www.un.org/icty>.
317) 2001년 6월 헤이그에서의 ICTY 직원과 필자 개인의 인터뷰.

피의자만을 다루는 이상, 더욱 전략적인 관점에서 지도자층의 소추에
만 진력해야 한다는 의견도 미국 정부로부터 나오고 있다.[318]

탄자니아 아루샤에 설립된 ICTR 역시 현재 16명의 상근 판사로
구성되는 세 개의 재판부와 한 개의 항소부, 그리고 검찰부와 사무
국으로 구성되어 있다. 그러나 심리의 일관성을 위해서, 헤이그의
ICTY 항소부와 수석검찰관사무소를 공유하고 있었다(수석검찰관은
2003년 9월부터 분리). 재판부와 사무국은 아루샤에 있지만, 차석검
찰관사무소는 르완다 수도 키갈리에 있다. 80개 이상의 국가에서 온
872명의 직원이 근무하고 있다. 2003년 5월까지 12명의 유죄와 1명
의 무죄를 확정하고 있다. 판결을 받은 자는 아프리카 국가들 중 수
용협정을 체결한 국가에 이송되어 복역하게 되어 있고, 이미 6명은
말리에 이송되었지만, 그 밖의 자의 이송은 지체되고 있는 듯하다.
그밖에 심리 중이어서 구속센터에 있는 자가 49명이다.[319] 94년 학
살 당시 수상이었던 캄반다(Jean Kambanda)가 종신형을 이미 선고
받았는데, 기타 장관급 피의자 12명과 군부지도자 등 고관이 구속되
어 있는 것은 ICTR의 성과라 할 수 있을 것이다.

ICTY와 마찬가지로, ICTR도 사형제도가 없고 최고형은 종신형이다.
르완다 국내재판소에서는 사형 판결이 나오기 때문에, ICTR이 학살
당시의 정권 고관을 다수 구속하고 있는 것은 르완다 정부와 정치적
마찰을 일으키는 원인으로도 되고 있다. 이미 2002년까지 르완다 국
내에서는 689명 이상의 학살관련 범죄자에게 사형 판결을 내리고도

318) See the Office of War Crimes Issues website, US Department of State,
     <http://www.state.gov/s/wci/>, Pierre-Richard Prosper, Ambasador-at-
     Large for War Crimes Issues, "UN International Criminal Tribunals for
     Rwanda and the Former Yugoslavia", Statement before the House
     International Relations Committee, Washington, D.C., 28 February 2002.
319) See the ICTR website <http://www.ictr.org/>.

있어,320) 최고형의 차이는 르완다 정부와 ICTR 쌍방에게서 불만을 사고 있다. 그러나 주변국이 국제재판소인 ICTR에 대한 이송을 선호하고 있는 것은 피의자의 체포를 촉진하는 요인으로서 평가할 수도 있을 것이다.

ICTR의 큰 특징이라고 할 수 있는 것은, 국제부대가 체포하고 있는 ICTY의 경우와는 달리, 주변국이 체포한 자만을 구속하고 있는 점이다. ICTY의 경우 기소장을 발행하여 체포를 각국 정부에 요청하는 데 반하여, ICTR의 경우 주변국의 요청에 따라 기소장이 작성되기 시작한다는 변칙적 상황으로 되어 있다. 물론 이것은 주변국의 체포 속도에 ICTR 검찰부가 따라가지 못하였음을 말하고 있어, 재판의 지체나 르완다 정부의 불만의 원인이 되고 있다.

특히 문제가 되는 것은 ICTR과 르완다 정부의 관계이다. 르완다 정부는 안보리에서 ICTR 설립에 반대표를 던졌지만, 그 후에는 협력을 약속하였다.321) 그러나 ICTR의 활동개시가 지체된 점이나, 사형을 두지 않는 ICTR이 동일한 피의자를 경합하여 구속한 채 르완다에 이송하지 않는 점 등으로, 르완다 정부의 ICTR에 대한 태도는 때때로 대단히 냉담하게 된다. 더구나 ICTR은 복수의 학살생존자단체로부터 협력을 거절당한 경우도 있다.322) ICTR이 르완다 수도 키

---

320) Human Rights Watch, World Report 2003, "Rwanda" <http://www.hrw.org/wr2k3/africa9.html>. 그러나 1998년의 23명의 형집행 이후로, 형은 집행되고 있지 않다.

321) 학살 후에 정권을 탈취한 르완다의 RPF 정권은 1994년에 르완다에서 일어난 학살에 관여한 자를 재판하기 위한 국제형사재판소의 설립을 제안하였지만, 안보리 결의에 담긴 ICTR의 소재지 또는 재판관 구성 등에 불만을 품었다. See Payam Akhavan, "The International Criminal Tribunal for Rwanda: The Politics and Pragmatics of Punishment", *American Journal of International Law*, vol.90, no.3, 1996, pp.506−507.

322) See Amnesty International, "Rwanda: Gacaca: A Question of Justice", 17 December 2002, AI Index: AFR 47 / 007 / 2002, section Ⅳ (1)(a).

갈리에 차석검찰관사무소를 두고 있어, 수사에 르완다 정부와 시민의 협력이 불가결하다는 점에서, 이러한 정치적 정세(情勢)는 ICTR 활동의 장애가 되고 있다. 애당초 카가메 대통령의 RPF 정권은, 내전 중인 때부터 그리고 94년 학살 직후의 권력 장악 시부터, 거듭하는 인권침해행위에 대해 규탄을 받고 있다. 르완다 정부의 협력을 계속 유지하는 것은 ICTR의 중립성과 신뢰성에 큰 걸림돌이 되고 있다.

두 개의 특별(ad hoc) 전범재판소는 '국제의 평화와 안전'의 유지에 주요한 책임을 지는 안보리가 헌장 제7장의 권위를 기초로 하여 긴급히 설립한 것이었다. 그러므로 당초부터 법적 효과의 타당성에 대해서 논의가 있었다. 또한, 긴급조치로서는 어쩔 수 없다고 해도, 더욱 바람직한 것은 국제조약에 의한 설립이라고 하고, 상설적 국제형사재판소를 설립하기 위한 다자조약의 필요성을 호소하는 움직임이 강해졌다.323) 그래서 특히 Human Rights Watch 등 유력한 인권 NGO의 후원을 받아 1998년 로마에서 국제형사재판소 설립조약을 위한 국제회의가 열리게 되었다.

그러나 회의에서는 미국의 강력한 조건투쟁으로 분규가 일어났다. 원래 당시의 클린턴 정권은 상설국제형사재판소의 설립에 오히려 열심이었다. 올브라이트 국무장관이 임명한 데이비드 세퍼(David Scheffer) 전쟁범죄문제담당특사는 몇몇 논문에서 안보리가 지도하여 국제형사재판소를 만들어야 한다는 점을 호소하고 있었다.324) 실제로 미국은 ICTY와 ICTR의 강력한 추진자였다. 그러나 상설국제형사재판소에 관해서는, 미국은 국내 반대파를 진정시키기 위해 미국인의 (정치적) 소추를 막는 제도적 보장을 요구하고 있었다. 그런데 실제로 회의가

---

323) ICC에 대해서는 『国際法外交雜誌』, 98卷 5号, 1999年에 수록된 각 논문 참조.

324) See David J. Scheffer, "International Judicial Intervention", *Foreign Policy*, vol.102, Spring 1996.

열리자, 미국의 생각과는 달리, 많은 회의참가국은 안보리의 통제 (control)에 부정적인 입장이었다. 타협안으로서 회의 중에 싱가포르 대표가, 연장 가능한 12개월간의 수사·소추의 연기를 안보리가 결정할 수 있다는 조항을 제안하였다.[325] 국가 대표들은 이 타협안을 환영하였지만, 미국은 여전히 불충분하다고 하고 더욱더 안보리의 권한 확대나 소추 시 피의자 출신국의 동의를 포함할 것을 제안하였다. 결과는 무참한 실패로 끝났다.[326]

1998년 로마회의에서 채택한 ICC 로마규정(139개국 서명)은 2002년에 발효에 필요한 60개국의 비준을 얻었고, ICC는 같은 해 7월에 정식으로 설립되었다. 2003년 6월까지 90개국이 이 로마규정의 당사국으로 되어 있다.[327] 그러나 2001년에 등장한 미국의 부시 정권은 서명만 한 클린턴 정권 이상으로 ICC에 회의적인 자세를 취하고, 서명을 취소하였을 뿐만 아니라, 소추된 미국인을 ICC에 이송하지 않는다는 양자협정을 체결하기 위해 각국과 교섭하기 시작하였다. 나아가 미국 의회는 2002년 8월에 미국병역자보호법(American Servicemembers Protection Act: ASPA)을 가결하여, 자국의 ICC에 대한 비협력, ICC에 협력하는 국가에 대한 군사협력의 정지, 나아가서는 ICC에 구속된 미국인의 '모든 필요한 수단'을 사용한 탈환(이른바 '헤이그 침략조항')을 합법화하였다. 이들 조항의 실제 적용은 대통령의 재량에 맡겨져 있다고 할 수 있고, 여기에 이르러, 단순한 미국의 부

---

325) ICC 로마규정 제16조로서 채용되었다.
326) See Lawrence Weschler, "Exceptional Cases in Rome: The United States and the Struggle for an ICC", in Sarah B. Sewall and Carl Kaysen(eds.), *The United States and the International Criminal Court: National Security and International Law*(Lanham: Rowman & Littlefield, 2000), pp.93, 107.
327) See the United Nations website <http://www.un.org/>, "International Law", "Rome Statute of the International Criminal Court"

재가 아니라 미국의 방해가 ICC의 장애인 것 같은 양상을 보이기 시작하였다.

2003년 6월 현재, 미국은 37개국과 양자협정을 체결하고 있다.[328] 그러한 국가들 중 16개국이 로마규정의 당사국이다. 양자협정이 ICC에 미칠 영향으로 우려되는 것은, 이들 협정은 상호주의 효과가 있으므로, 미국이 상대국 피의자도 ICC로 이송하지 않게 되는 점이다.[329] 양자협정 체결국의 수는 반드시 많지는 않지만, 아프가니스탄, 아제르바이잔, 보스니아헤르체고비나, 코소보 민주공화국, 동티모르, 엘살바도르, 인도, 이스라엘, 네팔, 르완다, 시에라리온, 스리랑카 등, 분쟁 중의 전쟁범죄와 관련이 있는 국가가 많이 포함되어 있어, 마치 미국이 반(反) ICC 포위망을 형성하고 있는 것과 같다.[330] 이 협정은 행정협정의 형태를 취하고 있으므로, 미국 정부는 각국 의회의 비준동의가 그 효력 발생에 필요하다고는 생각하고 있지 않다.

이러한 ICC 설립을 향한 움직임이 있는 한편, 21세기에 와서도 새로운 특별전범재판소가 설립되고 있다. 그러나 새로운 전범재판소는 어느 것이나, 헌장 제7장의 강제조치에 호소하는 것이 아니라 오히려 유엔이 중심적 역할을 담당하면서도 현지화의 요소를 도입하려는 것이다. 동티모르에서는, UNTAET의 평화유지활동의 일환으로서, 동티모르인의 협력을 얻어 제노사이드 죄, 인도에 대한 죄 등 중대한 형사범죄를 다루는 '중대범죄패널'이 2002년 6월에 설립되었다.[331]

328) "After War, a New Rift between U.S. and EU", *International Herald Tribune*, 11 June 2003.
329) See Amnesty International, "Sierra Leone: Government Should Denounce Impunity Agreement with the US", AI Index: AFR 51 / 004 / 2003, 8 May 2003.
330) See the Washington Working Group website, <http://www.wfa.org/issues/wicc/article98/article98home.html>.
331) UNTAET Regulation No.2000 / 15, "On the Establishment of Panels

이 패널은 안보리가 UNTAET에 부여한 권한을 기초로 하여 설립되었음에도 불구하고, 동티모르의 델리(Deli) 지방재판소의 관할하에 놓인다는 특징이 있었다. 2002년 4월에 유엔사무총장의 보고서가 나온 시점까지 101명이 기소되어, 15개의 판결이 나왔고, 22명이 유죄 선고를 받았다.[332] 동티모르는 2002년 5월에 독립하고 UNTAET는 해산되었다. 그러나 델리 지방재판소에 패널은 남아, 그 후에도 1999년 학살에 관련된 인도네시아 군인을 소추하는 등 활발히 기능하고 있다.[333] 그러나 이 패널은 타국에 대해서 강제력이 없고, 범죄자의 처벌에 반드시 열심이지만은 않는 인도네시아 정부와의 관계는 미묘하다.[334] 또한, 독립 후에 평화구축기구로서 설립된 유엔동티모르지원단(UN Mission of Support in East Timor: UNMISET)은 동티모르 정부를 지원하는 역할을 맡고 있지만, UNMISET를 설립한 안보리 결의 1410은 유엔사무총장 특별대표하에 중대범죄유닛(Serious Crimes Unit)을 설치하여, 사법활동의 지원 체제를 취하기로 정하였다.[335] UNMISET는 단계적으로 규모를 축소하면서도, 현지 검찰관과 수사

with Exclusive Jurisdiction over Serious Criminal Offences", UN Document UNTAET / REG / 2000 / 15, 6 June 2000.

332) "Report of the Secretary-General on the United Nations Transitional Administration in East Timor", UN Document S / 200 / 432, 17 April 2002, paras. 34-35.

333) See UN News Service, "Timor-Leste Indicts Militia Members, Indonesian officers for 1999 Crimes", 6 November, 2002; and "Timor-Leste Indicts 5 Indonesian Soldiers for Crimes against Humanity", 10 April 2003.

334) 이 점은 소추를 우려한 많은 사람이 동티모르로 귀한을 주저하고, 서티모르 등 인도네시아 영역 내에 남아, 양국 관계를 불안정하게 만드는 요인이 되는 상황을 초래하였다. 東佳史, "東チモールにおける国際連合の平和維持活動: Spoiling the People, Destructing the Nation", 広島市立大学広島平和研究所 (編), 앞의 책, 주 90, 222면 참조.

335) UN Security Council Resolution 1410, UN Document S / RES / 1410, 17 May 2002.

관을 지원하고, 필요한 법률가를 공급하는 활동을 하고 있다.336)

나아가 안보리는 결의 1315로써 2000년 8월에 시에라리온 정부와 공동으로 시에라리온 특별재판소(The Special Court for Sierra Leone)를 설립하기 위해서 행동하기로 결정하였다.337) 아난 사무총장은 충분한 예산을 예상할 수 있을 때까지는 특별재판소를 설치하지 않는다는 방침을 내세웠지만, 다음해에도 회원국으로부터는 목표액에 크게 못 미치는 액수의 확약밖에 없었으므로, 최초 3년간의 예산액은 약 절반인 5,700만 달러로 감축하게 되었다.338) 그러나 여전히 충분한 자금이 모이지 않아, 재판소 설립에는 시간이 걸렸다. 아난 사무총장이 '회원국의 정치적 의사를 확신하고' 본격적인 준비작업팀을 파견하여 시에라리온 정부와 협정을 최종적으로 체결한 것은 2002년 1월이었다.339) 그리고 겨우 활동을 개시한 특별재판소가 산코(Foday Sanko) RUF 의장을 포함한 최초의 7명을 소추한 것은 다음해인 2003년 3월이 되고 나서였다.340) 이 시에라리온 특별재판소의 특징은, 유엔과 시에라리온 정부 간 협정으로 설립되었다는 점이다.341)

---

336) "Report of the Secretary-General", UN Document S / 2002 / 432, 17 April 2002, paras. 76-78.

337) UN Security Council Resolution 1315, UN Document S / RES / 1315, 14 August 2000.

338) "Letter Dated 12 July 2001 from the Secretary-General Addressed to the President of the Security Council", UN Document S / 2001 / 693, 13 July 2001. 이와 관련하여 ICTY의 최초 3년간의 예산은 3,600만 달러였지만, 실질적 활동을 시작함에 따라 증가하여 2001년도는 9,600만 달러가 되었다.

339) "Twelfth Report of the Secretary-General on the United Nations Mission in Sierra Leone", UN Document S / 2001 / 1195, 13 December 2001, para.71. See also Security Council Resolution 1400, UN Document S / RES / 1400, 28 March 2002, para.9.

340) UN News Service, "UN-Backed Special Court for Sierra Leone Indicts Seven", 11 March 2003.

341) "Report of the Secretary-General on the Establishment of a Special

따라서 시에라리온 특별재판소는 ICTY나 ICTR과는 달리 헌장 제7장의 권위가 없어, 제3국에 대해서 강제력을 행사할 수 없다. 그런데도 안보리는 당초부터 구속하기 어려운 지도자층의 전쟁범죄인만을 다루도록 기대하고 있었다.342) 예컨대 소추된 피의자 중에는 전부터 RUF를 지원하고 있었다고 하는 자 2명이 라이베리아에 잠복하고 있었다. 그래서 특별재판소의 수석검찰관은 라이베리아 정부에 피의자를 체포해 인도해 줄 것을 요청하였지만, 라이베리아 정부가 이 요청에 따라야 할 법적 의무는 없어서, 피의자 중 한 명의 사망 상황의 해명이나 시신(屍身)의 이송을 둘러싸고도 사태는 뒤얽혔다.343) 나아가 특별재판소는 2003년 6월에, 라이베리아의 테일러 대통령이 평화교섭을 위해서 가나로 출국한 기회를 틈타, 마침내 테일러 대통령의 소추를 공표하고 그의 구속을 요구하였지만 실패로 끝났다.344) 그 직후, 테일러는 국토의 대부분을 지배하고 수도 몬로비아(Monrovia)를 포위한 두 반란군과의 평화협정에 따라서 사임을 수락하는 것처럼 꾸몄지만

Court for Sierra Leone", UN Document S / 2000 / 915, 4 October 2000.

342) See Robert Cryer, "A 'Special Court' for Sierra Leone?", *International and Comparative Law Quarterly*, vol.50, no.2, 2001, p.441.

343) UN News Service, "Sierra Leone: UN − Backed Court Has Information War Crimes Suspects Fled to Liberia", 1 May 2003; "Sierra Leone Court Calls on Liberian Leader to Turn over Fugitives", 5 May 2003; "Sierra Leone: UN − Backed Court Calls for Proof of Former Rebel Leader's Death", 8 May 2003; and "Sierra Leone: UN − backed Court Questions Circumstances of Rebel Leader's Death", 15 May 2003.

344) UN News Service, "UN − Backed Sierra Leone Court Indicts Liberian President Charles Taylor", 4 June 2003; Human Rights Watch News, "West Africa: Taylor Indictment Advances Justice: Liberian President Must Be Arrested", 4 June 2003; Amnesty International News, "Special Court for Sierra Leone: Amnesty International Calls on the Government of Ghana to Arrest President Charles Taylor", AI Index: AFR 51 / 006 / 2003, 4 June 2003; and UN News Service, "Sierra Leone: Prosecutor of UN − Backed Court Disappointed Taylor Evades Arrest", 5 June 2003.

곧 철회하였다(8월에 나이지리아로 망명).345) 테일러의 소추가 앞으로 시에라리온과 라이베리아의 평화활동에 어떠한 영향을 미칠지에 대해서는 예단할 수 없는 상황이 전개되고 있다.346)

캄보디아에서는 유엔과 오랜 교섭 끝에, 국제재판관과 현지재판관의 혼합으로 조직되고, 1970년대 후반의 크메르루주(Khmer Rouge) 시대의 제노사이드 죄 등을 다루는 재판소의 설립이 2003년에 결정되었다.347) 현재의 캄보디아 국내 안정을 이유로 타협적 입장을 찾는 캄보디아 정부에 대해서, 유엔은 처음에는 교섭을 중단하는 태도를 취하였지만, 일본을 필두로 타협적인 재판소의 설립을 지지하는 국가들의 움직임도 있어, 재교섭 끝에 합의가 이루어졌다. 그러나 인권규정의 불철저를 이유로, 주요한 인권 NGO는 이 '크메르루주 재판소'를 비판하고 있다.348) 또한, 시에라리온 특별재판소와 마찬가지로, 유엔과 현지 정부의 협정이라는 형태로 설립되는 크메르루주 재판소는 유엔의 통상 예산이 아니라 각국의 자발적 자금제공으로 운영하게 되었다. 최초 3년간의 예산 전망은 1,900만 달러로 비교적 소규모이지만, 재정기반의 불안정이 특별재판소에 초래할 악영향도 우려되고 있다.

---

345) "Liberia Pact is Signed: Taylor Set to Quit Post", *International Herald Tribune*, 18 June 2003; and "Taylor, Reneging on Promise to Quit in Liberia, Threatens to Run Again", *International Herald Tribune*, 20 June 2003.

346) International Crisis Group, "Crisis in Liberia: A Call to Action", International Crisis Group Memorandum, 10 June 2003.

347) UN News Service, "UN approves Agreement with Cambodia to Prosecute Former Khmer Rouge Leaders", May 13, 2003; and "UN, Cambodia Sign Agreement to Prosecute Former Khmer Rouge Leaders", 6 June, 2003.

348) Human Rights Watch, "Serious Flaws: Why the U.N. General Assembly Should Require Changes to the Draft Khmer Rouge Tribunal Agreement", Human Rights Watch Briefing Paper, April 2003.

3) 진실화해위원회(眞實和解委員會)

이러한 국제정치 전체의 동향을 반영한 전개를 보여주고 있는 전범
재판소에 반해서, 수수하게 사례를 거듭하고 있는 것이 흔히 '진실화
해위원회'라고 통칭되는 시도이다. 진실화해위원회는 라틴아메리카
여러 국가에서 시작되어 남아프리카공화국에서 일약 유명해진 제도인
데, 구체제하에서 실시된 인권억압정책을 백일하에 드러내기 위해서,
피해자와 가해자에게 진실을 고백할 기회를 주는 것을 목표로 하고 있
다. 그러나 이는 처벌이 아니라 화해를 최대의 목적으로 삼기 때문
에, 일체의 법적 처벌을 과하지 않는다는 면죄와 아울러 이루어지는
경우가 많다. 설립 순서대로 일람한 것이 표3이다.

표3 진실화해위원회 일람표(2003년 5월 작성)[349]

국 명	명 칭	설립년도	내 용
볼리비아	National Commission of Inquiry into Disappearances	1982	1967−82의 실종자에 대해 조사하고, 155명의 실종자의 소식 등을 해명하였지만, 보고서는 작성하지 않고 3년간의 활동을 마쳤음.
아르헨티나	National Commission on the Disappeared	1983	1976−83 군정하의 인권침해를 조사하여, 9천명의 실종자 소식 등을 1984년에 공표함.
짐바브웨	Commission of Inquiry	1985	1,500명으로 추정되는 정치적 이유로 살해된 사람들을 조사하기 위해 설립되었지만, 보고서의 공표는 없었음.

349) United States Institute for Peace, "Truth Commissions Digital Collection"
<http://www.usip.org/library/truth.html>; Douglass Cassel, "Comparing Truth
and Reconciliation Process in their Historical and Cultural Contexts", Centre
for International Human Rights, Northwestern University School of
Law<http://www.law.northwestern.edu/depts/clinic/ihr/center/Sawyerproposalrev1
201.pdf/>, p.1. 뿐만 아니라 각 위원회의 명칭에 대해서는 영문표기로 통일하
였다.

국 명	명 칭	설립년도	내 용
우간다	Commission of Inquiry into Violations of Human Rights	1986	1962-86의 인권침해에 대해 조사하여 1994년에 보고서를 공표함.
칠 레	National Commission for Truth and Reconciliation	1990	1973-90년의 군정하에서의 인권침해에 대해 조사하여 그 결과를 1991년에 공표하였음.
네 팔	Commission of Inquiry to Find the Disappeared Persons	1990	1962-90년의 정당 활동이 금지된 독재시대의 100명 이상의 실종자에 대한 조사결과를 1991년에 정리하였음. 보고서는 94년에 공표되었는데, 권고내용은 실시되지 않고 있음.
차 드	Commission of Inquiry into the Crimes and Misappropriations Committed by Ex-President Habre, His Accomplices and / or Accessories	1990	1989년까지 8년간의 아브르(Hissein Habre) 대통령 통치기간 동안 정치기구가 저지른 범죄를 조사하고, 결과를 1992년에 공표하였음.
독 일	Study Commission for the Assessment of History and Consequences of the SED Dictatorship in Germany	1992	1949-89년의 구동독에서의 인권침해를 조사하기 위해서, 독일의회가 설치하여 1994년까지 활동하였음.
엘살바도르	Commission on the Truth for El Salvador	1992	유엔이 중개한 평화협정에서 정하여, 1992년에 설립되어 1980년 이후의 중대범죄에 대해 1993년에 보고서를 공표하였음.
과테말라	Historical Clarification Commission	1994	과테말라 정부와 과테말라 국민혁명통일군(URNG)이 체결한 평화협정에서 규정되고 설립되어, 36년간의 무력분쟁 중의 인권침해의 죄를 추궁하였음.
스리랑카	Commissions of Inquiry into the Involuntary Removal or Disappearance of Persons	1994	세 개의 위원회로 구성되고, 1988년 이후의 실종자 16,700명의 조사를 담당하여, 1997년에 보고서를 공표하였음. 몇몇 희생자의 유족에는 보상금이 지불되었고, 400명 이상의 치안부대원이 인권침해의 죄를 추궁당하였음.

국 명	명 칭	설립년도	내 용
아이티	National Truth and Justice Commission	1994	과거 3년간의 인권침해를 조사하여 1996년에 최종보고서를 공표하였음.
남아프리카 공화국	Commission of Truth and Reconciliation	1995	1960-94년의 아파르트헤이트 통치체제하의 인권침해를 조사하기 위해 설립되었고, 1998년에 보고서를 공표하였음.
에콰도르	Truth and Justice Commission	1996	과거 17년간의 176명 이상의 인권침해사건을 조사하기 위해 설립되었지만, 보고서도 내지 않은 채 1977년에 해산되었음.
시에라리온	Truth and Reconciliation Commission	2000	1991년 이후의 인권침해를 조사하기 위해 설립되어 현재 활동 중임.
우루과이	Peace Commission	2000	1973-85년의 군정 기간의 인권침해에 대해 조사하기 위해 설립되어, 2002년 말까지 활동하였음. 또한, 우루과이에서는 1985년에도 동기간의 실종자를 조사하는 위원회가 설립되어 있었음.
한 국	Presidential Truth Commission on Suspicious Deaths	2000	반체제운동가의 사망에 대해 조사하기 위해 설립되어 현재 활동 중임.
파나마	Truth Commission	2001	1968-89년의 인권침해에 대해 조사할 목적으로 설립되어, 2002년에 보고서를 공표하였음.
세르비아몬테니그로	Truth and Reconciliation Commission	2001	과거 10년간 슬로베니아, 크로아티아, 보스니아, 코소보에서 자행된 전쟁범죄를 조사하기 위해 3년의 활동기간을 예정하여 설립되었음.
페 루	Truth and Reconciliation Commission	2001	1980-2000년의 3만 명의 사망자와 6천 명의 실종자를 포함한 인권침해를 조사할 목적으로 Truth Commission으로서 설립되어, 가톨릭교회의 요청으로 명칭이 변경되었음. 현재도 활동 중임.
동티모르	Commission for Reception, Truth and Reconciliation	2001	1974-99년 동안 약 20만 명의 희생자를 포함한 인권침해에 대해 조사하고, 동시에 화해촉진, 재발방지를 목표로 현재도 활동 중임.

뿐만 아니라 과거의 인권침해를 조사하는 '인권위원회'도 많은 국
가에서 설립되어 있는데, 이들 중에는 진실화해위원회와 유사한 기
능이 있는 것도 있다.350) 많은 진실화해위원회의 활동 내용도 과거
의 인권침해를 조사하는 것이어서, 양자의 차이는 실제로는 그리 크
지 않다고도 할 수 있다. 그러나 명칭에서 '인권'이 아니라 '진실'
등을 사용하고 있는 것은 화해라는 목적을 중요시하고 있기 때문이
며, 진실화해위원회는 실질적 활동 내용보다도 지향하고 있는 목적
이 특징적이라고 할 수 있다.

진실화해위원회의 성질은 위원회의 활동이 종교적(특히 가톨릭) 지
도자의 권위하에서 이루어질 때 가장 뚜렷이 드러난다. 종교적 권위
도 빌리면서, 진실의 노정을 증오를 높이지 않고 화해 수단으로 삼는
다는 어려운 작업이 수행된다. 따라서 진실화해위원회를 파악할 경우,
본질적으로, 법적 틀 속에서 파악하기보다도 종교적·심리적 맥락에
서 파악해야 할 것이다. 그러나 과거의 범죄를 명확히 함으로써 그
재발을 막는다는 방법은 전범재판소와도 상통하는 점이 있다.

분쟁 중에 일어난 범죄를 전범재판소에서 재판할지, 진실화해위원
회에서 처리할지, 양쪽 모두에서 다룰지 또는 양쪽 모두 실시하지
않을지는 개개의 평화구축의 장면에서 제기되는 문제이다. 전쟁범죄
자의 처벌과 국내정세의 안정화를 양립시키는 일은 취약한 정치기반
밖에 없는 국가들의 정부에는 어려운 과제이다. 그래서 동티모르에
서는, 동일한 평화유지조직 내에, 사법기관과 '수용진실화해위원회
(Commission for Reception, Truth and Reconciliation in East Timor)'

---

350) Human Rights Watch에 따르면, 아프리카에서만 13개의 인권위원회가
    설립되었다. Human Rights Watch, "Protectors or Pretenders?, Government
    Human Rights Commissions in Africa", <http://www.hrw.org/reports/
    2001/africa/>. 예컨대 미국평화연구소는 말라위, 나이지리아 및 필리핀
    의 인권위원회를 진실화해위원회의 하나로 분류하고 있다.

를 나란히 설치하는 방법이 취해졌다. 경미한 범죄에 대해서는 화해
과정에서 면죄가 부여되지만, 범죄의 심각성 정도를 결정하는 자는
어디까지나 검찰관이다. 수용진실화해위원회는 딜리(Dili) 지방재판소
에 수사영장을 청구할 수 있는데, 그것에 따라서 경찰관이 수집한
증거나 위원회에 제출된 고백도 형사사건의 심리에 이용될 수 있는
등 사법기관 우위의 협력관계가 명확히 정해졌다.351) 또한, 동티모르
에서는 6개 지방구에서 '지방화해위원회'가 경미한 범죄를 대상으로
조직되어, 지방수준에서의 화해가 추구되고 있다.352)

전범재판소와 진실화해위원회의 병존 현상은 시에라리온에서도 발
생하고 있다. 그러나 동티모르의 경우와는 반대로, 진실화해위원회는
전쟁범죄를 처벌하는 특별재판소에 앞서 설립되었다. 1999년 로메
협정(Peace Agreement Between the Government of Sierra Leone and
the Revolutionary United Front of Sierra Leone: Lome Peace Agreement)
에 따라서 다음해 2000년에 설립된 위원회는353) 시에라리온 의회가
정하는 법률에 근거를 두고 있고,354) 로메 협정에 규정된 국내법상

---

351) UNTAET Regulation no.2001 / 10, "On the Establishment of a Commission
for Reception, Truth and Reconciliation in East Timor", 13 July 2001,
UNTAET / REG / 2001 / 10, sections 15, 23, 24, 27, 32.

352) 山田滿, 『‘平和構築’とは何か―紛爭地域の再生のために―』(平凡社新
書, 2003), 132-135면.

353) Peace Agreement between the Government of Sierra Leone and the
Revolutionary United Front of Sierra Leone, Lome, Togo, 7 July, 1999,
Article XXVI <http://www.sierra-leone.org/lomeaccord.html>. 뿐만 아니
라 특별재판소의 설립이 요구되기 전에 이루어진 진실화해위원회의
규정(規程)의 작성에는 유엔인권고등판무관사무소가 깊이 관여하였다.
See M. Parlevliet, "Truth Commissions in Africa: The Non-Case of
Namibia and the Emerging Case of Sierra Leone", *International Law
Forum*, vol.2, 2000, p.107.

354) See United States Institute of Peace Library, "The Truth and Reco-
nciliation Commission Act 2000", <http://www.usip.org/library/tc/doc/
charters/tc_sierra_leone02102000.html>.

의 면죄를 전제로 하고 있었다. 따라서 이 위원회와 사법기관의 협력관계는 로메협정에서는 규정되지 않았다. 그러나 결과적으로는 나중에 설립된 특별재판소가 국제범죄의 면죄 불가능을 근거로 하여 우월적 입장을 주장하고 있다.

또한, 유고슬라비아 연방(현재의 세르비아몬테니그로)에서도 진실화해위원회가 2001년에 설립되어, 2002년에 활동을 시작하였다. ICTY가 유엔헌장 제7장의 강제조치의 권한을 가지고 있기 때문에, 이 위원회는 어디까지나 사법재판을 보완하는 형태로 기능한다. 또한, 최근 부룬디에서도 전쟁범죄자의 처벌과 아울러, 2000년 아루샤 협정에서 정한 진실화해위원회의 설립을 위한 입법조치가 대통령 교체의 권력이양의 조건으로 승인되었다.[355]

원래 국내적 조치로 등장하는 진실화해위원회는 항상 국내재판소와 병존하고 있다. 실제로는 화해의 이름하에서, 국내의 형사재판상의 면죄와 아울러 기능하는 경우가 많았다. 국제사회의 개입으로 등장한 전범재판소와 병존하는 진실화해위원회는 전자의 우월을 전제로 하고, 전자를 보완하여 화해 과정을 만들어 내기 위해 이용된다. 국제재판소와 병존하는 방법이 이용되는 배경에는, 면죄가 경우에 따라서는 사회적 안정을 위해서 필요하고 법적으로도 문제가 없는 개념임을 인정하면서, 인도에 대한 죄 등 국제법상 심각한 전쟁범죄에는 면죄를 허용하지 않는 입장을 관철하고 싶어 하는 국제사회의 태도

---

355) See UN Office for the Coordination of Humanitarian Affairs, Integrated Regional Information Networks(IRIN) <http://www.irinnews.org/>, "Burundi: Parliament Passes Genocide Law", 16 April, 2003; UN Office for the Coordination of Humanitarian Affairs, Relief Web <http://www.reliefweb. int/w/rwb.nsf>, "Truth and Reconciliation Commission to Be Set up in Burundi", 17 April, 2003. 뿐만 아니라 부룬디에서는 1995년에도 학살조사를 목적으로 한 위원회가 설립되어, 1996년에 보고서를 유엔안보리에 제출하였지만, 공표는 하지 않은 채 해산되었다.

가 있다.356)

르완다에서는 진실화해위원회와 같은 제도는 설치되어 있지 않지만, '가차차'(Gachacha)라고 하는 촌락단위의 재판소가 국내법에 따라 2002년부터 설치되었고, 간략한 형사재판소로서 기능하도록 기대되고 있다.357) 11만 5천 명에 달하는 구속자를 통상의 국내재판소만으로는 처벌하기 어렵기 때문에,358) 가차차라고 하는 각 촌락 모임에서 문제 해결을 도모하는 전통을 이용하려는 것이었다. 피의자는 학살에 대한 관여의 정도에 따라서 4개의 범주로 나뉘는데, 관여 정도가 낮은 피의자들을 통상의 사법 시스템과는 별도로 재판하는 셈이다. 이리하여 르완다 전 영토에서 25만 4천 명이 가차차 재판관으로 선출되었다. 가차차의 개시에 수반하여, 르완다 정부는 죄를 고백한 병약·고령·연소의 구속자부터 잠정적 석방을 시작하였고, 2003년 4월까지 약 2만 5천 명이 석방되었다.359) 가차차에는 많은 수의

---

356) See Carsten Stahn, "United Nations Peace-building, Amnesties and Alternative Forms of Justice: A Change in Practice?", *International Review of the Red Cross*, vol.84(845), 2002, p.202.

357) Republic of Rwanda, "Gacaca Tribunals Vested with Jurisdiction over Genocide Crimes against Humanity and Other Violations of Human Rights which Took Place in Rwanda from 1st October 1990 to 31st December 1994", July 1999.

358) 학살피의자에 대해서는 특별학살법정(special genocide chambers)이 1996년부터 르완다 국내법에 기초하여 열렸고 2002년까지 7,181명에게 판결을 내렸다. 그러나 이 법정의 활동도 자의적이어서, 인권옹호의 관점에서 문제가 많고, 부패나 협박 등으로 가득 차있다는 비판을 받고 있다. 예컨대 학살피의자의 변호를 맡은 불과 3인의 변호사 중, 한 명은 '실종'되었고, 한 명은 학살에 관여하였다는 혐의로 체포되었다. 그러나 1998년에 덴마크인권센터(the Danish Institute for Human Rights)가 법조인요청과정을 개설한 이후, 피의자가 변호인을 두는 경우는 40%까지 증가하였다고 한다. Amnesty International, *op.cit.*, in note 322, IV(3)(b).

359) IRIN, "Rwanda: Ensure Trial of Released Detainees, Amnesty Urges Kigali", 30 April, 2003.

피의자에게 일정한 사법심리를 실시한다는 의미와 함께, 진실화해위원회와 같은 화해를 향한 효과의 기대도 포함되어 있다. 그러나 본래의 가차차라는 전통적인 모임은 형사범죄를 다루는 것이 아니라서, 촌락 단위에서 학살피의자를 재판하는 데에는 부적절하다고도 전해졌다. 또한, 전혀 법적 전문지식이 없는 자가 불과 수일간의 불충분한 강의만 수강하고 종신형의 형벌까지 결정할 수 있는 재판관이 되는 등,360) 인권옹호를 위한 제도적 보장이 불철저하다는 비판도 받고 있다.361) 실제의 가차차의 심리에서, 재판관으로 앉아 있는 자가 학살 중에 강간을 범한 사실이 고발되는 등의 사건도 일어나고 있다.362) 무릇 전통적 공동체가 이제는 존속하고 있다고는 할 수 없는 현대 르완다에서, 진실화해위원회와는 달리 사면(赦免) 규정을 두지 않는 가차차가 과연 화해를 가져올 수 있을지도 불명확하다.363) 범죄가 일어난 지방에서 피의자를 재판하면, 자의적 또는 협박에 영향을 받는 판결이 내려질지도 모른다. 많은 수의 피의자를 각 지방의 가차차에 출석시키는 일의 물리적 어려움도 지적되고 있다. 나아가 강압적 태도를 강화하고 있는 카가메 대통령의 RPF군이 저지른 잔학행위가 처벌대상으로 되어 있지 않은 점도 큰 문제이다.364)

---

360) 그러나 이 점은 '사회정의의 원칙'을 적용하는 것이 가차차의 목적이라는 설명으로 정당화되는 경우도 있다고 한다. See Erin Daly, "Between Punitive and Reconstructive Justice: The Gacaca Courts in Rwanda", *New York University Journal of International Law and Politics*, vol.34, no.2, 2002, pp.372−373.

361) *Ibid.*, pp.382−383.

362) IRIN, "Rwanda: Gacaca Courts Get under Way", 12 June, 2002.

363) Daly, *op.cit.*, in note 360, pp.388−396.

364) See Amnesty International, *op.cit.*, in note 322, Ⅵ−Ⅷ.

2. 사법활동의 기능

1) 평화와 사법

1990년대 이후, 새로운 발전을 거친 국제사법활동은 평화구축에서 어떠한 기능을 담당하고 있는가? 양자의 관계를 탐구할 때는, 도대체 평화 실현에 사법활동이 어떠한 공헌을 할 수 있는가 하는 극히 원리적인 물음에서 시작할 필요가 있다.

사법활동은 법적 질서를 유지하기 위해 이루어지는 재판기능의 행사를 가리킨다. 나아가 사상적으로 표현하면, 사법기관은 사회정의 실현을 보증한다. 따라서 사법활동이 평화에 도움이 된다고 하면, 재판기능을 통한 사회정의의 실현이 평화를 가져온다는 전제가 증명되어야 한다. 그러나 재판기능을 통해서 정의를 추구하는 것이 항상 평화에 이르기 위한 직접적인 수단인지는 의문시되는 경우가 많다. 왜냐하면, 특히 분쟁 (후) 지역에서 평화를 실현하려면 때로는 정치적 타협이 불가결한 데 반하여, 정해진 법적 정의를 추구하는 사법기능은 그러한 정치적 타협과는 무연하기 때문이다.

당초 보스니아 주둔 평화유지군은 ICTY가 소추한 자의 구속에 소극적이었다. 왜냐하면, 체포할 때 무력저항에 직면할 위험성이 있었을 뿐만 아니라, 정치적 지도자의 일방적 체포는 불안정한 지역의 정치적 상황을 더욱 위태롭게 만든다는 우려가 있었기 때문이었다. 1999년의 코소보 분쟁이 한창인 때 ICTY가 유고슬라비아 연방공화국의 밀로셰비치 대통령을 소추하였을 때에는, NATO 국가들은 무력분쟁의 적으로 된 인물의 소추를 환영하였다. 그러나 여전히 강제적인 조치로써 체포하려고 하지는 않았다.[365] 정치정세의 변화로 정권교

체가 일어났을 때 비로소 미국 등의 국가들은 유고슬라비아 연방정
부와 세르비아 공화국 정부에 대해서 밀로셰비치 대통령을 ICTY로
이송해줄 것을 강력히 요청하였던 것이었다.

정치적 배려가 사법기능에 타협을 강요한 예로는, 시에라리온의 로메
협정을 들 수 있을지도 모른다. 주민에게 공포심을 주기 위한 의도적
인 팔의 절단, 아동의 유괴·강제병사화, 부녀의 성 노예화 등 수많은
비인도적 행위를 하고 있던 반정부세력의 RUF, 특히 그 지도자인 포
데이 산코 의장의 처벌이 문제였다. 그러나 RUF를 평화과정에 끌어
들이기 위해서, 로메 평화협정 체결에서는 아마드 테잔 카바(Ahmad
Tejan Kabbah) 대통령의 중앙정부가 산코 의장을 필두로 RUF 관계
자를 전면 사면한다는 규정을 넣게 되었다.366) 평화의 이름하에 사
법(정의)의 요청이 굴복한 형태였다. 그러나 그 뒤에도 한층 더 평화
협정과 인도법에 반하는 행위를 계속 자행한 산코 의장은 2005년 5
월에 민중봉기 후 도망치다 정부 측에 구속되었다. 그러자 국제사회
는 즉각 반응하여, 같은 해 8월에 안보리가 특별전범재판소의 설치를
요구하게 되었음은 이미 언급한 대로이다.367)

---

365) 1999년 NATO의 공습 중에 밀로셰비치 대통령의 소추를 공표한 ICTY
검찰부의 담당부서에서는, 분쟁해결에 즈음하여 밀로셰비치 대통령에
게 면책이 부여되는 것을 우려하여 서둘러 소추를 공표하였다고 한다.
필자의 2001년 6월의 ICTY 직원과 한 인터뷰.

366) The Lome Peace Agreement of 1999, Article IX. 로메 협정은 다방면
에서 일제히 비난과 비판을 받았다. See, for instance, Yusaf Bangura,
"Strategic Policy Failure and Governance in Sierra Leone", *The Journal
of Modern African Studies*, vol.38, no.4, 2000; and David J. Francis,
"Torturous Path to Peace: Sierra Leone", *Security Dialogue*, vol.31,
no.3, 2000.

367) 로메 협정은 시에라리온 정부가 RUF 측을 처벌하지 않기로 정한 데
지나지 않고 국제인도법의 적용을 부정한 것은 아니라는, 안보리 결의
1315의 해석은 법기술론적으로는 요점에서 벗어났다고는 할 수 없을
것이다. 로메 협정에 서명한 유엔사무총장 특별대표는 협정에 규정된

필자는 다른 기회에서, 사법이 평화에 대해 미치는 부정적 영향을 강조하는 태도를, 사법과 평화의 '대립적' 견해로 묘사하고, 국제정치학의 현실주의적 견해와 결부시켰다.368) 예컨대 스테픈 크라스너 (Stephen D. Krasner)는 '안정적인 민주사회의 발전과 인명손실제한에 필요한 것은 사려있는 정치적 계산이지 사법적 발견이 아니다'고 강조하였다. 왜냐하면, '개인적 죄악에 관한 판단과, 정치적 질서 및 평화와 민주주의의 촉진에 관한 판단은 방향을 달리하고 있기' 때문이다.369) 요컨대, 사법과 평화는 전혀 다른 논리에서 움직이고 있고, 사법이 국내사회의 평화를 전제로 하고 있는 이상, 분쟁 (후) 지역에서는 평화의 논리가 우선되어야 한다는 의미이다.

이러한 현실주의적 입장에는 분명 단순한 권력정치관 이상의 의미가 포함되어 있다. 사법적 요청에 유연성이 요구되는 것은, 단지 타협을 위해서뿐만 아니라 화해를 준비하기 위해서일지도 모른다. 대체로 무력분쟁은 적대세력 쌍방이 자기 쪽에 정의가 있다고 믿고 있는 경우에

사면은 제노사이드, 인도에 대한 죄, 전쟁범죄, 기타 심각한 국제인도법위반 등의 국제범죄에는 적용되지 않는다고 선언하고 있었다. 결의 1315와 특별재판소설치를 지향한 유엔사무총장보고서도 이 점을 강조하였다. See "Report of the Secretary-General on the Establishment of a Special Court for Sierra Leone", UN Document S / 2000 / 915, paras. 21-24. 시에라리온 특별재판소도 사면은 심각한 전쟁범죄의 소추를 방해하지 않음을 확인하였다. The Statute of the Special Court for Sierra Leone, Article 10.

368) Hideaki Shinoda, "Peace-building by the Rule of Law:An Examination of Intervention in the Form of International Tribunals", *International Journal of Peace Studies*, vol.7, no.1, Spring / Summer 2002; 篠田英朗 「平和構築と国際刑事法廷-人道的介入としての国際司法介入-」, 広島大学総合科学部紀要Ⅱ 『社会文化研究』第27巻(2001).

369) Stephen D. Krasner, "After Wartime Atrocities, Politics Can Do More Than the Courts", *International Herald Tribune*, 16 January 2001. See also Hans Morgenthau, *Scientific Man Vs. Power Politics*(Chicago: The University of Chicago Press, 1946), pp.120-121.

발생하여, 통상의 형사법의 대상이 되는, 정부와 범죄자 집단이라는 대립 도식으로 간단히 환원되기 어려운 경우가 대부분이다. 그렇다고 하면, 쓸데없이 어느 일방 쪽에 서서 상대방을 범죄자로서 처벌하는 것은 오히려 현실을 왜곡하고 분쟁 후의 정치적 화해를 어렵게 할 우려가 있다. 이러한 관점에서 내전에 관련된 1949년 4개의 제네바협약의 1977년 제2추가의정서조차 "권력을 가지는 당국은······가능한 한 넓은 사면을 부여하려고 노력해야 한다"고 규정하고 있다.[370]

유엔 모잠비크활동(UN Operation in Mozambique: ONUMOZ)은 유엔평화유지활동 중에서 가장 성공한 하나의 예로 드는 경우가 많은데, 모잠비크에서는 전쟁범죄는 전면적으로 면책되었다. 흥미로운 것은, 모잠비크 사람들이 면책을 받아들인 요인 중 하나가 전통사회의 '치유자'의 '소금'이라고 일컫는 것이다.[371] 이 점은 현지 사회의 논리에 의한 평화의 모색이 반드시 국제사회의 사법 논리와 일치하지는 않음을 암시한다.

이러한 입장에 대해서는, '조화적' 또는 '조건적' 입장을 대비시킬 수 있다고 생각된다. 평화와 사법이 조화한다는 입장에 따르면, 양자는 상반되기는커녕 서로 필요조건이 되는 불가분의 관계에 있다. 초대 ICTY 수석검찰관 리처드 골드스톤(Richard Goldstone)은 당초 전쟁범죄인을 체포하려 하지 않던 NATO군을 비판하고, 평화와 사법은 서로 양립할 수 없다는 시각을 배척하였다. '조화적' 견해에 따르면, 사법은 평화를 저해하기는커녕, 오히려 진정한 평화를 달성하기 위한 수단이었다.[372]

---

370) 비국제적 무력분쟁의 희생자의 보호에 관하여, 1949년 8월 12일의 4개의 제네바협약에 추가되는 의정서, 제6조 5항.

371) Mani, *op.cit.*, in note 10, p.18.

372) See Richard J. Goldstone, "Justice as a Tool for Peace-making: Truth Commissions and International Criminal Tribunals", *New York Unive-*

중간적인 '조건적' 입장에서는, 평화와 사법은 일정한 조건하에서는
조화되지만, 그밖에는 대립한다고 생각한다. ICC 로마규정에 서명만
한 클린턴 정권에서부터 그 서명을 취소한 현재의 부시 정권에 이르
기까지, 기본적으로 미국의 입장은 이 조건적 입장에 해당할 것이다.
그것은 안보리가 설립한 개별적 전범재판소에는 찬동하지만, 상설국
제형사재판소에는 회의적인 태도로 나타나고 있다.373) 요컨대, 국제
안전보장질서를 해치지 않는다는 조건의 범위 내에서는 분쟁 (후) 지
역에서의 국제사법활동에 찬동하지만, 기존의 국제질서(미국의 행동의
자유)의 저해요인이 되는 것에는 반대한다는 태도이다.

　이러한 평화와 사법의 관계를 둘러싼 견해의 차이는, 목표로 삼아
야 할 평화의 의미·내용에 관계되어 있다고도 할 수 있다. 단순한
무력분쟁의 정지만으로는 진정한 평화를 얻을 수 없다고 한다면, 정
의를 실현하는 사법활동은 불가결하게 된다. 그러나 분쟁 (후) 지역
에서 고차원의 평화를 확보하는 데는 시간이 걸리므로, 전쟁범죄자
를 포함한 분쟁당사자에게 양보해야 한다고 생각한다면, 평화와 사
법의 양립가능성에 대해서 회의적일 수밖에 없을 것이다.

　평화구축에서 법의 지배를 확립하려고 할 때는 이들 견해 전체를
고려할 필요가 있다. 분쟁 종결 상태의 지속을 목표로 하는 평화구
축활동에서, 사법활동이 분쟁해결에 장해가 된다고 한다면, '대립적'
견해에 따라서, '평화의 논리'를 우선시킬 것이 요청된다. 무장세력을
면책하는 것과 같은 조치는, 만약 그것이 무장 당사자에게 정전을
이해토록 하기 위해 정말로 필요한 조건이었다고 한다면, 용인될 수
있을지도 모른다. 왜냐하면, 사법의 논리를 철저히 하여 부질없이 분

　　rsity Journal of International Law and Politics, vol.28, no.3, 1996.
373) Scheffer, *op.cit.*, in note 324; David J. Scheffer, "The U.S. Perspective
　　on the ICC", in Sewall and Kaysen(eds.), *op.cit.*, in note 326.

쟁해결을 지체시키는 것은 분명 분쟁피해를 막는다는 인도적 관점에서 바람직하지 않기 때문이다.

그러나 일단 조건이 갖추어지면, 사법활동이 안정적인 평화를 도출하는 것을 기대하게 된다. 사법활동은 사회에 일탈해서는 안 되는 규칙이 있음을 보여주고, 법의 지배의 제도와 문화를 보장한다. 선거나 법집행 활동만으로는 법의 지배는 완성되지 않는다. 권력을 가지는 자까지도 사법을 통한 사회 규범의 적용을 받을 때, 법의 지배는 제도적으로 보장된다. 사법활동은 힘의 논리로 사회 질서가 문란해지는 데 대한 방어벽이 되는 것이다. 더구나 국제사회의 '개입'으로 직접 사법활동이 실시되는 경우, 이는 분쟁 (후) 지역에서조차 적용되는 법 규범이 국제적으로도 존재함을 보여준다.

더 구체적인 맥락에서 말하면, 사법활동은 전쟁범죄인을 기소·구속함으로써, 분쟁 원인이 되는 인물을 배제하는 데 일정한 역할을 할지도 모른다. 보스니아 분쟁과 관련하여 ICTY가 소추하고 있는 카라지치와 믈라디치는 아직 체포되지 않고 있다. 그러나 소추되어 있다는 사실 자체가 그들이 모습을 드러내고 공공장소에서 새로운 분쟁의 불씨가 되는 것을 막고 있다. 전쟁범죄인이 기소되어 장래의 평화구축에는 참가하지 못한다는 보증이 평화교섭을 촉진하는 경우도 있을지도 모른다.

사법기관의 존재는 분쟁세력으로부터 과격파 분자를 제거한다는 전략적 시도 속에서 유익하게 되는 경우도 있다. 사법활동은 전쟁지도자를 고발하고, 그들의 체포와 구류의 이유를 만들어 냄으로써, 평화구축의 기능을 다한다. 개입이 실제로는 피의자를 기소하지 않을 때도, 기소의 가능성은 이론적으로는 한층 더 폭거를 억지하는 기능을 한다고 기대되는 것이다. 어쩌면 그 가능성은 교섭의 조건으로서 활용될지도 모른다.374) 특히 데이턴 협정은 전쟁범죄자의 체포를 정

치적 판단에 따라 결정하는 사항으로 하였다.[375] 설령 정치적·군사
적 이유로 체포하지 않는다는 판단을 국제사회가 내렸다고 해도, 강
제력에 호소하는 선택지를 보유하는 것은 적어도 정치적 판단의 폭
을 넓힐 것이다.[376]

제노사이드나 내전의 종결 후에 설립된 ICTR에는 평화창조나 평
화유지의 요소는 희박하다. 그러나 르완다를 둘러싼 국제정치상황의
불안정 또는 르완다 국외의 정치·군사 지도자들의 현 정권에 대한
적의를 고려한다면, 평화유지의 관점에서 보더라도 제노사이드 범죄
자를 기소하여 구류하는 것은 일정한 중요성을 가진다고 생각된다.
국제인도법 규범을 지역에 확대하는 효과도 있을 것이다. 전쟁범죄
자의 행동의 자유를 제한하는 것 자체도 분쟁의 확대를 방지하는 데
의의가 있다고 할 수 있다.[377]

---

374) Oliver Schuett, "The International War Crimes Tribunal for Former Yugoslavia
and the Dayton Peace Agreement: Peace versus Justice?", *International
Peacekeeping*, vol.4, no.2, 1997.

375) Paola Gaeta, "Is NATO Autorized or Obliged to Arrest Persons
Indicted by the Internatiional Criminal Tribunal for the Former
Yugoslavia?", *European Journal of International Law*, vol.9, no.1, 1998;
and John R. W. D. Jones, "The Implications of the Peace Agreement
for the International Criminal Tribunal for the Former Yugoslavia",
European Journal of Internatiional Law, vol.7, no.2, 1996.

376) Schuett, *op.cit.*, in note 374, p.100.

377) 미국 유엔 대사(당시) 매들린 올브라이트는 피의자를 재판에 회부하는
것은 어렵겠지만, 일단 검찰관이 기소장을 발행한다면 그들은 '국제적
으로 따돌림을 받는 자'로 된다고 말했다고 한다. See Barbara M.
Tocker, "Intervention in the Yogoslav Civil War: The United Nation's
Right to Create an International Criminal Tribunal", *Dickinson Journal
of International Law*, vol.12, no.3, 1994, p.555.

2) 사법활동의 논리

사법활동의 특징 중 하나는 개인의 죄악에 주목하는 점이다. 형사법은 집단적으로 저지른 범죄를 개인의 죄악으로 환원한다. 전쟁범죄라는 생각은 국제사회의 법구조가 얼마만큼 개인주의의 요소를 허용하는지에 크게 영향을 받는다. 일찍이 국제법은 개인을 알지 못하고 국가만을 다룬다고 하였다. 그러나 최근 국제사회의 법적 규범구조의 변질로 그러한 단락적인 국가중심주의적 시각이 항상 적합한 것은 아니라는 생각을 널리 하게 되었다. 전쟁범죄에서의 개인주의는 법의 지배 문화로의 길을 보여주고, 또한 사법활동의 긍정적 및 부정적 측면을 뚜렷이 드러나게 한다.

이 점에 관해서 '사법개입'은 군사적·정치적 개입과 명확한 대조를 이루고 있다. 인도적 목적을 위한 군사개입은 집단적 범죄행위에 초점을 맞춘다. 물론 개입세력이 지도적 개인에게 관심이 없는 것은 아니다. 그러나 군사개입의 주된 목표가 되는 것은 누구에게 법적으로 책임이 있는지가 아니라, 진행 중인 폭력을 방지하는 일이다. 분쟁해결을 위한 정치적 노력은 보통 개인적 책임을 묻지 않는다. 지도자층에 의한 정치기구의 지배의 정도를 존중한다고 해도 그러하다. 정치지도자가 범죄자인지 그 여부는 별도로 하고, 평화협정 교섭자는 분쟁을 해결하기 위한 수단으로써 그들을 다룬다.

사법활동은 집단적 죄악을 주된 목표로 삼지 않는다. 그것은 오히려 하나의 범죄행위에 대해서, 정치가에서 하급공무원에 이르기까지 개인의 책임을 묻는다. 형사법상의 책임이 상이한 수준에서 상이한 개인들에게 생기기 때문이다. 즉 사법활동은 분쟁을 개인의 죄악으로 환원함으로써 평화에 공헌하려고 한다. 평화협정 교섭이나 군사개입과 같이 집단적 인격에 착안한 접근이 아니라, 체포·구류·처벌이라는 개인주의적 접근으로 평화구축에 공헌하려고 하는 것이다.

사법기관의 이러한 접근의 긍정적 측면은 책임의 소재와 정도를 명확히 한다는 점일 것이다.378) 그것은 분쟁당사자 집단 간의 정치적 요청과 개인의 법적 책임을 구별한다. 모든 세르비아인이 보스니아헤르체고비나 또는 코소보에서의 범죄행위에 책임을 질 필요는 없다. 역으로 비세르비아인 측에도 기소하여 처벌해야 할 죄를 범한 개인은 있다. 정치적 지위에 관계없이 범죄행위를 저지른 자는 처벌되어야 하지만, 범죄의 질과 정도에는 개인차가 있다. 범죄자를 색출함으로써 어느 집단 내부의 사악한 요소를 제거하는 것은, 장래의 정치공동체의 주민이 무엇이 사악한 것인지를 판단하는 데 도움이 될 것이다. 구유고슬라비아나 르완다에서 중요한 것은, 끊이지 않는 민족분쟁은 결코 불가피한 것이 아니라 범죄적 개인들이 정치적으로 만들어 낸 것임을 보여주는 일이다. 그리고 그렇게 함으로써 민족집단 간 대립을 완화하는 일이다. 개인책임을 묻는 것은, 난폭하고 잔학한 행위가 민족적이거나 운명적인 것으로 보이는 정도를 줄이리라 기대된다. 평화구축에서의 사법기관은, 피할 수 있었던 비극을 초래한 것은 민족집단 간 숙명적 적대관계가 아니라 어떤 특정 개인들의 사악한 의

---

378) ICTY의 1994년 연차보고서에 따르면, ICTY는 '행위를 개인에게 귀속시키고, 그리하여 희생자에게 정의를 가져다줌으로써 집단적 증오와 복수의 가능성을 줄이도록 작동하여, 화해촉진의 도구가 된다.' "The Annual Report of the International Tribunal for the Prosecution of Persons Responsible for Serious Violations of International Humanitarian Law Committed in the Territory of the Former Yugoslavia Since 1991", quoted in Todd Howland and William Calathes, "The U.N.'s International Criminal Tribunal: Is It Justice of Jingoism for Rwanda? A Call for Transformation", *Virginia Journal of International Law*, vol.39, no.1, 1998, p.145. See also Paul Williams and Michael Schart, *Peace with Justice? War Crimes and Accountability in the Former Yugoslavia* (Lanham: Rowman & Littlefield, 2002), pp.16－17.

도라고 주장하는, 국제사회의 의사(意思)로서 기능하는 것이다.

3) 국제평화활동과 국제사법

지금까지 보았듯이, 국제사법활동은 다른 법의 지배 관련 평화구축활동과는 달리 형식적인 평화유지·평화구축조직의 틀 속에서 이루어지는 것이 아니었다. 그러나 독립된 조직으로서 사법기능을 발휘하면서도, 다양한 측면에서 평화유지·평화구축과 결부해 나가는 것이었다.

이것은 국내사법권력 본연의 모습을 보아도 이해할 수 있다. 사법권력은 정치적인 행정권력 또는 입법권력과는 분립되어 서로 부당하게 영향을 주지 않도록 하는 독립적 관계를 유지하고 있다. 변칙적으로 평화유지활동 부문의 수장인 유엔사무총장 특별대표의 지휘하에 들어간 UNTAET의 사법활동의 경우, 그 주된 목표는 오히려 검찰기능에 있었다.

그러나 국내사회의 사법권력은 다른 권력에서는 독립하면서, 하나의 공통의 국가제도에 속해 있다. 국제사법권력도 국가들로 구성되는 국제사회 전체에 통제되고 있어, 그 범위에서 평화활동조직과도 공통의 기반을 가지고 있다고 할 수 있다. 그래서 독립하고는 있지만, 통일적인 제도를 법의 지배 관련 다른 기관과 공유한다는 사법기관의 특징이 보이게 된다.

지금까지의 국제전범재판소에는 유엔이 일정한 형태로 관여하고 있었다. 따라서 안보리가 통제하는 제도를 공유하고 있었다. 새로운 예가 되는 것은 ICC이다. ICC는 안보리의 역할을 정하여 유엔과 관계를 맺지 못할 이유는 없다. 그러나 어디까지나 다자조약으로 설립

된 ICC는 유엔의 직접적 통제하에는 들어가지 않는다. 이것은 평화
와 사법의 '대립적' 견해가 우려하고 있는 점이고, 이 점에 대해서는
평화구축의 관점에서 일체성을 가지게 하기 위한 최대한의 배려가
필요하다.

국내사회에서 형사사건을 다루는 사법권력이 국가의 강제력으로
범죄자를 처벌하듯이, 국제사법활동에서도 범죄의 처벌은 범죄자의
상위에 있는 공적 권력이 한다. 이 점은 평화활동의 성질에 큰 영향
을 준다. 전통적 평화유지활동형의 평화활동의 경우, 국제사회는 분
쟁당사자 사이에 선의의 제3자로서 개재하는 역할을 담당할 뿐이었
다. 그런데 강제력을 가지고 범죄자의 처벌을 담당하게 되면, 평화활
동은 제3자로서가 아니라 상위의 공권력으로서 분쟁당사자를 접촉해
야 한다. 따라서 사법활동을 시작할 때는 그 지역의 평화활동이 그
러한 성격 부여에 익숙한지를 먼저 신중히 판단해야 한다.

ICTY의 경우, NATO가 가지는 권한·실력이 강하였기 때문에, 설립
후 수년이 걸렸다고는 할 수 있으나, 피의자의 구속을 그런대로 순조
롭게 진행할 수 있게 되었다. 유고슬라비아 연방의 정변으로, 밀로세
비치 전 대통령도 ICTY에 이송되었다. ICTR의 경우, 학살 후 정권을
장악한 RPF 정권의 협력을 얻을 수 있었던 범위에서는, 비교적 원
활히 기능할 수 있었다. 동티모르에서의 '중대범죄'자 단속은 현지 사
회에서 UNTAET의 존재감이 강하였으므로 기능한 부분도 있었다.
그러나 인도네시아와의 관계가 관련된 부분에서는 반드시 순조롭다
고는 할 수 없다.[379]

또한, 평화활동에서는 현지의 사법조직을 강화하는 것도 중요하다.

---

379) 인도네시아 국내에서의 동티모르에 관한 범죄자의 재판의 불비는 국
제인권NGO 등으로부터 규탄을 받고 있다. See Amnesty International,
"Indonesia / Timor-Leste: International Responsibility for Justice", AI
Index: ASA 21 / 013 / 2003, 14 April 2003.

국제지원에는 물질적 지원뿐만 아니라 전문가 양성을 위한 훈련도 포함된다. 이미 OSCE는 코소보에서의 법의 지배 접근 속에서 광범위한 법률가 지원을 하고 있는데, 예컨대 그 일환으로서 '코소보 사법연수원(Kosovo Judicial Institute: KJI)'을 운영하고, 재판관 또는 검찰관에게 인권규범을 기반으로 한 교육과 훈련을 실시하고 있다.380) 르완다 등에서도 현지 재판소의 기능을 강화하기 위한 조치가 취해지고 있다.381)

뿐만 아니라 평화구축에 즈음하여서는, 행정부와 입법부의 부정(不正)과 오직(汚職)을 감시하는 기구를 만드는 것이 바람직하다. 관료기구가 부패해 있는 경우, 법의 지배는 근저에서부터 뒤집힐 우려가 있다. 국제사회가 설립한 사법기관이 이 분야에서 완수해야 할 역할도 새로이 모색되어야 할지도 모른다.

3. 사법활동의 딜레마

1) 정치적 요청

사법활동은 원칙적으로 정치적 영역으로부터의 독립이 보장되어야 하지만, 실제의 평화활동에서 순수한 독립을 유지하는 것은 어렵다. 예컨대 ICTY와 ICTR은 안보리가 설립한 기관이고, 안보리가 언젠가는 활동을 종료시킬 존재이다. 동티모르의 경우도 안보리에 대해 이와 유사한 관계에 있다고 할 수 있을 것이다. 그러나 안보리는 사법기

---

380) OSCE Mission in Kosovo, "Rule of Law" <htt://www.osce.org/kosovo/law/>.
381) Mani, *op.cit.*, in note 10, pp.19－20.

관이 아니어서, 그 판단은 정치적 견지에서 내려진다. 또한, 안보리의 개재는 미국을 필두로 하는 상임이사국의 의향이 전범재판소에 반영될 것임을 의미한다. 중립성을 유지하고 있음을 호소할 목적에서, ICTY 검찰부가 무슬림 세력 측의 소추의 수를 늘리려고 하고 있는 것, 그러나 그 목적이 세르비아 정부의 불만을 해소하고 세르비아인 세력 측 거물의 체포를 촉구하는 데 있는 것 등도, 사법기관에 개재하는 정치적 배려의 예이다.

다자조약으로 설립된 ICC의 경우도, 안보리의 제도적 역할이 인정되고 있다. 때로는 헌장 제7장의 권위에 호소하는 안보리의 정치적 견지에서의 판단이 ICC의 사법적 독립을 유보할 수 있게 되어 있다. 정치적 판단이 들어가는 제도적 채널(channel)이 있다는 것은, ICC를 어떻게 평화활동에 도입할 것인지에 대해서 광범한 재량의 여지가 있음을 의미한다. 당연한 것이지만, 그러한 예외적 규정은 ICC 측에서 보면, 사법기관의 독립에 대한 심각한 제한조치라고도 할 수 있다. 그러나 일단은 로마규정의 당사국부터도 그러한 규정을 평화의 요청과 균형을 취하기 위한 적절한 조치라고 보고 있다.

사법활동에 대한 정치적 요청의 문제는 복잡하며, 정치적 배려 전부를 일률적으로 좋다 나쁘다고는 판정할 수 없다. 한편에서 사법이 법적 권위를 유지하기 위해서 독립해 있어야 한다는 것은 틀림없지만, 분쟁 (후) 지역에서 전쟁범죄를 다루는 평화구축으로서의 사법활동이 본질적으로 정치적이게 되는 것은 어쩔 수 없다. 왜냐하면, 사법기관의 한정된 자원을 어떻게 유효하게 활용할지를 결정하는 데에는 평화구축의 전략적 시점이 필요하기 때문이다. 특정 세력의 부당한 정치적 요청으로부터의 독립과, 평화구축의 정치적 요청에 대한 공헌이 동시에 사법활동에 요청되는 것이다.

국내사회의 사법기관의 경우, 정치성이 높은 쟁점이 문제가 될 때에는 사법판단을 회피하는 방법을 취하는 것이 가능하다. 삼권분립을 이유로 한 일본 국내재판소의 자위대 합헌문제에 대한 판단의 회피 등은 전형적인 예일 것이다. 그러나 국제적 형사재판소가 정치성을 이유로 판단을 회피하는 경우는 장래에도 그다지 볼 일이 없을 것이다. 왜냐하면, 다루는 문제의 성질상 정치적 문제를 계속 회피할 수 없기 때문이다.

평화구축 시 사법기관에 요청되는 것은, 원칙적인 독립을 지키면서 평화구축의 관점에서 필요하다고 판단할 수 있는 정치적 요청을 솔직히 인정하는 일이다. 대체로 평화구축 시의 사법기관은, 일정 영역 내에서는 보편적 관할권을 가지는 국내재판소에 비하여, 극히 선택적 권한밖에 없다. 요컨대, 분쟁발생 후 등 특정 기간의, 중대한 전쟁범죄 등 특정 종류의 범죄만을 다룬다. 전범재판소는 예컨대 분쟁 중에 발생한 경범죄 등을 재판할 수는 없다. 그러한 제한의 근거는 결국은 평화구축의 필요성이라는 정치적 배려에 있고, 그 필요성에 효과적으로 공헌할 수 있도록 활동하는 것은 평화구축을 목적으로 특별히 설치된 사법기관으로서는 당연한 일이라 할 수 있다. 이 점은 나아가 정책결정자로서 행동할 수밖에 없는 검찰관의 역할과 법적용의 이중구조라는 논점으로 이어진다.

2) 정책결정자로서의 검찰관

국제사회가 전범재판소를 만들 때 특징적인 것은 검찰부문이 재판소의 부속기관으로 설치된다는 점이다. 그래서 어떻게 사법기관이 평화구축을 배려하여 활동할지는 국제재판소의 검찰관의 태도에 따라 결정된다. 재판관이 법적 판단을 내릴 때 정치적 배려를 중시하는 것은 사법

기관으로서 허용되지 않으므로, 실제로는 검찰관이 누구를 소추할 것
인지가 정치적·전략적으로 가장 중요한 문제가 된다.

순수한 사법기관으로서는 변칙적인 형태로, ICTY, ICTR, ICC는
검찰부문을 자신의 내부에 두고 있다. 동티모르와 시에라리온의 경
우도, 활동의 중심은 검찰활동에 있다. 평화구축에서 사법기관의 역
할은 단지 기계적으로 법을 해석하는 것이 아니라 구체적 분쟁에서
범죄행위에 관련된 구체적 전쟁범죄인을 소추하고 처벌하는 것이다.
그렇게 되면 기소해야 할 인물을 결정하여 수사하고, 소추를 통해
죄상을 공개하고, 나아가 재판에서는 유죄판결에 필요한 증거를 제
시하는 검찰부문의 역할이 중요하게 된다. 현지 경찰의 수사 활동을
기대할 수 없는 분쟁 (후) 지역에서는, 검찰부문이 본래는 경찰관이
해야 할 일까지 해야 하는 경우도 많다. 그에 따라서 재량권의 범위
도 넓어지게 된다. 또한, 검찰관은 소추한 피의자의 체포를 각국 정
부에 요청해야 하므로 외교적 기능도 있어야 한다.

전쟁범죄의 처벌을 목적으로 특별히 설립된 사법기관은, 제도적으
로 얼마만큼의 우위가 보장되어 있는지는 별도로 하고, 통상의 사법
기관에 견주면 분쟁 관련 범죄에 관해서 한층 더 전문적인 판단을
내리는 입장에 있다. 따라서 전쟁범죄인, 특히 무장집단의 지도자층
은 특별한 전쟁범죄 사법기관에서 재판해야 한다는 논의로 이어진다.
요컨대, 전쟁범죄 사법기관은 거물 전쟁범죄인의 처벌에 전력해야 한
다는 것이다. 무릇 분쟁 중에 범죄행위에 관여한 모든 사람들을 다루
는 것은 ICTY나 ICTR과 같이 헌장 제7장의 권한으로 예산을 확보하
고 있는 사법기관으로서도 불가능하다. 그런 관점에서 보더라도, 검
찰관이 소추대상을 선택적으로 판단하는 것은 불가피하다.

물론 이것은 사법활동을 저해하는 딜레마이기보다도, 평화구축에
이바지하도록 원활히 사법기관을 운영하기 위해서 예정된 문제일 것

이다. 그러나 ICTY 등 국제전범재판소의 직원 중에는, 구미 중심의 국가 특히 미국과 영국 출신이 많은 것은 검찰관 사무소가 특정 가치관에 따라서 편향되거나 또는 현지 사회의 의식과 괴리되는 태도를 보일지도 모를 위험성을 암시한다. 평화구축에서 검찰관은 법의 전문가인 동시에 정당한 정치적 원칙에 따라서 적절히 전쟁범죄처벌을 요구해 가는 태도를 보여야 한다. 평화교섭의 중개자와 마찬가지로 또는 그 이상으로, 사법활동에서는 인격적 능력이 큰 영향을 미친다.

3) 법적용의 이중구조

검찰관이 선택적 활동을 해야 한다는 것은, 사법기관이 정치적으로 완전히 중립적일 수는 없음을 암시한다. 예컨대 동티모르나 캄보디아의 정치정세에 관해서, 과거의 대국의 정치가가 분쟁의 발생·진전에 큰 책임이 있는 것은 사실이다. 따라서 미국의 정치가가 소추대상이 되지 않는다면, 전쟁범죄처벌은 불완전한 것으로 끝난다는 주장까지 있다.[382] NATO의 1999년 유고슬라비아 공습 시에는 당시 루이즈 아버(Louise Arbour) ICTY 수석검찰관은 유고슬라비아 정부나 러시아 정부의 요청에 따라서 NATO가 위법행위를 하였는지를 조사하였지만, 결론적으로는 그러한 고발을 부정하였다.[383] 물론 NATO가 인도법을 위반하고 있었는지를 법적으로도 증명하기는 분명히 어

---

382) See James Rae, "War Crimes Accountability: Justice and Reconciliation in Cambodia and East Timor?", *Global Change, Peace & Security*, vol.15, no.2, 2003.

383) "Report of the International Tribunal for the Prosecution of Persons Responsible for Serious Violations of International Humanitarian Law Committed in the Territory of the Former Yugoslavia since 1991", UN Document A / 55 / 273 − S / 2000 / 777, 7 August 2000, para. 192.

려웠을 것이다. 그러나 설령 아버가 NATO 내부의 개입 강경파였던 캐나다 출신이었던 점을 도외시해도, 재임 중에 보스니아에서 적극적 행동을 이끌어 내는 등 NATO와 양호한 관계를 자랑하고 있었던 점을 생각하면, 그가 NATO 구성국들의 지도자의 소추를 결단하기는 무엇보다 정치적으로 곤란하였을 것이다.

법적용의 이중기준은 항상 개입하는 대국에 유리한 형태로만 실행된다고는 할 수 없다. 오히려 현지 세력을 배려하는 형태로 이중기준이 나타나는 경우도 있다. 이미 본 평화협정에서의 면죄 규정의 문제는 그 전형적 예이다. 나아가 비공식적으로 형성되는 이중기준도 있다. 예컨대 대규모의 국제사회의 개입으로 분쟁이 종결된 아프가니스탄에서는, 아직 국제적으로나 국내적으로나 전쟁범죄처벌의 시도가 없다. 과도정부의 카르자이(Hamid Karzai) 대통령은 아프가니스탄에는 전쟁범죄처벌 등 사치를 부릴 여유가 없다고까지 말하고 있다. 북부동맹군 세력이 저지른 전쟁범죄의 처벌은 물리적으로 곤란할 뿐만 아니라, 허약한 세력균형 위에 유지되고 있는 현재의 아프가니스탄의 정치적 안정을 무너뜨리게 될지도 모른다는 우려가 있다. 물론 '대(對) 테러전쟁'의 관점에서 군벌을 자극하고 싶지 않을 뿐 아니라, 자국으로 전쟁범죄문제가 비화하는 것을 우려하는 미국의 의향도 있을 것이다. 아무튼, 결과적으로는 지방 군벌이 과거의 전쟁범죄뿐만 아니라 현재의 범죄에 대해서도 사실상의 면죄를 받고 있는 것이다. 그뿐만 아니라 타 세력에 대한 배려에서, 연령제한초과에도 불구하고 카르자이 대통령이 용인하고 있는 이슬람 원리주의자인 최고재판소장 스스로 세속법의 전문교육을 받은 경험이 없을 뿐만 아니라, 최고재판소 재판관의 수를 9명에서 137명으로 늘리면서까지 마찬가지로 세속법의 교육을 받은 적이 없는 사람을 잇달아 계속임명하고 있는 점은, 아프가니스탄에서의 법의 지배 관련 평화구축의

행방을 우려케 하기에 충분한 재료일 것이다.384)

ICTR을 둘러싼 몇몇 사건, 예컨대 장 보스코 바라야그위자(Jean Bosco Barayagwiza)를 둘러싼 1999년에서 2000년까지의 사건은 ICTR과 르완다 정부 간의 긴장관계를 보여주는 것이었다. 바라야그위자는 1996년 4월에 카메룬에서 체포되었고, 그 후 아루샤로 이송되었지만, 재판개시가 현저히 지연되었다. 그리고 바라야그위자는 그로 인한 인권침해를 호소하였는데, 헤이그에서 열린 상소심은 1999년 11월에 그를 석방하고 카메룬으로 송환해야 한다는 결정을 내렸다.385) 바라야그위자는 전 정권 외무부의 정책국장직에 있었던 자이며, 르완다 정부는 이 결정에 격노하였다. 그리고 ICTR과 협력관계를 정지한다고 통고하였다. 검찰부문은 상소심의 결정을 뒤집기 위해 분주하였다. 그 노력은 2000년 3월에 결실을 보았고, 르완다 정부는 그것을 받아들여 ICTR과 협력관계를 회복하였다.386) 바라야그위자는 나중에 출정을 거부하였고, 또한 아루샤의 ICTR 구치소 내의 다른 구류자는 그를 지원하기 위한 파업(strike)에 들어갔다. 그들은 ICTR이 '승자의 정의'를 강요하고 있고, 르완다 정부로부터의 정치적 압력에도 굴복하고 있다고 항의하였다.387)

또 다른 정치적 소동의 예가 있는데, 이는 2000년 캐나다 신문

384) See International Crisis Group, "Afghanistan: Judicial Reform and Transitional Justice", Asia Report No.45, 28 January 2003, pp. ii, 10.
385) ICTR, The Appeal Chamber, "Decision on *Jean−Bosco Barayagwiza v. the Prosecutor*", 3 Novermber, 1999.
386) J. Coll Metcalfe, "Rwanda Normalizes Relations with UN Tribunal", *Internews*(Arusha, Tanzania), 10 February 2000 <http://allafrica.com/stories/200002100110.html>.
387) J. Coll Metcalfe, "The Politics of Justice at the ICTR", *Internews* (Arusha, Tanzania), 1 March 2000 <http://allafrica.com/stories/200003010096.html>. See also ICTR, Press Release, "ICTR Detainees Announce 'Strike'", ICTR / INFO−9−2−246. EN, Arusha. 26 October 2000.

'내셔널 포스트(National Post)'에 실린 기사 때문이었다. 그것은 ICTR의 검찰관 사무소의 수사관이 일찍이 1994년 하비아리마나 대통령 암살사건에 대한 RPF 현 정권의 정치적 지도자의 관여 여부를 조사하고 있었음을 폭로하는 기사였다. 이제까지는 제노사이드의 직접적인 계기가 된 대통령기 격추사건은 구정권의 강경파 인테라함웨 등 후치계 집단이 타협적 대통령을 제거하고 제노사이드를 실행하기 위해 일으킨 음모라고 생각되고 있었다. 그런 만큼 그 폭로기사는 르완다 정부에 큰 충격을 주었다.[388] 그것에 호응하여, 투치계 재미 RPF 전 첩보관이 현 르완다 대통령인 폴 카가메와 다른 RPF 지도자들이야말로 하비아리마나 탑승기의 격추 명령을 내렸다고 고발하였다. 흥미롭게도, 격추사건에 대한 RPF의 관여에 관한 조사 기록은 유엔사무총장이 가지고 있었지만, ICTR 재판소장에 송부되었을 때 봉인되어 누구도 볼 수 없었다.[389] 그러나 그 조치는 나중에 변호인단의 비판 대상이 되었고, 개시(開示) 결정이 나오게 되었다.[390] 그러나 칼라 델 폰테(Carla Del Ponte) ICTY·ICTR 수석검찰관은 격추사건을 ICTR의 주 임무에서 벗어난다는 이유로 수사대상에서 제외하였다.[391]

---

388) J. Coll Metcalfe, "Rwanda Responds to Allegations that RPF Assassinated President", *Internews*(Arusha, Tanzania), 23 March 2000 <http://allafrica.com/stories/200003230084.html>.

389) ICTR, Press Release, "Statement by the President: Plane Crash in Rwanda in April 1994", ICTR / INFO-9-2-228STA. EN, Arusha. 7 April 2000.

390) ICTR, Trial Chamber I, "Decision on the Request of the Defence for an Order for Service of an United Nations Memorandum Prepared by Michael Hourigan, Former ICTR Investigator", 8 June 2000, *the Prosecutor versus Ignace Bagilishema*: Case No.ICTR-95-1A-T. See also Mary Kimani, "Memorandum On Plane Crash Made to Be Disclosed", *Internews* (Ausha, Tanzania), 9 June 2000 <http://allafrica.com/stories/200006090079.html>.

물론 이러한 일련의 소동은 법적 판단을 도외시하고 전개된 것은
아니다. 그러나 법적 판단의 타당성이라는 논점과는 별도로, 사건이
르완다 정부를 자극하고, ICTR과의 협력관계의 계속 문제로 발전하
였다는 사실이, 문제의 정치적 성질을 표현하고 있다. 실제의 경우,
르완다 국내에서 일어난 학살사건의 수사를 맡은 ICTR 검찰부문은
르완다 정부의 반대에 부딪혀서는 사실상 활동을 할 수 없게 된다.
뿐만 아니라 이미 언급하였듯이, 국내재판과 가차차 재판 양쪽에서
RPF 정권이 저지른 범죄행위는 사실상 면죄되고 있다.

완전히 공정하게 법이 적용되지 않는다는 것은 아마 국내사회에서
도 일어나는 현상일 것이다. 평화구축에서는 그 특유의 평화에 대한
배려의 필요성이 있음도 확인하였다. 그러나 단순한 권력관계에 기
인하는 이유에서 사법기관의 활동이 제약을 받는다고 한다면, 법의
지배 관련 평화구축활동 전반에 악영향을 미칠 것이다. 각 사법기관
뿐만 아니라, 평화구축을 추진하는 국제사회 전체의 정치적 의사를
묻는 문제이기도 하다.

4) 요원의 확보

사법활동 분야에서도 인재 확보의 문제가 있다. 사법기관에는 비
교적 소수의 요원만 필요하지만 고도의 법률지식이 요청되므로 실제로
는 질 높은 인원을 확보하는 것은 간단하지 않다. 분쟁 (후) 지역에서는

---

391) "Arusha Tribunal Will Not Investigate Habyarimana's Death", *Pana-
    frican News Agency*, 4 April 2000 <http://allafrica.com/stories/200004040059.
    html>. See also Mary Kimani, "Genocide Suspect to Be Interviewed
    on Plane Crash", *Internews* (Arusha, Tanzania), 8 May 2000, <http://alla
    frica.com/stories/200005080054.html>.

법률 전문가가 부족한 경우가 많은데, 이는 국제사회가 '사법개입'을 하기로 결단해야 하는 하나의 이유가 되고 있다. 지방의 유능한 인재를 발굴함과 동시에, 훈련과 교육을 위한 기관도 장기적인 시야에서 충실하도록 해야 한다. 국내사회의 사법기관 직원의 경우, 특히 현지 권력자의 의향에 좌우되는 경향이 있다. 지금까지 UNDP 등이 사법분야에서 원조를 맡는 경우에도, 내정간섭을 우려하여 사법기관의 독립성을 높이는 데 초점을 맞추는 일은 그다지 없었다.[392] 그러나 사법기관의 독립은 법의 지배의 근간에 관한 중요 문제이며, 적극적으로 대처할 필요가 있다.

국제사회가 사법활동요원을 들여보내는 경우에도, 분쟁 (후) 지역의 국내사회의 형법·형사소송법에 정통하고, 국제법 지식도 갖춘 인재를 찾아내는 것은 지극히 어려운 일이다. ICTY 또는 ICTR의 재판관에는 형법 전문가와 국제법 전문가가 혼합되어 있다. 따라서 각국의 추천을 기초로 하여 재판관이 선출되었다고 해도, 분야가 다른 전문가들 사이에서 의견 통일을 해야 하는 어려움도 있다.

국제재판소에 부속하는 검찰부는 다른 유엔기관에서 파견된 요원을 많이 포함하고 있다. 따라서 다른 문화적 배경을 가지는 자들이 하나의 기관에서 활동해야 하는 경우는 물론, 국내사회에서 검찰관으로서 근무한 적이 없는 자가 참가하여 검찰행동에 임해야 하는 경우도 있다. 특히 ICTR에 관해서는, 조직적 비효율성이나 직원의 능력부족이 지적되고 있다. 전문능력의 결여로 해고된 직원도 여러 명 있다. 또한, 변호인단 속에는, 일찍이 자신이 학살에 관여하고 있었던 사실이 발각되어 계약이 해제되거나 실제로 소추되는 자가 나타났다. 평화활동의 관점에서 보면, 직원채용 시의 엄격성과 더불어, 필요에 따라서 사법기관의 요원에 대한 훈련의 실시도 검토해야 할 것이다.

---

392) Santiso, *op.cit.*, in note 188, pp.581－586.

5) 개인화의 폐해

사법활동이 직면하는, 이론상 가장 중대한 문제는 분쟁의 개인화
이다. 이미 보았듯이, 사법활동은 집단 간 분쟁을 각각의 개인의 범
죄행위로 환원한다. 거기에는 분쟁은 집단 간 관계에서 불가피하게
등장하는 것이 아니라, 오히려 특정의 범죄적 사람들이 선동하여 일
으키는 것이라는 국제사회의 의사가 있다.

그러나 사법기관이 하는 개인화에도 부정적 측면이 있다. 범죄자
의 처벌은, 개인의 노력이 평화를 달성한다는 전제에 기초를 두고 있
다. 그러나 그러한 전제에는 우려의 여지도 있다. 1996년 11월 ICTY
제1심이 에르데모비치(Drazen Erdemovic)에게 내린 판결이 비판을
받았던 것은 법적 절차의 불비 때문이었지만, 더 근원적 부분에서는
상관 명령을 거부할 자유가 없는 하급 장교를 재판하는 것의 어려움
때문이었다고 할 수 있을 것이다.[393] 사법기관은 분쟁지대의 사람들
을 범죄자와 무죄의 자로 양분한다. 그러나 구 유고슬라비아나 르완
다와 같은 지역에서의 민족분쟁은, 민첩하게 소수의 범죄자만을 처
벌하고 나머지 대다수의 무죄를 증명할 수 있을 정도로 단순하지 않
을 것이다. 범죄자와 그렇지 않은 자의 경계선은 극히 모호하거나
또는 자의적이기까지 할지도 모른다.

경우에 따라서는, 사법기관은 처벌되는 자를, '세르비아인 범죄자'
와 같은 형태로 개인책임을 넘은 역할을 가지게 함으로써, 일종의
희생양(scapegoat)으로 삼아 버릴지도 모른다. 왜 어떤 특정 개인을
선정하여 재판에 회부하고, 그 이외의 자에 대해서는 그렇게 하지

---

393) Sienho Yee, "The *Erademovic* Sentencing Judgement: A Questionable
Milestone for the International Criminal Tribunal for the Former
Yugoslavia", *Georgia Journal of International and Comparative Law*,
vol.26, no.2, 1997, pp.263－309.

않는지에 대해서, 현지 주민이 충분히 이해할 수 있는 방식을 관철하는 것은 실은 간단한 작업이 아닐 것이다. 개인책임을 추구하는 것은 집단 간 분쟁의 현실에서 괴리될지도 모르는 위험성을 내포하고 있다.

사법기관이 의거하는 평화 개념은 전통적 평화활동이 내포하는 평화 개념과는 다르다. 전통적 형식의 개입은 집단 간 평화를 모색하지만, 사법기관은 전쟁과 평화는 개인들의 행위의 결과라고 가정한다. 집단 간 분쟁에 매몰되어 있던 개인을 규탄하고 처벌하는 것이 적당한지는 간단히 판단할 수 없는 사항이다. 물론 가장 바람직한 것은 두 가지 평화 개념을 조화시켜, 분쟁 (후) 지역에 고차적인 의미의 평화를 달성하는 일일 것이다. 그러나 두 평화 개념 사이의 긴장관계는 다양한 장면에서 반복하여 나타나는 성질이 있다. 따라서 어떠한 장면에서 어떠한 평화 개념이 우선하고, 어떠한 가치를 평화구축에서의 사법기관이 가질 수 있는지를 끊임없이 검증해 가야 한다.

4. 맺음말

이 장에서는 우선 국제사회가 전쟁범죄 문제에 대응하기 위해서, 안보리의 권한으로 또는 현지 정부와 체결하는 협정으로 설립된 특별재판소와, 다자조약으로 설립된 국제형사재판소의 사례를 확인하였다. 아울러 진실화해위원회의 시도에 대해서도 언급하였다. 그것으로 명확히 된 것은 냉전 후 세계에서 평화구축의 일환으로서 사법활동이 확대되고 있다는 점이다.

그러나 사법활동이 정말로 평화구축에 역할을 하는지에 대해서는 많은 논의가 있다. 사법활동에는, 그것이 분쟁 중의 범죄를 개인의 행위로 환원하여 이해한다는 점에서, 집단 간 적대관계를 완화하는 효과가 있을 것으로 기대된다. 한편, 사법활동에는 복잡한 정치정세에 경직된 태도로 대응할지도 모르는 측면이 있다. 또한, 평화구축에서의 사법활동에는 필연적으로 사법기관 독립의 원칙과, 평화구축의 정치적 요청이 모두 개재하게 된다. 특정 정치집단에 영합하여 법의 지배 확립이란 목적을 위태롭게 하는 것은 허용되지 않는다. 그러나 평화구축의 관점에서 정당하다고 볼 수 있는 정치적 배려는 있을 수 있다. 원칙에 따라서 양쪽을 존중하는 형태로 활동을 진행해 가는 데에는 검찰관 등 직원의 개인적 자질도 중요한 요소가 될 것이다.

결 론

　이 책 제1부에서는 이론적 관점에서 평화구축의 개념과 법의 지배의 개념을 검토하고, 양자가 결부되는 평화구축의 법의 지배 접근에는 어떠한 목적이 있는지를 설명하였다. 그리고 제2부의 각 장에서, 평화구축의 법의 지배 접근을 구성하는 주요한 영역을 채택하였다. 평화협정은 법의 지배의 원천이 되는 사회계약이론을 평화구축에 가져오는 것이었다. 선거는 법의 지배 확립 과정에 현지 사회 주민의 승인이라는 정통성을 부여하는 것이었다. 법집행활동은 법의 지배를 구성하는 여러 규칙을 평화구축활동을 통해서 적용하는 다양한 활동이었다. 사법활동도 평화구축의 맥락에서 이루어지고 있고, 평화구축의 법의 지배 접근에 큰 전략적 폭을 제공하는 것이었다.

　이 책은 각 장에서 이와 같이 묘사된 법의 지배 접근의 문제점도 지적하였다. 법의 지배 접근이 대체로 순조롭게 실시된다고 평화구축이 반드시 성공한다는 보증은 없으며, 실시 과정에서 폐해가 발생하는 경우가 있을지도 모른다. 평화구축에는 다른 전략적 시점에서 완성되는 활동 영역도 있다. 현실적으로 분쟁 (후) 지역에 영속적 평화가 확립될지 그 여부는 종합적인 노력의 결과이지, 법의 지배 확립 노력만이 평화구축의 전 책임을 지는 경우는 그다지 없을 것이다.

　그러나 평화구축에서 법의 지배를 확립하려는 시도는, 실효적이고 정당한 법적·정치적 제도를 분쟁 (후) 사회에 창설한다는 목적을 달성하기 위해서 현대 국제사회가 중요시하는 것이며, 이미 다양한 형태로 이루어지고 있다. 그래서 이 책에서는 법의 지배 관련 평화구축활동의 가능성에 착안하고, 그 새로운 개선의 실마리를 찾기 위해, 이론적 및 기능적 관점에서 검토하였다.

이 책에서는 대국적 시점(大局的 視點)에서 평화구축 중 법의 지배에 관련되는 활동에 초점을 맞추었다. 여기서 이 책이 주장한 것은, 분쟁 (후) 지역의 공공질서의 (재)확립이라는 과제에 대해서, 지금까지의 평화활동 실적에 근거를 둔 법의 지배의 시점(視點)은 일정한 중요성이 있다는 점이었다. 인간의 존엄을 기반으로 하는 질서의 구축을 목표로 하는 법의 지배의 시점은 확실히 정치적·법적 분야에서의 평화구축의 목표가 될 수 있다는 점이었다.

평화구축의 법의 지배 접근의 유효성의 정도는, 개별적인 평화활동에 따라서 또는 구체적 논점을 깊게 하여 더 상세한 연구를 함으로써, 더욱 명확해질 것이다. 그러나 총론적 논의를 제공한 이 책이 최후로 대응해야 할 비판은, 아마 현대국제사회의 힘 관계를 반영한 이데올로기性을 둘러싼 비판일 것이다. 요컨대, 법의 지배란 강자의 가치관을 약자에 강요하는 것일 수밖에 없고, 현실적으로 실시되고 있는 평화구축활동도 미국 등 대국의 정책을 보강하는 것일 수밖에 없다는 비판이다.

이것은 이 책에서도 다양한 형태로 거듭 주의를 기울인 쟁점이기도 하였다. 이 책에서는, 법의 지배가 미국을 중심으로 한 구미국가의 정치·법 사상에 기원을 두고 있음을 지적하였고, 현대에서도 평화구축에서 법의 지배의 요소를 중시해야 함을 호소하고 있는 것은 미국을 중심으로 한 구미국가의 정부와, 그 국가들의 영향하에 있는 국제기관임도 확인하였다.

그래서 평화구축활동 종사자에게 정말로 문제가 되는 것은, 법의 지배는 그 역사구속성이나 정치적 배경으로 인하여 유효성을 어느 정도로 상실하는가이다. 압도적 힘을 자랑하는 미국이 때때로 국제사회의 법질서나, 평화구축에서 완수해야 할 책무를 경시하는 태도를 취하는 것은 사실이다. 국제사회 전체에서 또는 각각의 분쟁 (후) 지역에서, 법의 지배 확립의 시도를 위태롭게 하는 태도는 초대국으로서 유례없는 책임을 지는 미국이 피해야 하는 것이다. 그러나 미국이 책임 있는 행동을 취해야 하는 것은 자국이 신봉하는 법의 지배의 가치 이름하에서이고, 자국의 장기적 이익의 관점에서이다. 미국의 힘 그 자체를 비판하고, 그것을 이유로 평화구축의 법의 지배 관련 활동을 비판하는 것은 적어도 건설적인 법의 지배를 위한 논의가 아니다.

'법의 지배'를 '힘의 지배'의 대극(對極)에 자리매김하고, 마치 힘의 요소를 완전히 배제하였을 때 달성되는 것이 법의 지배라는 견해가 나올 때도 있다. 그러나 법의 지배가 힘의 요소를 전혀 개입시키지 않고 달성된다고 생각하는 것은 환상이다. 이 책에서 검토한 활동들 중에서도, 힘의 요소는 적정히 자리매김해야 하는 것이지, 결코 일률적으로 배제해야 하는 것이 아니었다. 오히려 법의 지배란 올바른 법질서에 힘을 부여하기 위한 이념이라고 해야 할 것이다. 법의 지배가 배제하는 것은 힘 그 자체가 아니라 자의적인 人의 支配이다. 미국에서 권력을 장악하는 자가 힘에 탐닉한 듯한 태도로 나오면, 그것은 틀림없이 법의 지배에 반한다. 그러나 만약 법의 지배의 확립을 향한 올바른 노력에 사려있는 방법으로 힘이 부여된다고 한다면, 그것은 조금도 비판받을 일이 아니다. 이 책이 평화구축의 문맥에서 논한 법의 지배의 개념은 가치·문화 상대주의의 이념이 아니라, 오히려 완전히 그 역의 성질을 가진 이념이다.

따라서 법의 지배의 이념은 미국의 힘을 일률적으로 긍정하지도 부정하지도 않는다. 확실히 평화구축에 대해 논의할 때는, 미국의 압도적 힘을 반영한 현대 국제사회의 구조를 무시할 수 없다. 이 책도 그 점을 배려한 셈이다. 그러나 잊으면 안 될 것은, 평화구축의 궁극적 목적이 분쟁 (후) 지역에 영속적인 평화를 가져오는 데 있다는 점이다. 미국의 관여 방법은 항상 검토하지 않을 수 없는 논점이 되지만, 기본적으로는 이차적 요소일 수밖에 없다. '법의 지배'에서의 '힘'의 요소도 항상 조화가 예정되어 있는 것은 아니다. 그러나 동시에 이 '힘'의 요소는 항상 모순되는 것도 아닌 것으로 이해해야 한다.

아마 이 문제가 울리는 경종은 다음과 같을 것이다. 첫째, 법의 지배 관련 평화구축활동은 최대한 현지 사회의 가치관이나 사회정세에 민감해야 한다. 법의 지배의 시점(視點)은 어디까지나 분쟁 (후) 지역에서의 필요성에 따라서 도입 되어야 하는 것이다. 현지의 상황에 따라서 그 도입 방법에 변화를 주는 것은 당연한 배려라 할 수 있을 것이다. 또한, 지금까지의 평화활동에 대한 새로운 검토나 장래의 평화활동에서 얻을 수 있는 교훈을 살려서, 평화구축의 법의 지배 접근의 내용도 유연하게 조정해 나가야 한다. 둘째, 그러나 역으로 분쟁 (후) 지역의 필요성과는 관계없이, 국제사회의 정치적 상황이나 대국의 의향에 따라, 법의 지배가 목표하는 것이 간단히 변경되어서는 안 된다. 물론 평화구축의 실시자가 투입할 수 있는 또는 투입할 의사가 있는 인적·물리적 자원의 질이나 양 등은 평화구축의 전략형성에 크게 영향을 주는 요소이다. 그러나 그것과, 평화구축과는 관계없는 요소때문에 평화구축의 방침이 왜곡되는 것은, 전혀 다른 차원의 문제이다. 평화구축활동의 전략적 실시는 평화구축에 따른 목적을 설정하고 그 목적에 정확히 대응하는 수단을 취해 나가는 것에서 시작된다. 그 이외의 요소를 고려하는 것은, 가령 실제로는 불가피한 상황이 있다고 해도, 대체로 평화구축에서는 저해적일 수밖에 없다. 셋째, 법의 지배의 이념은 분쟁 (후) 지역의 사람들뿐만 아니라, 현장에서 평화구축에 종사하는 요원, 나아가서는 평화활동을 지탱하는 각국 정부나 국제조직 모두에게 똑같이 적용되어야 한다. 분쟁 (후) 지역에서의 평화구축에서 법의 지배의 시점을 전략적으로 채용하는 국제사회 측이 법의 지배의 이념을 무시하여 좋을 리 없다. 평화구축활동을 하고, 지원하는 자들 사이에 법의 지배의 이념이 유지되어 있지 않으면, 모든 법의 지배 관련 평화구축은 부득이 실패하게 될 것이다.

그런데 이러한 대국적 비판과는 별도로, 한층 더 구체적인 맥락에서 덧붙이고 싶은 것은, 평화구축의 법의 지배 관련 활동의 각 영역에 걸친 형태로 존재하는 몇 가지 실천적 문제들이다.

첫째, 이미 각 장에서 지적하고 있는 것이기도 하지만, 법의 지배 확립을 시도할 때에는 각 지역의 특성을 반영한 평화구축활동의 개별적 상황이 고려되어야 한다. 평화협정, 선거, 법집행, 사법 영역의 활동을 어떻게 활용할지는 각각의 평화구축의 성질에 따라서 고려해야 할 문제이다. 현지의 유엔사무총장 특별대표가 큰 권한을 가지고 종합적 전략의 세부사항을 결정할지도 모른다. 어쩌면 유엔본부나 지역적 국제기관의 본부가 적극적으로 주도권(initiative)을 발휘할지도 모른다. 경우에 따라서는 유엔안보리 구성국 정부가 중심이 되어 평화구축의 내용을 결정할지도 모른다. 중요한 것은, 평화구축의 법의 지배 접근이 이러한 다양한 수준의 의사결정에서 의식되고, 구체적 정책을 적용하기 위한 제도적 준비가 긴급사태가 되기 전부터 이루어지고 있는지 그 여부이다.

둘째, 예산조치의 문제가 있다. 법의 지배 접근의 유효성이 전략적 시점에서 인정되었다고 해도, 실제로 그것이 적용되려면 재정적 뒷받침이 필요하다. 그러한 재정적 뒷받침 없이 실시된 평화구축은 활동 도중에 기능부전에 빠지고, 도리어 더 큰 폐해를 초래할 위험성이 있다. 법의 지배 접근의 중요성을 각국 정부가 인식하고, 최대한의 자금제공을 위한 노력을 해야 함은 말할 것도 없다. 그렇지만 현실적으로 제공되는 자금의 틀 범위 내에서, 최대의 효과를 낳기 위한 전략을 세워야 한다. 그렇게 하려면 법의 지배 접근의 전체상(全體像)을 염두에 두면서, 어떤 활동을 어떻게 예산상으로 현실성 있는 형태로 실시해 나갈지를 신중히 확인하는 작업이 필요하다.

셋째, 예산조치의 문제와 밀접히 결부되지만, 법의 지배 접근을 살려 가는 것은 결국은 평화구축을 향한 정치적 의사이다. 이러한 정치적 의사가 없는 경우에는 전략적 논의만을 염두에 둘지라도, 현실의 효과는 생기지 않을 것이다. 분쟁 (후) 지역에 영속적 평화를 가져오기 위해서 노력한다는 결의가 국제사회를 구성하는 각국 정부, 국제조직, NGO의 지도자층과 현장 쌍방에, 그리고 현지 사회의 사람들 사이에 확고하다면, 법의 지배 확립의 시도는 성공할 가능성이 아주 클 것이다. 국제사회 또는 현지 사회에, 평화구축을 향한 의사가 결여되어 있거나, 평화구축에 대한 몰이해가 만연해 있다면, 성공 가능성은 작아진다.

넷째, 이 책에서 검토한 법의 지배 접근의 영역들은 반드시 엄격한 시간 축에 따라서 시계열적(時系列的)으로 실시되어야 한다고는 할 수 없다는 점이다. 평화협정을 작성하고, 선거를 하고 나서 법집행을 하고, 그 후 사법활동으로 보완한다는 흐름은 항상 차례대로 이루어져야 하는 것은 아니다. 모두가 완전한 형태로 이루어진다는 보증도 없고, 예컨대 즉효성이 높은 법집행활동 지원이 선거에 앞서 이루어졌다 해도, 그것은 평화구축의 전략적 시점에서 충분히 이해될 수 있다. 다만, 이 책에서는 이론적 체계성을 갖춘 법의 지배 접근의 자세를 보여줌으로써, 각 영역의 활동을 전략적 목적에서 파악하기 위한 시점을 제공하려고 하였다.

다섯째, 이 책에서 소개한 각 영역은 기능적으로 분화하여 이해하는 것이 유익하지만, 현실적으로는 완전히 서로 분리되고 있는 것은 아니다. 실제 평화구축에서는 각각의 활동이 서로 영향을 미치기 때문에, 상호 연락·조정 체제를 원활히 해 두는 것이 중요하다. 하나의 기관이 복수의 영역에 관여하는 경우도 드물지 않지만, 동일한 활동에 많은 조직이 관여하는 경우도 많다. 법의 지배 접근 전체를 시야에 넣은 체계적 이해 속에서, 각 영역 간 조정을 위한 노력이 있어야 한다.

여섯째, 이 책에서는 전체적으로 국제기관 또는 각국 정부의 평화구축활동에 초점을 맞추었지만, 결코 NGO의 역할을 경시하는 것은 아니다. 제4장과 제5장에서 언급하였듯이, NGO가 공헌해야 할 여지는 적지 않다. 법의 지배 접근이 공적 제도의 확립에 관련되는 이상, 국제기관이나 각국 정부의 역할이 상대적으로 커지는 것은 당연하다. NGO가 군사요원이나 경찰요원의 제공자로는 될 수 없고, 사법기관을 조직할 수 없음은 사실이다. 그러나 NGO는 평화협정의 조정자 또는 선거감시원이 될지도 모르며, 법집행이나 사법활동을 모든 수단과 방법으로 도울지도 모른다. 또한, 현지 사회에 대한 계몽적 활동에 관해서는, NGO는 공적 권위를 능가하는 역할을 한다. 이 책은 명시적으로 서술하고 있지 않은 경우에도, NGO의 주체적 참가의 가능성을 부정하고 있지 않다. NGO가 법의 지배 전체에 관한 전략적 의도를 가지고 이 책에서 논의대상으로 삼은 활동에 주체적으로 관여하는 것은, 당연히 바람직한 일이고 법의 지배 접근의 가능성을 비약적으로 넓히는 일이다.

그러나 평화구축에서 더 본질적인 구분은, 정부기관과 시민조직 사이가 아니라, 오히려 국제사회와 현지 사회 사이에 이루어져야 한다. 따라서 끝으로, 국제사회와 현지 사회의 역할의 차이가 강조되어야 한다. 평화를 구축하는 것은 어디까지나 현지 사회이고, 국제사회는 지원자로서 최대한의 노력을 제공하는 것이 기대되고 있다. 물론 거기서 현지 사회의 NGO의 활약 역시 크게 기대된다. 법의 지배 접근의 목적이 현지 사회에 널리 침투하여 지지를 얻고, 직접적인 행위주체로는 되지 않아 보이는 현지 일반 주민까지도 자신들이 평화구축에서의 법의 지배 확립의 당사자라는 의식을 가진다면, 법의 지배 접근은 큰 힘을 얻을 것이다. 그래서 국제사회 측은 NGO도 포함하여 돌출 행동으로써, 아니면 한정된 재정자원을 자신이 다 흡수함으로써, 오히려 평화구축의 기반을 위태롭게 하지 않도록 항상 주의할 필요가 있다. 이것은 단지 내정불간섭의 원칙을 중시하여 강제행동을 삼가야 한다든가 또는 공여(donor) 자금을 현지 NGO에 모두 제공해야 한다는 의미는 아니다. 중요한 것은, 현지 사회의 사람들이 환영하고 주체적으로 참가할 수 있는 효과적인 평화구축의 환경을 만들기 위해서 국제사회가 지원하는 일이다.

지금까지 거듭 서술하고 있듯이, 법의 지배의 개념은 본질적으로 서구류(西歐流)의 발상을 기반으로 하고 있다. 이것은 법의 지배 접근이 문화적 갈등에 노출될지도 모른다는 점을 암시한다. 현실적으로 미국 등 대국은, 평화구축을 통한 법의 지배 확립에 대한 지원에서, 자국의 세계관을 현지 사회에 도입하는 것이 지닌 위험성에는 상대적으로 무신경하다. 경우에 따라서는 지원이 자국의 국익에 맞는 정치적 목적과 결부되어 있는 듯이 보이는 경우도 있다. 그러나 분쟁 (후) 지역에 영속적 평화를 구축하는 일이 결국은 국제사회 전체의 최대 이익이 됨을 의심하는 자는 원칙적으로 없을 것이다. 법의 지배의 현지화야말로 평화구축에서 목표가 되어야 하는 것이다.

이 책에서는 평화구축의 법의 지배 접근을 전략적 시점에서 분석하려고 하였다. 앞으로는 더 나아가 개별적 평화활동의 맥락에서 또는 국제사회 전체의 동향을 근거로 하여, 여러 논점을 추구해야 한다. 개개의 분쟁지역 특유의 사정을 파악하고 나서 또는 시시각각 변하는 국제사회의 평화구축이나 법의 지배에 대한 사상적 태도를

이해하고 나서, 평화구축활동의 전략을 구체적으로 검토할 필요가
있다. 그러나 만약 법의 지배의 관점에서 평화구축을 전략적으로 검
토하는 의의와 관련된 문제의 큰 테두리를 보여주었다면, 일단 이
책은 주요한 목적을 달성하였다고 할 수 있다.

평화활동의 전개 일람

1. 유엔의 평화구축활동

　지역별 가나다 순. 2003년 6월 15일까지의 정보. UN Document, DPI / 2166 / Rev.8을 주로 참조. 평화구축을 주된 목표로 하고 있다고 생각할 수 있는 평화활동을 열거하였다. 동티모르의 UNMISET는 형식적으로는 유엔평화유지국이 관할하는 평화유지활동으로 분류되지만, 실질적으로는 평화구축활동을 주된 목표로 한 평화활동으로 생각할 수 있다. 그러나 다음의 여러 예 중 정식으로 평화구축이란 명칭을 사용하고 있는 것은 라이베리아, 타지키스탄, 기니비사우, 중앙아프리카에서의 평화활동뿐이다.

1) 아프리카

기니비사우(계속 중)

　유엔 기니비사우 평화구축지원사무소(UN Peace‒building Support Office in Guinea‒Bissau: UNOGBIS)는 소장, 국제민간요원 12명, 군사고문 1명, 민간경찰고문 1명, 현지 민간요원 11명을 두고 있다. 1999년에 설립되어(S / 1999 / 232; S / 1999 / 233), 평화, 민주주의 및 법의 지배의 회복과 강화를 위한 환경의 창출, 자유롭고 투명한 선거의 조직,

아부자(Abuja) 협정의 실시의 촉진, 분쟁당사자의 자발적인 무기의 회수, 처리 및 폐기의 촉진, 유엔기관의 여러 활동의 조정과 통합 등을 임무로 한다.

라이베리아(계속 중)

유엔 라이베리아 평화구축지원사무소(UN Peace-building Support Office in Liberia: UNOL)에는 소장, 국제민간요원 10명, 현지 민간요원 15명이 근무한다. 유엔라이베리아감시단(UN Observer Mission in Liberia: UNOMIL) 철수 후의 분쟁 후 평화구축을 위해 1997년에 설치되었다. UNOL은 'peace-building'의 이름을 붙인 최초의 유엔 현지사무소이다. 민주제도, 법의 지배, 자유로운 언론의 창출, 자유롭고 공정한 선거 실시의 지원, 인권옹호, 화해촉진, 평화협정이행지원 등을 임무로 한다(S / PRST / 2002 / 36). 또한, 라이베리아에서는 2000년 이후 정부와, Liberians United for Reconciliation and Democracy (LURD) 등 반정부세력 사이에 내전이 진행 중이었다. 2003년에 반정부세력은 수도 몬로비아(Monrobia)를 위협하기에 이르렀고, 수도공방전을 피하기 위한 평화조정이 주변국을 통해 이루어져 UNOL도 그 지원을 담당한다(S / 2003 / 227).

부룬디(계속 중)

유엔부룬디사무소(UN Office in Burundi: UNOB)에는 소장 이하 국제민간요원 25명, 현지 민간요원 32명, 군사고문(adviser) 1명이 근무하고 있다. UNOB는 1993년의 쿠데타 후, 입헌질서의 회복을 목표로 한 정치적 신뢰양성조치를 취하기 위해서 안보리가 설립하였다 (S / 26631). 1999년에 UNOB 소장은 사무총장대표로 격상되었고(S / 1999 / 425; S / 1999 / 426), 2002년에 그레이트 레이크(Great Lakes)

지방 담당 특별대표가 소장에 취임하였고, 나아가 법의 지배 관련 기구개혁을 포함한 평화과정의 진전에 따라서 직원의 증원이 결정되었다(S / 2002 / 1259; S / PRST / 2002 / 40).

서아프리카(계속 중)

유엔서아프리카사무총장특별대표사무소(Office of the Special Representative of the Secretary - General for West Africa)는 2001년에 서아프리카에 파견된 다기관조사단의 보고서의 권고에 따라서 설립되었다(S / 2001 / 434; S / PRST / 2001 / 38). 그 목적은 정치, 안전보장, 인권, 인도지원, 개발 분야에서 서아프리카에서 활동하는 유엔의 여러 기관의 조정을 담당함과 더불어, ECOWAS와 제휴를 강화하고, 국가 및 지역 수준에서의 평화구축과 분쟁예방의 노력을 지원하는 것이다.

앙골라(종료)

유엔앙골라사무소(UN Office in Angola: UNOA)는 1999년 10월의 안보리 결의 1268을 통해 앙골라의 평화를 회복하고, 능력개발, 인도원조, 인권촉진 등 여러 활동을 조정하는 임무를 부여받았다. 국제 민간요원 41명, 민간경찰관 1명, 현지 민간요원 72명을 두고 있었다. UNOA는 사실상의 분쟁 중에서의 평화구축활동의 한 예였다. 새로운 평화과정의 흐름을 이어받아 권한을 확대시키는 형태로(S / 002 / 34), 유엔앙골라파견단(UN Mission in Angola: UNMA)이 2002년 8월 15일 안보리 결의 1433으로 설립되었다. UNMA는 인권, 법의 지배, 지뢰제거, 인도지원 등에 관해서 앙골라 정부를 지원하는 역할을 하였다. UNMA는 2003년 2월에 지역 책임자(coordinator)에게 권한을 양도하는 형태로 활동을 종료하였다(S / 2003 / 158).

중앙아프리카(계속 중)

유엔중앙아프리카평화구축사무소(UN Peace−building Office in the Central African Republic: BONUCA)는 소장, 국제민간요원 22명, 군사고문 4명, 민간경찰관 4명, 이 사무소는 유엔 자원봉사자(volunteer) 1명, 현지 민간요원 30명을 두고 있다. 2000년 2월 15일의 유엔중앙아프리카공화국파견단(UN Mission in the Central African Republic: MINURCA)의 철수를 앞두고, 1999년에 파견된 조사단의 보고를 기초로 하여(S / RES / 1271)설립되었다. 그 설립목적은 중앙아프리카공화국 정부의 평화와 국민적 화해를 향한 노력을 지원하고, 민주화와 인권옹호를 촉진하고, MINURCA에 의한 국가경찰의 개혁과 훈련 사업을 보강하고, 국가부흥과 경제개발을 향한 국제사회의 지원을 촉구하기 위해서, 또 비무장화나 법의 지배의 강화 등 평화구축조치를 실시하기 위해서 설립되었다(S / 1999 / 1235; S / 1999 / 1236; S / PRST / 2000 / 5). 2001년 5월 28일의 쿠데타 미수 사건 등 정세불안을 겪고, BONUCA의 권한은 확대되었다(S / 2001 / 886; S / PRST / 2001 / 25). 뿐만 아니라 중앙아프리카공화국에는 2002년 11월에 Economic and Monetary Community of Central African States (CEMAC) 구성국이 평화유지부대를 파견하였는데, BONUCA는 이 부대와 협의도 하였다.

2) 중남미

과테말라(계속 중)

유엔과테말라검증단(UN Verification Mission in Guatemala: MINU-GUA)은 소장 이하, 53명의 국제민간요원, 6명의 민간경찰감시요원,

유엔자원봉사자 56명, 126명의 현지 민간요원을 두고 있다. 1994년 1월에 과테말라 정부와 Uniad Revolucionaria Nacional 사이에서 체결된, 교섭과정 재개를 위한 기본협정의 이행을 감시하기 위해, 1994년 9월에 유엔총회는 인권과 포괄적 합의에 의한 의무 이행을 검증하는 과테말라인권검증단(Human Rights Verification Mission in Guatemala)을 설립하기로 결정하였다(A / RES / 48 / 267). 1997년에 안보리는 결의 1094로 155명까지의 군사고문을 파견하여 3개월간 평화협정의 이행을 감시하도록 결정하였고, 그와 더불어 검증단의 명칭을 현재의 것으로 변경하였다. 평화구축지원으로서의 인권 및 합의 이행의 감시라는 검증단의 임무는 총회가 매년 갱신하고 있다(A / RES / 57 / 161).

아이티(종료)

유엔아이티민간지원단(UN Civilian Support Mission in Haiti: MICAH)은 유엔아이티민간경찰단(UN Civilian Police Mission in Haiti: MIPONUH)을 인계하여, 1999년 12월에 유엔총회가 설립을 결정하였다. 그 임무는 아이티의 민주화, 사법기구강화, 경찰기구강화, 인권옹호촉진, 선거지원이었다(A / RES / 54 / 193). 2001년 2월에 임무를 종료하였다.

3) 아시아

동티모르(계속 중)

동티모르의 독립에 즈음하여 유엔 활동을 계속하기 위해서, UNTAET의 활동을 인계하는 형태로 2002년 5월 안보리 결의 1410이 설립한 것이 유엔동티모르지원단(UN Mission of Support in East Timor: UNMISET)이다. 동티모르의 안정을 위한 행정기능에 대한 지원, 잠정적 법집행의 제공, 동티모르경찰기구(ETPS)에 대한 지원, 대외적 및 국내적 안전보장 등을 임무로 한다. 2003년 5월 시점에서 3,393명의 병사, 104명의 군사감시원, 517명의 민간경찰관, 418명의 국제민간요원 및 824명의 현지 민간요원으로 구성되어 있다. 현재 연간예산은 2억 달러 정도이다.

아프가니스탄(계속 중)

유엔아프가니스탄지원단(UN Assistance Mission to Afghanistan: UNAMA)은 소장을 비롯하여 국제민간요원 162명, 군사고문 5명, 민간경찰관 1명, 현지 민간요원 509명을 두고 있다. 1993년 12월 21일에 채택된 유엔총회 결의 48(208)은 아프가니스탄 지도자 간의 신뢰회복과 국토부흥을 목적으로 유엔아프가니스탄특별파견단(UN Special Mission to Afghanistan: UNSMA)을 파견하기로 결정하였다. 그 후 UNSMA의 활동은 정체되었지만, 2001년 1월 16일 안보리 결의 1390으로, 테러리스트 조직망의 제거 조치에 관한 임무도 UNSMA에 부여되었다. UNAMA는 유엔의 여러 기관의 활동을 통합하고, 인권, 법의 지배, 민족적 화해, 인도지원, 부흥지원, 性(Gender) 문제에 본 협정(Bonn Agreement)의 틀에 따라서 대처하기 위해서, 2002년 3월에 안보리 결의 1401에 따라 설립되었다(S / 2002 / 278).

타지키스탄(계속 중)

유엔타지키스탄평화구축사무소(UN Tajikistan Office of Peace－building: UNTOP)는 소장 이하, 국제민간요원 10명, 민간경찰고문 1명, 현지 민간요원 17명을 두고 있다. 1994년부터 계속된 유엔 타지키스

탄 감시단(UN Mission of Observers in Tajikistan: UNMOT)의 2000
년 5월의 철수를 맞아, 사무총장이 설립을 제안하였다(S / 2000 / 518;
S / 2000 / 519). 그 임무는 평화구축활동에 정치적 틀과 지도력을 제
공하고, 국가재건, 경제회복, 빈곤제거, 좋은 가버넌스(good gove-
rnance)를 위해서 각 단체의 조정을 담당하고, 평화, 민주주의, 법의
지배 및 동원해제, 자발적 무기회수, 고용창출을 진척시키기 위한 환
경을 정비하여 국제지원을 모으고, 국민적 화해를 넓히기 위해 정부,
정당, 시민사회 지도자와 협력하는 것이다.

팔레스타인(계속 중)
유엔중동특별조정관사무소(Office of the UN Special Coordinator
for the Middle East: UNSCO)는 팔레스타인 해방기구 및 팔레스타인
행정부 담당 사무총장 개인대표·중동 평화과정 담당 특별조정관의
사무소이다. 국제민간요원 24명, 현지 민간요원 18명이 근무하고 있
다. 1999년의 UNSCO 설립(S / 1999 / 983; S / 1999 / 984) 이전에는
1994년부터 유엔점령지특별조정관사무소(Office of the UN Special
Coordinator in the Occupied Territories)가 점령지에 대한 다양한 국
제지원을 조정하는 역할을 맡고 있었다.

4) 오세아니아

파푸아뉴기니(계속 중)
유엔부겐빌정치사무소(UN Political Office in Bougainville: UNPOB)
에는 소장을 비롯하여, 국제민간요원 4명, 현지 민간요원 3명, 군사
고문 1명이 근무한다. 부겐빌에서의 분쟁 정지에 관한 1998년 1월

23일 링컨 협정(Lincoln Agreement)과, 같은 해 4월 30일의 아라와 협정(Arawa Agreement)이 준수되고 있는지를 감시할 목적으로 설립되었다(S / 1998 / 506; S / 1998 / 507). 후에 2001년 8월의 부겐빌 평화협정의 내용, 특히 무기의 수집 및 처리의 과정을 지원하는 것도 임무에 포함하게 되었다(S / 2001 / 988; S / 2001 / 1028). UNPOB에 의한 무기처리의 완료가 헌법수정과 신정권확립의 조건으로 되어 있다(S / 2003 / 345).

2. 유엔의 평화유지활동에서 실시하고 있는 평화구축

지역별 가나다순. 2003년 6월까지의 정보. UN DPKO website <http://www.un.org/Depts/dpko/dpko/home.shtml>를 주로 참조. 또한, 순수하게 정전감시에만 관여하였거나 관여하는 많은 평화유지활동을 제외하였다.

1) 아프리카

나미비아(종료)

1966년에 유엔총회는 남아프리카공화국이 위임통치의 의무이행을 태만히 하였기 때문에 남서아프리카를 유엔의 직접적 책임하에 둔다고 선언하고, 유엔남서아프리카이사회(1968년에 유엔나미비아이사회로 개칭됨)를 설립하였다(UN Council for South West Africa, UN

Council for Namibia). 나아가 1969년에 안보리는 남아프리카공화국
의 존재를 위법이라 선언하고, 철수를 요청하였다. 1970년에는 남아
프리카공화국이 나미비아에 대해서 한 행위 모두를 위법이라 선언하
였고, 이 선언은 1971년에 국제사법재판소의 지지를 받았다. 1974년
에 나미비아위원회는 나미비아의 '천연자원의 보존에 관한 지령'을
내고, 나아가 잠비아에 나미비아 사무소를 설치하고 장래의 나미비
아의 행정기구의 준비를 시작하였다. 1976년 안보리는 나미비아에서
유엔 감독하에 선거를 실시할 것을 요구하였다. 1978년 나미비아에
관한 특별회기에서, 총회는 무장해방투쟁에 대한 지원을 표명하였다.
1978년 안보리는 결의 435로 유엔잠정지원그룹(UN Transition Assi-
stance Group: UNTAG)의 설립을 결정하였다. 1988년 12월에 가까스
로 앙골라, 쿠바, 남아프리카공화국 사이에서, 미국의 조정으로 3자
간 협정이 체결되었다. 그 뒤를 이어 안보리는 '자유롭고 공정한 선
거'를 통한 나미비아의 조기 독립을 지원할 목적으로, 1989년 1월
안보리 결의 629에서 결의 435에 기초를 둔 UNTAG의 활동개시를
같은 해 4월로 정하였다. UNTAG는 적대행위의 정지, 군대의 기지
로의 배치, 남아프리카공화국군의 철수, 차별적 법률의 철폐, 정치적
죄수의 석방, 난민의 귀환, 협박행위의 근절, 법과 질서의 공평한 유
지 등의 목적을 달성하기 위한 지원도 하였다. 군사요원은 7,500명
을 상한으로 하여 배치할 권한이 부여되었고, 민간경찰관 1,500명을
포함한 4,493명의 국제직원과 현지 직원이 배치되었다. 1990년 3월
의 활동 종료 시까지 19명의 순직자를 낸 이 활동의 예산규모는 약
36억 8,600만 달러였다. 1989년 11월 선거는 성공하여 나미비아는
다음해 독립하였다.

라이베리아(종료)

라이베리아에서는 1989년에 내전이 일어나, ECOWAS가 창설한 ECOMOG가 1990년에 개입하게 되었다. 유엔은 1992년에 라이베리아에 대한 무기금수를 단행하고, ECOWAS의 평화노력을 지원하기 위한 사무총장 특별대표를 임명하였다. 그 노력의 결과, 1993년에 베닌(Republic of Benin)의 코토누에서 평화협정(Cotonou Accord)이 성립하고, 유엔라이베리아감시단(UN Observer Mission in Liberia: UNOMIL)이 1993년 9월 안보리 결의 866으로 설립되었다. 이 감시단의 주된 임무는 정전합의 이행의 감시, 선거감시, 인도원조의 지원, 병사였던 자의 처우대책, 인권·국제인도법 위반의 보고, 지뢰제거의 지원 등이었다. 1995년 11월 안보리 결의 1020은 ECOWAS와 협력관계를 중시하도록 임무를 변경하였다. UNOMIL은 다른 조직이 시작한 평화유지활동과 협력하는 형태로 유엔이 설립한, 최초의 평화유지활동조직이었다. 평화협정의 이행은 저조하였고, 내전도 재발하여, 1994년에 실시하기로 예정되어 있던 선거는 치를 수 없게 되었다. 그러나 새로운 평화협정 교섭의 성과도 있어서, 마침내 1997년 7월에 선거가 실시되었다. 반란군지도자였던 찰즈 테일러가 대통령에 취임하여 내전이 일단 끝나게 되었다. UNOMIL의 활동은 1997년 9월에 종료하였지만, 그 후 UNOL이 분쟁 후 평화구축활동을 임무로 하고 라이베리아에서의 유엔평화활동을 인계받았다. 당초는 303명의 군사감시요원 중심의 직원이 활동하고 있었지만, 그 규모는 1997년 9월 활동 종료 시까지 점점 줄고 있었다. 총 경비는 약 1억 370만 달러였다.

르완다(종료)

1993년 8월의 르완다 정부와 르완다 애국전선(RPF) 사이의 평화협정의 뒤를 이어, 같은 해 10월 유엔 안보리 결의 872는 유엔르완다지원단(UN Assistance Mission in Rwanda: UNAMIR)을 설립하였다. 평화협정 이행을 감시하고, 치안유지 및 지뢰제거지원이나 인도원조조정을 담당하는 것이 UNAMIR의 임무였다. 1994년 4월의 학살의 진행과 내전의 재발에 대응하도록, 안보리 결의 912(4월)와 918(5월)은 UNAMIR의 권한을 변경하였다. 1994년 11월의 안보리 결의 965, 1995년 6월의 결의 997, 1995년 12월의 결의 1029는 ICTR 직원의 경호나 르완다 정부(RPF 신정권)의 경찰기구에 대한 지원 등의 임무를 추가하였다. UNAMIR이 활동을 종료한 것은 1996년 3월이었다. 2,500명 정도로 정해진 병사의 수는 학살이 자행된 후에 일시적으로 270명까지 내려갔지만, 1994년 5월부터 1년 정도는 5천 명 이상, 그 후는 2천 명 정도로 변동이 있었으며, 철수 당시에는 1,252명이었다. 그 밖에 100명 전후의 민간경찰관 등을 두었다. 순직자는 27명, 총지출은 약 4억 5천만 달러였다.

모잠비크(종료)

1992년 10월에 모잠비크 정부와 모잠비크 민족저항운동(Registencia Nacional Mocambicana: RENAMO) 사이에 체결된 평화협정의 뒤를 이어, 유엔 안보리는 같은 해 12월 결의 797로써 유엔모잠비크활동(UN Operation in Mozambique: ONUMOZ)을 설립하였다. ONUMOZ의 임무는 정전의 감시, 무기의 회수 및 처분, 선거과정에 대한 지원, 인도지원의 조정이었다. ONUMOZ는 6,576명의 병사, 1,087명의 민간경찰관을 두었으며, 그밖에 354명의 군사고문, 355명의 국제민간요원, 506명의 현지 직원을 고용할 권한이 있었다. 선거 기간 중에는 900명의 감시원이 파견되었다. 지출은 약 4억 9천만 달러이고, 순직자는 24명이었다. 1994년 10월 선거의 성공을 계기로, ONUMOZ는 같은 해 12월에 활동을 종료하였다.

소말리아(종료)

무정부상태에 빠진 소말리아의 심각한 기아 상황에 대응하기 위해서, 1992년 4월에 유엔 안보리는 결의 751로써 유엔소말리아활동(UN Operation in Somalia: UNOSOM Ⅰ)을 설립하고, 인도원조활동의 보호를 맡겼다. UNOSOM Ⅰ은 50명의 군사고문, 3,500명의 치안유지를 위한 병사, 719명의 운송지원요원, 200명 정도의 국제민간요원을 두고 있었다. 약 4,300만 달러를 지출하였고, 순직자는 8명이었다. 같은 해 12월에는 안보리 결의 794가 미국 주도의 다국적군(Unified Task Force: UNITAF)에 헌장 제7장의 강제조치의 권한을 부여하였고, 나아가 인도원조보호활동을 강화하였다. 3만 7천 명의 병사를 둔 UNITAF는 1993년 3월의 안보리 결의 814에 따라서, UNOSOM Ⅱ로 발전해체되었다. UNOSOM Ⅱ의 임무는 적대행위의 정지의 감시, 폭력 재발의 방지, 비합법세력의 소형무기의 회수, 인도원조활동의 보호, 지뢰제거, 난민 및 피난민 귀환의 지원, 분쟁의 정치적 해결의 촉구, 소말리아 경찰을 포함한 공적 행정서비스의 재구축을 목표로 하는 것이었다. UNOSOM Ⅱ의 파키스탄 병사 35명이 희생되자, 안보리는 6월 결의 837에서 무력공격을 격렬히 비난하고, UNOSOM Ⅱ는 현지 무장세력을 적대하는 태도를 강화하였다. 그러나 결과적으로 10월에 18명의 자국 병사의 희생자를 낸 미국이 철수를 결정하게 되었다. 1994년 2월 안보리 결의 857은 UNOSOM Ⅱ의 임무의 계속을 인정함과 동시에, 강제수단을 제외하고 규모를 축소하기로 결정하였다. 그 후에도 병사 수는 계속 줄었고, 1995년 3월 활동 종료 직전의 2월 단계에서는 7,956명이었다. 결국, UNOSOM Ⅰ과 UNOSOM Ⅱ는 아울러 155명의 순직자를 내고 약 17억 달러를 사용하였다. 또한, UNOSOM Ⅱ의 철수 후에는 4명 정도의 스태프(staff)에 의한 소말리아정무사무소(UN Political Office for Somalia: UNPOS)가 설립되었다(S / 1995 / 231; S / PRST / 1995 / 15). 그러나 2003년까지 소말리아의 치안상황이 충분히 개선되지 않아, UNPOS는 케냐의 나이로비에 있고 평화구축활동으로서 완전히 전개되지 못하고 있다.

시에라리온(계속 중)

시에라리온에서는 1991년에 RUF가 무장봉기하여 내전이 일어났다. ECOMOG의 지원으로 정부군은 RUF의 공세를 물리칠 수 있었지만, 다음해에는 자국군이 정부를 전복하였다. 1996년 11월에 정부와 RUF 간에 아비잔 협정(Abidjan Accord)이 성립하였지만, 1997년 5월의 군부 쿠데타로 파탄되었다. 군부는 RUF와 공동으로 정권을 장악하고, 1996년 선거에서 선출된 카바(Ahmad Tejan Kabbah) 대통령은 기니로 망명하였다. 군사정권을 종식시키는 교섭이 성공하지 못하자, 안보리는 97년 10월에 석유와 무기의 금수를 단행하였다. 나아가 시에라리온에 관한 5개국 ECOWAS 위원회는 군사정권과 평화협정안에 합의하였지만, 실시되지는 못하였다. 1998년 2월, ECOMOG는 군사공세를 시작하여 군사정권을 수도 프리타운(Free Town)에서 축출하였다. 카바 대통령은 복귀하고, 안보리는 금수를 해제하고, 유엔특사에 유엔군사연락사무소와 안전보장보좌요원을 사용할 권한을 부여하였다. 이리하여 1998년 7월 안보리 결의 1181에서, 유엔시에라리온감시단(UN Observer Mission in sierra Leone: UNOMSIL)의 설립이 결정되었다. 정전감시, DDR 지원, 국제인도법 존중 촉진, 경찰기구의 정비, 국제인도법과 인권법 위반의 조사 보고 등을 임무로 하였다. 최고 시에 192명의 군사감시원을 두었고, 기타 3명 정도의 민간경찰관, 30명 정도의 국제요원과 25명 정도의 현지 직원이 근무하였다. UNOMSIL 설립 후에도 반정부세력 측은 공세를 계속하였고, 국토의 절반을 장악한 후, 1999년 1월에는 프리타운에 침입하였기 때문에, UNOMSIL 직원은 프리타운에서 피난하였고 활동이 부득이 축소되었다. 1월 중에 ECOMOG가 재차 개입하여 프리타운을 탈환하고, 민간정권을 재수립하였다. 1999년 7월에 조인한, 모든 분쟁당사자가 참가한 로메 협정의 내용을 기초로 하여, 안보리는 같은 해 8월 결의 1260에서 UNOMSIL의 규모를 확대하고 권한을 강화하기로 결정하였다. 나아가 사무총장은 로메 협정의 이행과정을 지원하기 위해 6,000명 규모의 군사요원을 두는 새로운 평화유지활동조직의 설립을 권고하고(S / 1999 / 1003), 그것을 이어받아 안보리는 같은 해 10월 결의 1270에서 평화협정 이행을 지원하는 유엔시에라리온파견단(UN Mission in Sierra Leone: UNAMSIL)의 설립을 결정하였다. 나아가 UNAMSIL에는 2000년 2월 안보리 결의 1289가 더욱 광범위한 치안유지의 임무를 부여하였다. 2003년 6월 시점에서 UNAMSIL에는 1만 2,839명의 병사, 125명의 민간경찰관, 그리고 327명의 국제민간요원과 584명의 현지 민간요원이 근무하고 있다. 이미 109명의 순직자가 나오고 있다. 연간예산은 5억 4,349만 달러로 되어 있다.

앙골라(종료)

쿠바군의 앙골라에서의 철수를 검증하기 위해서 1988년 12월 유엔 안보리 결의 626으로 설립된 유엔앙골라검증단(UN Angola Verification Mission Ⅰ: UNAVEM Ⅰ)이 임무를 종료한 후, UNAVEM Ⅱ가 앙골라 정부와 UNITA 간에 성립한 정전과, 앙골라 경찰의 활동을 감시하기 위해서, 1991년 5월 안보리 결의 696에 따라 설립되었다. 1992년 3월 안보리 결의 747은 UNAVEM Ⅱ에 선거감시 임무를 새로이 부과하였다. 선거 후 내전이 재발하였는데, 1994년 11

월에 새로운 평화협정[루사카(Lusaka) 협정]의 성립으로, 1995년 2월 부터 1997년 6월까지는 UNAVEM Ⅲ가 임무를 인계하였다. UNA-VEM Ⅲ는 당초 350명의 군사감시원과 126명의 민간경찰관을 둘 수 있는 권한이 있었으나, 선거 실패로 각각 75명과 35명으로 감소하였 다. 그 후 1994년 평화협정의 체결로 양자의 수는 다시 증가하여, UNAVEM Ⅲ 활동 종료 시에 실제로 배치되어 있던 인원은 283명 의 군사감시원, 288명의 민간경찰관 및 3,649명의 병사였다. UNA-VEM Ⅲ 이후, 1997년 6월 안보리 결의 1118을 계승하여, 유엔앙골 라감시단(UN Observer Mission in Angola: MONUA)이 결성되었다. 그러나 평화협정 이행과정의 붕괴와 내전 발생으로 그 활동은 1999 년 2월에 목적을 완수하지 못하고 종결되었다. MONUA는 정전감시 뿐만 아니라, 경찰기구의 감시, 인권옹호촉진, UNITA 병사의 DDR 에 관한 조치 등 광범위한 임무를 가지고 있었다. MONUA의 지출 총액은 약 29억 3천 7백만 달러였다.

중앙아프리카(종료)

중앙아프리카는 1996년에 군부 반란이 거듭 일어나, 정치적 및 군 사적 위기에 빠졌다. 사태를 우려한 프랑스어권 아프리카 국가들이 같은 해 12월에 회의를 열어, 정부와 반란군 간의 평화교섭의 중개 에 나서, 1997년 2월의 방기(Bangui) 협정을 도출하였다. 협정 이행 의 감시와 반란군 무장해제를 위해서, 프랑스의 물자 및 자금의 원 조하에서 아프리카 5개국 군으로 구성되는 중앙아프리카공화국 인터 아프리카군(Inter-African Force in the Central African Republic: MISAB)이 설립되어, 800명의 병사가 파견되었다. 1997년 8월의 안 보리 결의 1125는 헌장 제7장을 발동하여 MISAB에 권한을 부여하 고 물자를 지원하였다. 그 후 유엔사무총장은 MISAB 구성국들에 임

무를 계속할 의사는 있어도 능력은 없다고 하여, 유엔평화유지부대
의 파견을 권고하였다(S / 1998 / 61). 그 권고를 이어받아, 1998년 3
월 안보리는 결의 1159에서 유엔중앙아프리카공화국파견단(UN Mission
in the Central African Republic: MINURCA)을 설립하기로 결정하였
다. 그 임무는 수도 방기(Bangui)를 중심으로 한 지역의 치안회복,
국민경찰의 능력개발, 선거제도의 정비 등이고, 같은 해 10월의 안
보리 결의 1201 및 1999년 2월의 결의 1230에서는, 의회와 대통령
선거의 감시와 지원을 포함하게 되었다. 군사부문에는 1,350명, 민간
경찰부문에는 24명이 배치되었고, 114명의 국제직원과 111명의 현지
직원이 지원을 맡았다. 전체 경비는 약 1억 130만 달러였다. 2000년
2월에 활동을 종결하고 평화구축활동을 담당하는 BONUCA에 인계
되었다.

코트디부아르(계속 중)

국민화해의 시도가 거듭하면서도 정정불안이 계속되고 있던 코트
디부아르에서는, 2002년 9월에 무장해제를 거부한 집단이 일으킨 내
전이 확대되었다. 주변국 또는 상주병력을 가지는 프랑스에 의한 정
전이 이루어지던 중, 같은 해 12월에는 ECOWAS가 파병을 결정하
였다(ECOWAS Peace Force for Côte d'Ivoire: ECOFORCE). 2003년
1월에 프랑스의 리나-마르쿠시에서 평화협정(Linas-Marcoussis Accord)
이 체결되었다. 그러나 코트디부아르 국내에서는 반란군에 국방장관
직과 내무장관직을 넘긴다는 합의 내용에 반대하는 사람들이 폭도로
변하여 혼란이 계속되었다. 그래서 안보리는 5월에 결의 1479로 리
나 마르쿠시 협정의 이행을 촉진하기 위해, 유엔코트디부아르파견단
(UN Mission in Côte d'Ivoire: MINUCI)의 설립을 결정하였다. MI-
NUCI는 프랑스와 ECOWAS와 협력하면서 군사적 사항에 대해서 사

무총장 특별대표를 도우며, DDR을 입안하는 것 등을 임무로 하지만, 결의 1479는 나아가 정치, 법, 민간경찰, 선거, 인도·인권에 관한 문제에 대한 대처 필요성도 정하였다. 군사연락요원 70명에 소수의 민간요원이 배치된다.

콩고(민주)공화국(종료) (계속 중)

1960년에 독립을 달성한 콩고공화국에서는 독립 직후부터 치안상 혼란이 발생하였기 때문에, 구종주국 벨기에가 법과 질서의 유지를 목적으로 파병하였다. 이것을 인정하지 않는 콩고공화국 정부의 요청에 따라서, 벨기에군의 철수를 확증하고, 기술지원을 통한 콩고 정부의 법과 질서 수립의 노력을 돕기 위해, 1960년 7월의 유엔 안보리 결의 13은 콩고유엔군(UN Operation in the Congo: ONUC)의 파견을 결정하였다. 1961년 2월의 결의 161 및 11월의 결의 169는 내전의 재발을 피하기 위해서 무력을 사용할 수 있는 권한을 ONUC에 부여하였다. ONUC는 최대 2만 명 남짓의 병력을 가지게 되었다. 1964년 6월의 철수 시까지, 약 4억 달러가 지출되었고, 250명이 순직하였다. 콩고민주공화국에서는 1997년까지 계속된 모부투(Sese Seko Mobutu) 대통령의 독재체제가 붕괴되고 나서도 정정(政情)이 불안하였고, 1998년부터는 주변국들을 끌어들인 카빌라(Joseph Kabila) 정권(2001년에 부친이 암살되고 나서는 아들이 대통령)과, 역시 주변국들로부터 지원을 받은 동부의 반정부세력이 내전을 격렬히 전개하였다. 관계국 및 집단의 대부분이 체결한 1999년 7월의 평화협정을 받아들여, 안보리는 같은 해 8월의 결의 1258에서 90명으로 구성되는 군사연락단을 파견하고, 그 요원을 11월의 결의 1279에서 유엔콩고민주공화국파견단(UN Organization Mission in the Democratic Republic of the Congo: MONUC)에 포함시키기로 결정하였다. 2000년 2월에는 결의 1291에서 MONUC의 확대를 결정하고, 평화협정에서 결정한 공동군사위원회(Joint Military Commission: JMC)와 협력하여, 평화협정 이행의 감시, DDR, 인도지원과 인권옹호, 국제기관의 민간요원 또는 시민의 안전 확보 등을 임무로 부여하였다. 그러나 내전은 종결되지 않았고, 2002년에 체결된 새로운 정치체제이행에 관한 합의를 이어받아, 같은 해 12월의 안보리 결의 1445는 MONUC의 규모를 더욱 확대하기로 결정하였다. 또한 이투리(Ituri) 지방에 대해서는, 2003년 5월의 결의 1484가 유엔헌장 제7장을 발동하여 프랑스 주도의 잠정긴급다국적군(Interim Emergency Multinational Force: IEMF)의 전개를 결정하였다. 2003년 5월 시점에서, 3,981명의 병사, 534명의 군사감시원, 60명의 민간경찰관, 603명의 국제민간요원 및 708명의 현지 민간요원을 두고 있다. 이미 17명이 순직자를 내고 있는 MONUC의 연간예산은 6억 달러 정도이다.

2) 중남미

아이티(종료)

아이티에서는 1991년 9월의 쿠데타로 민주적 선거를 통해 선출된 아리스티드 대통령 정권이 전복되었다. 1993년 6월에 안보리는 아이티에 대해 석유와 무기의 금수조치를 취하였지만, 같은 해 7월에 가버너스 아일랜드(Governors Island)에서 민정 이관의 협정이 체결되어, 금수조치는 해제되었다. 그 협정 체결을 이어받아 설립이 결정된 것이 유엔아이티파견단(UN Mission in Haiti: UNMIH)이다. 그러나 UNMIH 선견대가 같은 해 10월에 아이티에 상륙하려 하였을 때, 무장집단이 거절하는 사건이 일어났다. 그 때문에 안보리는 재차 금수조치를 취하였고, 다음해 1994년 5월에도 더욱더 포괄적인 제재조치를 결의하였다. 그리고 같은 해 7월에는, 다국적군에 군사정권을 종결시키기 위해 '필요한 모든 수단'을 취할 권한을 부여하는 결의 940을 채택하였다. 이 뒤를 이어 9월에 미국을 중심으로 하는 28개국의 다국적군이 아이티에 상륙하였다. 군사정권 지도자는 아이티를 떠났고, 10월에 아리스티드 대통령은 아이티로 돌아왔다. 그리고 UNMIH의 활동이 실제로 개시되어, 1995년 3월에 다국적군이 하고 있던 임무를 인계받았다. 의회선거는 1995년 여름에, 대통령선거는 같은 해 12월에 성공리에 실시되었다. 1995년 6월 최대 규모였을 때의 UNMIH는 6천 명 이상의 군사요원과 850명 정도의 민간경찰관을 두었다. 그 사명은 가버너스 아일랜드 협정(Governors Island Accord)의 이행의 촉진, 헌법과 질서의 회복, 새로운 국민경찰의 훈련, 선거의 실시였다. UNMIH는 그 밖에 기반시설(infrastructure) 정비 등도 담당하고, 활동 종료까지 총 3억 1,579만 달러를 지출하였다. UNMIH의 활동 종료에 즈음하여 1996년 6월 안보리 결의 1063로 설립이 결정된 것이 유엔아이티지원단(UN Support Mission in Haiti: UNSMIH)이다. UNSMIH도 역시 국민경찰기구의 훈련 등의 임무가 있었고, 최대규모에 이른 1997년 7월 시점에서는 225명의 민간경찰관, 1,300명의 군사요원, 그리고 103명의 국제직원과 148명의 현지 직원이 있었다. 활동이 종료된 1997년 6월까지의 총지출은 약 5,610만 달러였다. 아이티는 여전히 불안정하고 국제지원을 필요로 하고 있다는 사무총장 보고서를 받아들여(S / 1997 / 564), 1997년 7월 안보리 결의 1123이 설립한 유엔아이티잠정파견단(UN Transition Mission in Haiti: UNTMIH)은 1997년 8월부터 11월에 걸쳐 활동하였다. 그 주요목적은 아이티 국민경찰(HNP)을 더욱더 강화하는 것이었다. UNTMIH는 UNDP등과 협력하여 HNP에 법집행 전문가를 제공하고, 또한 치안유지나 경호의 훈련을 실시하였다. 250명의 민간경찰관에, 자발적 각출로 차출된 50명의 군사요원이 수반되었다. 1998년 6월까지의 청산시기도 포함한 활동 총예산은 총 2,060만 달러였다. UNTMIH를 인계하고, 1997년 11월 안보리 결의 1141에서 설립이 결정된 것이 유엔아이티민간경찰단(UN Civilian Police Mission in Haiti: MIPONUN)이다. MIPONUN은 UNDP의 자금 공여를 받으면서, 아이티 정부에 의한 국민경찰의 전문화 노력을 지원하는 것을 최대의 임무로 하였다. 그 밖의 임무는 민주제도정착과 사법기구강화의 지원이었다. 그래서 MIPONUN에는 군사부문이 존재하지 않았다. 예산규모는 1년간 2,040만 달러 정도였다. 1999년 12월의 유엔총회결의(A / 54 / 193)로 설립이 결정된 아이티민간지원단(International Civilian Support Mission in Haiti: MICAH)은 MIPONUN과 아이티 국제민간파견단(International Civilian Mission in Haiti: MICIVIH)의 임무를 인계하고, 민주화, 사법제도, 경찰, 인권옹호, 선거조직에 대한 지원을 하는 것이었다.

엘살바도르(종료)

엘 유엔엘살바도르감시단(UN Observer Mission in El Salvador: ONUSAL)은 엘살바도르 정부와 파라분도 마르티 민족해방전선(Frente Farabundo Marti para la Liberacion Nacional: FMLN) 사이에서 1990년 7월에 체결된 정전협정(91년에 두 번, 92년에 한 번의 추가합의) 이행의 감시를 목적으로, 1991년 5월의 안보리 결의 693에 따라 설립되었다. 그 임무는 다양하여, 사회적·경제적 조치를 비롯하여, 군대의 축소와 개혁, 새로운 경찰기구의 창설, 사법기구나 선거제도의 개혁 등의 감시가 있었고, 1994년 3월의 선거감시 임무도 추가되었다. 군사부문은 최고로 368명을 두었지만, 1994년 활동 종료 시에는 3명이었다. 경찰부문은 631명을 둘 권한이 있었지만, 실제로는 31명만 배치되었다. 선거부문은 통상 36명의 직원으로 운영되고 있었지만, 선거실시 시에는 900명 정도가 되었다. 인권부문은 각국의 인권단체로부터 고용한 30명의 국제요원으로 구성되었다. 1994년 3월의 선거 종료에 따라, ONUSAL은 1994년 4월에 해산되었는데, 그때까지 2억 3,800만 달러 정도가 지출되었다.

3) 아시아

동티모르(종료)

1999년 5월에 인도네시아와 포르투갈은 유엔에 동티모르에서의 주민 투표를 조직하도록 요청하는 데 합의하였다. 그 요청에 따라 유엔 안보리 결의 1246은 유엔동티모르파견단(UN Mission in East Timor: UNAMET)의 파견을 결정하였다. 같은 해 8월 주민 투표로 동티모르의 독립이 결정되면서 발생한 혼란에 관해서는, 안보리는 다국적군(International Force for East Timor: INTERFET)의 전개를 승인하였다. 그리고 나아가 같은 해 10월의 안보리 결의 1272가 법과 질서를 유지하고 안전을 보장하기 위해, 입법, 행정, 사법권을 행사하고, 현지 주민의 통치능력을 육성하는 유엔동티모르잠정행정기구(UN Transitional Administration in East Timor: UNTAET)를 설립하기로 결정하였다. UNTAET는 2002년 3월의 단계에서, 6,281명의 병사, 118명의 군사고문, 1,288명의 민간경찰 및 737명의 국제민간요원과 1,745명의 현지 민간요원을 두었다. 17명의 순직자를 낸 UNTAET는 2002년 5월의 동티모르의 독립과 더불어 활동을 종료하고, 대신하여 UNMISET가 평화구축활동을 담당하기 위해 설립되었다. UNTAET는 연간예산으로 5억 달러 정도를 지출하였다(S / 2002 / 432).

서뉴기니(종료)

유엔잠정행정기구(UN Temporary Executive Authority: UNTEA)의 관리하에 있던 지역(서뉴기니 / 서이리안)의 평화와 안전의 유지를 목적으로, 인도네시아 정부와 네덜란드 정부의 합의와, 1962년 9월의 유엔총회결의 1752에 따라, 서이리안유엔보안대(UN Security Force in West New Guinea[West Irian]: UNSF)가 설립되었다. 이 보안대의 활동기간은 1962년 10월부터 1963년 4월까지였다. 네덜란드에서 인도네시아로 서뉴기니 / 서이리안의 이양에 즈음하여, 법과 질서를 유지하는 것을 목적으로 하였다. 1,576명의 군사요원이 국제요원 및 현지 민간요원과 더불어 전개되었다. UNTEA는 서이리안의 행정, 행정공무원 및 대표협의회위원의 임명, 일정한 조건하에서의 입법, 인권옹호 등을 담당하였다. UNSF는 서이리안 경찰의 보완, UNTEA의 행정임무의 원활한 실시의 확보, 현지 경찰의 육성과 감독을 맡았다.

캄보디아(종료)

오랫동안 내전이 계속되어 온 캄보디아에서는 1991년 10월 파리에서 분쟁당사자 간에 체결된 평화협정으로 정전이 이루어졌다. 이것을 이어받아 우선 파견된 것은 유엔캄보디아선견단(UN Advance Mission in Cambodia: UNAMIC)이었다. 1,504명의 군사요원과 민간요원이 배치된 UNAMIC는 정전유지를 위해 노력하고, 캄보디아 주민에게 지뢰에 관한 지식을 보급하고, 지뢰제거를 위한 훈련을 제공하는 것을 목적으로 하였다. 1991년 10월부터 활동을 개시하였지만, 1992년 3월에 UNTAC에 흡수되었다. '파리 평화협정'의 실시를 담당하기 위해 1992년 2월 안보리 결의 745가 설립한 것이 유엔캄보디아잠정통치기구(UN Transitional Authority in Cambodia: UNTAC)이다. 그러나 UNTAC는 인권옹호, 자유롭고 공정한 선거의 조직과 실시, 군사조정, 행정기능, 법과 질서의 유지, 난민 및 피난민의 귀환과 정주, 기반시설의 재건 등 다양한 임무를 지니고 있었다. UNTAC는 2만 2천 명의 군사직원 및 민간 직원을 두었고, (UNAMIC와 아울러) 16억 2,096만 달러 정도의 예산을 사용하였다. 또한, UNTAC는 78명의 순직자를 낸 활동이기도 하였다. 파리 평화협정은 분쟁당사자 4파로 구성되는 캄보디아 최고국민회의(Supreme National Council of Cambodia: SNC)가 캄보디아의 주권, 독립 및 통일을 상징한다고 하였지만, SNC가 합의 이행에 '필요한 모든 권한'을 UNTAC에 맡기는 것도 정하고 있었다. 처음으로 유엔 자체가 조직하여 실시하는 선거가 1993년 5월에 실시되었다. 선거 실시 후에 소집된 제헌의회는 신헌법을 반포하였다. 그리고 신정부가 수립된 1993년 9월에 UNTAC는 활동을 종료하였다.

타지키스탄(종료)

타지키스탄에서는 1991년 9월의 독립선언 직후의 정치적 및 경제적 위기가 혈족적·종교적 요소로 인하여 더욱 복잡하게 되었다. 유엔은 1992년 9월에 사실조사단을 우즈베키스탄과 타지키스탄에 파견하고, 정치·군사·인도원조 부문의 직원을 현지에 보냈다. 내전은 1993년 초에 일단 끝났지만, 아프가니스탄과 마주한 국경 부근에서는 무력충돌이 계속되었다. 타지키스탄을 안정시키기 위해, 카자흐스탄, 키르기스스탄, 러시아, 타지키스탄, 우즈베키스탄 정부는 1993년 9월, 독립국공동체(Commonwealth of Independent States: CIS)의 평화유지부대(CIS Collective Peace-keeping Forces in Tajikistan)를 창설하였다. 1994년 9월에 정전에 관한 테헤란(Tehran) 협정이 체결되어, 정부와 반정부세력 쌍방에 의한 공동위원회의 설립이 결정되었다. 그러나 그것은 유엔군사감시원의 파견이 조건이었기 때문에, 10

월에 기술총람팀이 파견되고, 선견대로서의 군사감시요원도 파견되었다. 그리고 유엔타지키스탄감시단(UN Mission of Observers to Tajikistan: UNMOT)은 1994년 12월의 안보리 결의 968에서 설립이 결정되었다. UNMOT의 임무는 타지키스탄 정부와 반정부세력의 공동위원회와 협력하고, OSCE의 파견단이나 CIS의 평화유지부대와도 협력하고, 정전합의의 실시를 감시하는 것이었다. 1995년 1월의 단계에서 UNMOT는 22명의 군사감시요원과 그 밖의 11명의 국제직원과 22명의 현지 직원을 두고 있었다. 그러나 1995년 7월에 반정부세력의 군사행동이 재발하여, 다음해까지는 정전의 붕괴가 확실시되었다. 1996년 12월에 쿠스데 협정(Khusdeh Agreement)이 체결되어 정전이 부활하고, 1997년 6월에 '타지키스탄에서의 평화확립과 국민적동의에 관한 일반협정'(the General Agreement on the Establishment of Peace and National Accord in Tajikistan)이 조인되었다. 이 협정은 DDR 또는 군사·정치·치안관계조직의 개혁, 민주화촉진 등의 내용을 담고 있었다. 1997년 11월의 안보리 결의 1138은 나아가 UNMOT의 권한을 확대하였다. UNMOT는 국민화해위원회(Commission on National Reconciliation: CNR), 선거 및 국민투표중앙위원회와 협력하고, 정전위반을 조사하여 보고하고, 통일타지크반대군(United Tajik Opposition: UTO)의 구병사의 DDR, 정부기구로의 통합, 인권옹호 등도 임무로 하게 되었다. 2000년 2월의 의회선거에서는, 유엔과 OSCE가 공동선거감시단(Joint Electoral Observation Mission: JEOM)을 조직하였고, 나아가 투표 당일에는 단기직원을 구사하여 감시활동에 임하였다. UNMOT는 JEOM에 물적 지원을 하였다. 선거는 기술적으로 만족할 수준까지는 이르지 못하였다고 하면서, 최초의 다당제 선거가 평화리에 실시된 점을 JEOM은 평가하였다. 나아가 상원선거가 3월에 실시되었고, 4월에는 최초의 의회가 소집되었다. 이들 선거의 실시에 이어, UNMOT는 예정대로 5월에 해산되었다. 최대 81명의 군사감시원을 두었다. 청산에 필요한 비용을 포함한 총지출은 6,390만 달러 정도였다. UNMOT 후에는 UNTOP가 설립되어 평화구축활동을 하고 있다.

4) 유 럽

보스니아헤르체고비나(종료)

구유고슬라비아연방의 해체에 따라 보스니아헤르체고비나 공화국에서 일어난 내전은 1995년에 종식되었다. UNPROFOR이 정전을 감시하던 중, 같은 해 12월에 데이턴 협정이 체결되어, 평화과정은 궤도에 올랐다. UNPROFOR이 철수한 뒤에는 NATO군으로 구성된 IFOR(Implementation Force)이 전개되었다[IFOR은 1년 뒤 SFOR(Stabilization Force)로 된다]. 그리고 유엔 안보리는 같은 해 12월에 결의 1035에서 국제경찰태스크포스(International Police Task Force: IPTF)와 더불어, 유엔보스니아헤르체고비나파견단(UN Mission in Bosnia and Herzegovina: UNMIBH)을 설립하였다. UNMIBH의 임무는 법의 지배를 보스니아헤르체고비나에 심는 것이고, 그것을 위해서 현지 경찰의 훈련이나 사법기관에 대한 지원 등을 하였다. IPTF를 통괄하였을 뿐만 아니라, 형사사법조언유닛 또는 인권사무소 등을 구성요소로 하고 있었다. 1996년 12월의 안보리 결의 1088은 UNMIBH에 범죄수사 권한을 부여하였다. 당초 상정된 UNMIBH의 규모는 1,721명의 민간경찰관과 5명의 군사연락요원이었지만, 이후 권한 확대로 민간경찰관 수는 최대 2,047명에 이르렀다. 그 밖에 2002년에는 395명의 국제민간요원과 1,174명의 현지 민간요원이 근무하였다. 17명의 순직자

를 낸 UNMIBH는 2002년 12월에 활동을 종료하였지만, 그 후에는 EU
경찰단(EU Police Mission in Bosnia Herzegovina: EUPM)이 활동하고
있다. 또한, SFOR은 계속 주둔하고 있다.

코소보(계속 중)

1999년 6월의 안보리 결의 1244는 유엔코소보잠정행정단(UN Interim
Administration Mission in Kosovo: UNMIK)을 설립하고, 유고슬라비
아연방 코소보 자치주에서, 민간행정기능을 수행하고, 코소보의 자치
를 확립하고, 코소보의 장래의 정치적 지위를 결정하는 정치과정을
촉진하고, 인도원조활동을 조정하고, 부흥지원을 담당하고, 법과 질서
를 유지하고, 인권을 촉진하고, 난민·피난민의 귀환의 지원을 하기로
결정하였다. 2000년 1월에는 공동잠정행정 각부를 창설하고, 같은 해
10월·2001년 11월에는 코소보주 내의 지방구 선거를 실시하고, 2001
년 5월에는 새로운 코소보 헌법 틀이 채택되었다. 인도원조의 책임을
지고 있던 UNHCR이 2000년 10월에 철수한 후, UNMIK의 지도하에
실시되고 있던 네 개의 기둥은 다시금 조정되어, 현재는 제1기둥 - 경
찰·사법(유엔 주도), 제2기둥 - 민간행정(유엔 주도), 제3기둥 - 민주
화·제도구축(OSCE 주도), 제4기둥 - 부흥·경제개발(EU 주도)로 되
었다. 2003년 6월 시점에서, 군사연락요원 38명 외에, 4,067명이 국
제민간경찰관을 두고, 5,207명의 코소보경찰기구(KPS)를 통괄하고 있
다(S / 2003 / 675). 뿐만 아니라 당초 4만 명 이상으로 구성되고 있던
NATO 주도의 평화유지군 KFOR은 UNMIK에 권한을 이양하는 형
태로 단계적으로 병력을 감축하고 있다.

크로아티아(종료)

1995년 11월에 체결된 '기초협정'은 동슬라보니아, 바라냐 및 서시르

미움에 관해서 잠정통치기구를 설립하도록 유엔 안보리에 요구하고 있었다. 그래서 UNTAES(UN Transitional Administration for Eastern Slavonia, Baranja and Western Sirmium)가 1996년 1월의 안보리 결의 1037에 따라 설립되었다. 1998년 1월까지 활동한 UNTAES는 2,346명의 병사, 97명의 군사감시원, 404명의 민간경찰관, 317명의 국제민간요원, 686명의 현지 민간요원을 두었다. 비무장지역의 감시, 난민귀환의 감시, 현지 경찰관의 훈련, 감옥제도의 감시, 지방선거의 실시, 공적 서비스의 부흥, 인권, ICTY와 협력한 전쟁범죄의 수사 등을 임무로 하고 있었다. 1998년 1월에 활동을 종료하는 UNTAES를 인계하는 것으로서, 1997년 12월의 안보리 결의 1145는 유엔 민간경찰지원그룹(UN Police Support Group: UNPSG)의 설립을 결정하였다. 114명의 국제민간요원을 둔 UNPSG는 1998년 10월까지 현지 경찰관의 감시를 맡았다.

유엔 외에 OSCE도 법의 지배에 역점을 둔 평화구축활동을 유럽 각지에서 실시하고 있다(OSCE website<http://www.osce.org/>. 또한, 보스니아헤르체고비나에서는 데이턴 협정에서 정한 '상급대표사무소'가 법의 지배를 중시한 평화구축활동을 실시하고 있다(OHR website <http://www.ohr.int/>). 유엔평화활동의 보조정보와 이들 지역기구의 평화활동의 현황 등은, 히로시마대학 평화과학연구센터의 웹사이트상의 분쟁·평화활동정보페이지 <http://home.hiroshima-u.ac.jp/hewa/data>에 게재되어 있다.

후 기

이 책의 연구를 진행하는 동안에 세계는 크게 변하였다. 우선 1999년 코소보 공습과 그 후에 전개된 대규모 평화구축활동으로 국제적 논의의 물결이 일었다. 2001년 9월 11일 미국에서 발생한 테러와 그에 이은 아프가니스탄에서의 전쟁으로, 더욱 특이한 국제평화구축활동이 나타났다. 그리고 2003년에 일어난 미국과 영국의 대(對) 이라크 전쟁에 의한 격변으로 코소보와 아프가니스탄과는 전혀 다른 성질의 평화구축활동이 대규모로 나타나게 되었다. 물론 그 밖에도 세계 곳곳에서 분쟁은 계속 발생하였고, 그때마다 새로운 평화구축을 향한 시도가 모색되어 왔다.

요동치는 세계를 응시하면서, 평화구축에서의 법의 지배라는 이 책의 테마에 점점 더 강하게 끌리게 되었다. 분쟁 (후) 지역의 평화구축이라는 절박한 과제를 법의 지배라는 관점에서 검토하는 것이 중요함을 확신하게 되었다. 한편으로 문제의 복잡성과 깊이에 주저하면서도, 다른 한편으로 현실 세계에서 많은 사람이 씨름하고 있는 문제에 학자로서 부딪히고 싶은 느낌이 강하게 들었다.

학생 시절, 자원봉사자로서 일본 내의 난민들과 접촉할 기회가 있었고, 또 1991년 걸프전쟁 후에 이라크로부터 유출된 쿠르드 난민, 아프리카에서는 소말리아에서 지부티(Djibouti)로 고생 끝에 건너온 난민에 대한 지원활동 등을 현장에서 체험할 수 있었다. 캄보디아에서는 NGO의 입장에서 참관하였을 뿐만 아니라, 1993년에는 UNTAC의 말단에 속하는 선거요원으로서도 역사적 선거 현장에 참관하였다. 쿠르드 난민에게서는 후세인 정권의 고문으로 인한 신체의 상처를 보았고, 캄보디아에서는 침대는커녕 문조차도 없는 농촌의 임시투표소에서 현지 청년들과 함께 잠을 잤다. 그 후 런던에 유학하여 국가주권 개념의 변천을 더듬는 이론 연구로 학위를 받았고, 영문으로 책도 출판하였다. 이를 위해 수년의 시간이 흐르는 동안, 앞서 겪었던 경험을 반드시 정면으로는 얘기하지 않았다. 물론, 분쟁에서 도피하여, 평화를 쟁취하려는 사람들이 있는 현장의 일을 잊을 생각도 없었다. 왜냐하면, 이론적 문제도 현실 세계의 반영이고, 현장 문제도 이론적으로 생각해야 하는 것이었기 때문이다. 그러나 실제로 이론과 현장의 요청의 융합을 지금까지 반드시 본격적으로는 시도하여 오지 않았던 것으로 생각한다. 이 책은 연구서로서는 치졸한 것에 불과하다. 그러나 개인적 오랜 소원을 성취하기 위해 첫 발을 내딛는 중요한 책이다. 국제사회의 격변 속에서 이 책을 써나간 일을 앞으로 오랫동안 깊은 생각을 가지고 회고하게 될 것이다.

전쟁 없는 세계는 많은 사람이 바라는 꿈이다. 그러나 그 꿈을 실현하기 위해서는, 전쟁을 경험한 사회 하나 하나를 다시 전쟁에 빠지지 않도록 도와야 한다. 평화구축은 장대한 꿈이다. 어떻게 하면 실현할 수 있는지 단서조차 분명히 찾아낼 수 없을 것 같은 꿈이다. 그러나 지금 이 세계 어딘가에서, 인간의 존엄을 유지할 수조차 없는 현실에 고통을 받고 있는 사람들이 있는 한, 또 평화를 알지 못하고 내버려져 있는 무수한 사람이 있었음을 상기할 수 있는 한, 평화라는 꿈을 버리고 가는 것은 결코 허용할 수 없는 선택이다. 꿈이 조금이라도 실현될 수 있도록 학자가 할 수 있는 적지 않은 일 중 하나는 책을 쓰는 일일 것이다. 예컨대 어느 정도 졸렬하더라도 쓰고, 조사하고, 듣고, 읽고, 말하고, 생각하고, 고뇌하고, 그리고 계속 쓰는 일일 것이다. 이 책은 그러한 끝이 없는 노정 중의 자그마한 시도로 나온 것이다.

이 책의 집필에는 많은 지원이 있었다. 이 책은 2003년 일본학술진흥회 과학연구비 보조금(연구성과 공개 촉진비)의 지원을 받아 출판되었지만, 원래는 2000-2001년도 과학연구비보조금장려연구(A)로 이루어진 연구의 성과이다. 또한, 2001년도 일본학술진흥회 특정국 파견 영국(B)에서의 캠브리지대학 라우터파흐트 국제법센터(Lauterpacht Centre for International Law) 및 2002년의 미일교육위원회 풀브라이트(Fullbright) 장학금을 통한 콜롬비아대학 인권연구센터에서 객원연구원으로 있었던 경험도 많은 재산이 되었다. 또한, 1999년도 우에히로(上廣)윤리재단 조성금으로 이루어진 강행규범(*jus cogens*)의 연구, 2001년도 학술진흥노무라(野村)기금의 분쟁정보수집에 대한 조성금, 2001년도 후기 히로시마대학 연구지원금으로 이루어진 열화우라늄무기의 사용에 관한 연구도 양식이 되고 있다. 현재도 계속 중인 국제교류기금 미일센터 조성의 '분쟁과 인간의 안전보장' 연구 프로젝트는 일본, 미국, 유럽의 연구자 및 실무가와 공동연구를 할 귀중한 기회를 제공하고 있다. 이들 모두에 마음으로부터 고마움을 표하고 싶다.

1999년부터 근무하고 있는 히로시마대학 평화과학연구 센터는 이상적인 연구 환경을 제공하였다. 이것도 상사로서 동료로서 따뜻하게 지켜봐 주시고 있는 마츠오 마사츠구(松尾雅嗣) 교수와 오가시와 요코(小柏葉子) 교수, 나카야마 슈이치(中山修一) 센터장과 이와타 켄지(岩田賢司) 주임, 그리고 사무원으로서 보좌해 주신 키타다니(北谷), 우스이(笛吹), 우네노(采野), 요나미네(与那嶺) 덕분이다. 최대한 사의를 표명하고 싶다.

히로시마 지역에는 평화에 뜻을 둔 분들이 적지 않지만, 그중에서도 히로시마 시립대학의 연구기관인 히로시마 평화연구소의 미즈모토 카즈미(水本和實) 교수와 아키야마 누부마사(秋山信將) 전임강사에게는, 여러 가지로 신세를 지고 있다. 2년간에 걸쳐 참가하게 된 '신개입주의' 연구회에서의 논의는 이 책을 작성할 때 귀중한 토대가 되었다. 히로시마에서는 히로시마 원폭피해자단체 협의회 사무국장인 츠보이 스나오(坪井直) 씨와 앰네스티 인터내셔널의 노마 신지(野間伸次) 씨, ANT－Hiroshima 대표인 와타나베 아키코(渡部明子) 씨에게 큰 자극을 받았다.

오누마 야스아키(大沼保昭) 동경대학 교수의 초대로 참가하고 있는 '국제법기초이론' 연구회는 국제법의 훈련을 받지 않은 필자에게 바라지도 않은 굉장한 기회를 가져다주었다. 모치즈키 카츠야(望月克哉) 아시아경제연구소 연구원이 주최하는 '아프리카와 인간안전보장의 범주' 연구도 이 책의 문제의식을 공유하는 것이고, 특히 연구회를 통해 서로 알게 된 다케우치 신이치(武內進一) 연구원이나, 소개받은 사사키 카즈유키(佐佐木和之) 씨로부터는 지역전문가가 아니고는 할 수 없는 조언을 받았다. '분쟁과 인간의 안전보장' 연구회에 참가하고 있는 분들 중에서도 특히 정호원(Ho－Won Jeong) 조지메이슨대학(Jeorge Mason University) 교수, Douglas Bettcher 세계보건기구 직원에게는 공사에 걸쳐 힘을 얻었다.

호시노 토시야(星野俊世) 오사카대학 교수, 엔도 세지(遠藤誠治) 세케이(成蹊)대학 교수, 야마다 테츠야(山田哲也) 스기야마여자대학(椙山女學園) 조교수는 공무가 다망함에도 불구하고 흔쾌히 이 책의 원고를 읽어 주셨고, 표기상의 문제점부터 실질적 내용에 파고들어가는 것까지 다양하고 귀중한 코멘트(comment)를 해주셨다. 이 책의 논의 중 몇 가지는 이 세 분의 고견이 없었다면 나올 수 없었다. 깊이 사례를 드리는 바이다.

이 책의 논의는 동경, 뉴욕, 워싱턴 DC, 제네바, 헤이그에서 실무가 및 연구원 분들과 한 인터뷰를 토대로 완성되었다. 시무라 히사코(志

村尚子) 츠다주쿠(津田塾)대학장, 카와카미 타카히사(川上隆久) 외무
성총합외교정책국 국제평화협력실장, 유엔일본정부대표부의 야마모
토 히로유키(山本廣行) 참사관, 모리타 하루오(森田治男) 일등서기
관, 아카마츠(赤松) 일등서기관, 유엔본부사무국에서는 정치국의 야
마시타 마리(山下眞理) 씨, 평화유지국의 Christopher Coleman 씨, Salman
Ahmed 씨, M.N. Bhakta 씨, 아동과 무력분쟁 사무총장특별대표사무
소의 Chetan Kumar 씨, 유엔인도정부대표부의 Y. K. Sinha 참사관,
헨리 L. 스팀슨 센터의 William J. Durch 상급연구원, National Demo-
cratic Institute for International Affairs의 Holly M. Ruthrauff 씨, 미국
정부 Agency for International Development의 Krishna Kumar 씨, 유엔
인권고등판무관사무소의 Martin O. Ejidike 씨, ICTR홍보유닛의 Tom
Kennedy 씨, Danford Mpumilwa 씨, Bocar Sy 씨, ICTY의 Susan Lamb
법무관, Daryl A. Mundis 법무관, Nobuo Hayashi 법무관과 한 면담은
이 책을 집필할 때 빠뜨릴 수 없는 소재가 되었다(직책은 모두 면담
당시). 특히 학생 시절에 난민 자원봉사자를 하고 있던 무렵부터의 친
구들이며, UNHCR 근무시절에는 우간다에서, ICTY로 옮기고 나서는
헤이그에서, 필자의 연구에 관심을 보이고, 두서없는 논의에 함께 한
후지와라 히로토(藤原廣人) ICTY 법무관과 그 가족에게는 많은 은의
(恩義)를 느낀다. 그 밖에도 연구 도중에 흔쾌히 필자의 치졸한 논의의
상대가 되어 주셨고, 이 책의 집필에 큰 자극을 주신 분들, 특히 스가나
미 히데미(菅波英美) 영국 킬(Keele) 대학 교수와 그 가족, Juergen Dedring
뉴욕 시립대학 강사, James Crawford 캠브리지 대학 라우터파흐트 국
제법연구센터 소장, James Mayall 캠브리지 대학 국제학센터 소장, 동
센터의 Philip Towle 교수, Adam Robers 옥스퍼드대학 교수, J. Paul
Martin 콜롬비아 대학 교수, 동 대학 인권연구센터의 Holly Bartling 씨,
동 대학 국제분쟁해결센터의 Susan Hubbard 씨, 재미일본대사관의 나카

무라 코이치로(中村耕一郎) 일등서기관, 동 대사관의 나카후사 헤고(中房丙后) 이등서기관, 하세가와 스케히로(長谷川祐弘) 전 UNDP 동경사무소 주일대표(현 UNMISET 사무총장특별부대표), 니시무라 유미(西村弓) 소피아(上智) 대학 조교수, 와세다 대학의 이지마 소조(飯島昇藏) 교수, 야자와 마사시(谷澤正嗣) 조교수, 오카노 야요(岡野八代) 리츠메이칸(立命館)대학 조교수께 다시 사의를 표하고 싶다.

創文社의 야마다 히데키(山田秀樹) 씨는 이 책의 친부모라 하여도 좋을 분이다. 이 책 집필 전에도 『創文』誌에 논문을 발표할 기회를 마련해 주셨다. 야마다 씨와 처음 전화 통화를 하였을 때에는, 편집자 쪽에서 이만큼 필자와 같은 미숙자의 일을 정녕 추구해주시고 있는 분이 또 있을까 할 정도로 놀랬다. 이 책이 야마다 씨가 기대한대로 마무리되었는지는 염려되지만, 야마다 씨로부터 받은 은혜는 헤아릴 수 없다.

끝으로, 일상생활 속에서 뒷바라지해 준 가족에게 감사하고 싶다. 이 책의 집필 과정에서 부친께서 돌아가셨지만, 그 일이 있고 며칠 후에는 첫 자식인 아들이 태어났다. 부친께서는 필자가 쓴 논문의 가장 진정한 독자였다. 부친께서는 살아생전 이 책을 직접 눈으로 접할 기회가 없었지만, 어딘가에서 꼭 이 책의 완성을 마음으로 기다려 주시고 계셨을 것으로 생각하고 있다. 부친의 오랜 입원생활 등 곤란한 시기에 어머니와 누나의 다부짐은 이 책의 완성을 가능케 한 원동력이었다. 폐만 끼치고 있는 자식(동생)이지만, 만약 어머니와 누나가 이 책의 완성을 기뻐해 주신다면, 더 없는 기쁨이겠다. 아내와 아들은 매일 필요한 에너지를 제공해준 공로자이다. 이 책의 작성은 새로운 가족의 형성과 동시에 진행된 프로젝트였다. 평화구축과 마찬가지로, 이 책의 작성에도 가족의 형성에도, 여러 가지 궤적이 있다. 그러한 궤적을 일일이 헤쳐 나간 결과의 하나가 이 책이라고 한다면, 여기에는 최대의 협력자인 아내와 아들의 모습이 각인되어 있다고 해도 좋을 것이다. 평화구축에 종사하는 사람들을 위해서 이 책을 썼다. 그러나 이 책이 과연 어디까지 진정으로 역할을 할지는 알 수 없다. 그러나 비록 이 책의 내용이 어느 정도 부족할지라도, 이 책의 완성을 위해 가족이 제공하여 준 것은 헤아릴 수 없다. 이 책을 먼저 가족에 바친다고 하여도 결코 이상한 일은 아닐 것이라고 생각한다.

2003년 7월 7일
시노다 히데아키(篠田 英朗)

역자후기

국제사회에서는 크고 작은 분쟁이 끊임없이 일어나고 있다. 비록 제2차 대전 이후 국가 간의 대규모 무력충돌은 거의 발생하지 않고 있지만, 내전, 국경게릴라전, 국가 간 국경지역에서 제한적으로 이루어지는 전투는 계속되고 있다. 이러한 상황에서 "영구평화를 향해 노력하는 것은 인류의 도덕적 의무이자 이성적 필연"이라는 칸트(I. Kant)의 지적은 뜻하는 바가 크다고 할 것이다. 영구평화는 결코 공허한 이념이 아니라 오히려 인류의 의무이며 중요한 과제인 것이다. 국제사회는 다각도의 활동을 통해 이러한 현재의 분쟁을 해결하고 분쟁지역에 영속적인 평화를 확립하려는 노력을 전개하고 있다. 이러한 평화구축활동에 관해서는 관련 학문분야에서 다수의 저작물이 나와 있는데, 시노다 히데아키 교수의 『平和構築と法の支配 : 国際平和活動の理論的・機能的分析』(創文社, 2003년)도 그중 하나이다. 이 책은, 분쟁지역에 사는 현지인의 시각을 결여하고 있어 다소 아쉬운 점도 있기는 하지만, 평화구축활동에서 법의 지배의 확립이 중요하다는 인식하에서 법의 지배와 관련된 평화구축활동을 이론적으로 그리고 기능적으로 분석하고 있다. 이 책은 출판되던 해 일본 아사히(朝日) 신문사가 일본의 정치, 경제, 사회, 문화 또는 국제관계 분야의 우수한 논고에 수여하는 오사라기 지로(大佛次郎) 논단상을 받기도 하였다.

이 책을 읽고 나름대로 우리말로 옮긴 것은 오래되었지만, 옮기면서 느낀 관련분야의 전문성의 부족과 언어적 능력의 한계로 출간은 망설이고 있었다. 그러는 사이 또 많은 시간이 흘렀고, 국제사회에서

원저가 다룬 분야도 부분적으로 변화가 나타남에 따라, 출간은 더욱
더 생각하기가 어려웠다. 그럼에도 이 책의 번역출간을 하기로 결심
하게 된 데에는, 한일 양국 간의 지적 교류의 필요성에 대한 인식이
크게 작용하였다. 또한, 역자의 첫 번역서(현대국제법의 지표, 부산
대출판부, 2002)의 출간 때와 마찬가지로 학문적으로나 정신적으로
많은 도움을 주시는 부산대학교의 박배근 교수님의 권유도 역시 크
게 작용하였다. 박 교수님께 마음으로부터 고마움의 말씀을 올린다.

한편, 한국어판 출간을 기꺼이 허락하고 한국어판 서문까지 써 주
신 저자와, 전문번역서의 시장성에 관계없이 이 번역서의 출간을 수
락하고 관련 작업을 해주신 한국학술정보(주)의 관계자분들에게도
진정으로 고마움을 느낀다.

역자로서는 이 책이 국제관계학과 국제법학의 발전, 나아가 한일
양국의 상호 이해의 증진에 조금이나마 도움이 될 수 있기를 바랄
뿐이다. 역자의 부족한 능력으로 말미암은 번역상의 잘못에 대해서
는 독자들의 질책과 충고를 기대한다.

2008년 5월
역 자

색 인

(ㅅ)

(ㅇ)

약어색인

· 저자 ·

시노다
히데아키
(篠田英朗)

•약 력•

학생시절부터 난민구호활동에 종사하여, 쿠르드난민(이라크), 소말리아
난민(지부티)을 긴급 원조하는 단기자원봉사자로 파견되는 등 난민구호활
동을 경험하였다. 유엔캄보디아잠정통치기구(UNTAC)에서는 일본정부 파
견단의 일원으로, 투표소 책임자로 근무하였다.

그 후, 런던대학(LSE)에서 국제관계학 박사학위(Ph. D)를 취득하고, 런던
대학 및 킬대학((Keele University)에서 비상근강사로 근무한 후, 1999년부
터 히로시마대학 평화과학연구센터 전임연구원을 거쳐, 2005년부터 동 센
터의 조교수로 재직 중이다.

분쟁 후 지역의 평화구축활동에 대해 연구를 진행하고 있다. 케임브리
지대학 라우터파흐트 국제법연구센터(Lauterpacht Centre for International
Law)와 런던대학 인권연구센터의 객원연구원을 역임하였다.

2007년, 2008년 외무성의 위탁을 받아 '평화구축분야의 인재육성을 위한
파일럿(pilot)사업'을 실시하는 히로시마 평화구축인재육성센터 사무국장
(사업실시책임자)을 맡고 있다.

•주요논저•

이 책 이외에 『国際社会の秩序』(東京大学出版会, 2007), 『Re −examining
Sovereignty: From Classical Theory to the Global Age』(Macmillan, 2000) [中
国語訳版(商務印書館、2004)], 『日の丸とボランティア : 24歳のカンボジア
PKO要員』(文芸春秋、1994年)이 있다. 그밖에 『紛争と人間の安全保障 :
新しい平和構築のアプローチを求めて』(国際書院、2005)(上杉勇司와 共編)
등 다수의 공저와 논문이 있다. 기타 자세한 사항은 저자의 홈페이지
http://home.hiroshima−u.ac.jp/hshinoda 참조.

· 역자 ·

노석태

•약 력•

부산대학교 법과대학 졸업
부산대학교 대학원 졸업(법학박사)
현, 부경대학교·제주대학교 법학과 강사

평화구축과 법의 지배
국제평화활동의 이론적 · 기능적 분석

- 초판 인쇄　2008년 5월 6일
- 초판 발행　2008년 5월 6일
- 지 은 이　시노다 히데아키(篠田英朗)
- 옮 긴 이　노석태
- 펴 낸 이　채종준
- 펴 낸 곳　한국학술정보㈜
　　　　　　경기도 파주시 교하읍 문발리 513-5
　　　　　　파주출판문화정보산업단지
　　　　　　전화　031) 908-3181(대표)·팩스　031) 908-3189
　　　　　　홈페이지　http://www.kstudy.com
　　　　　　e-mail(출판사업부)　publish@kstudy.com
- 등 　　록　제일산-115호(2000. 6. 19)
- 가 　　격　23,000원

ISBN　　　978-89-534-9823-5 93360 (Paper Book)